感应式电力电子可控电抗器原理及应用

袁佑新　著

U0251240

武汉理工大学出版社
·武汉·

内 容 提 要

本书系统论述了感应式电力电子可控电抗器的基本理论,以及基于感应式电力电子可控电抗器的电磁调压软起动系统原理和电磁调压软起动装置控制编程方法,介绍了感应式电力电子可控电抗器在高压大功率交流电动机软起动和低压电力系统谐波滤波等方面的应用案例,总结了作者多年来对感应式电力电子可控电抗器及其应用的研究成果。

本书可供电气工程和控制科学与工程及相关学科领域的教师、科研人员和工程技术人员参考,也可作为高年级本科生和研究生的电力电子装置及应用课程教材。书中附有习题和习题解答过程,便于读者理解和掌握感应式电力电子可控电抗器的核心内容。

图书在版编目(CIP)数据

感应式电力电子可控电抗器原理及应用/袁佑新著. —武汉:武汉理工大学出版社,2023.12
ISBN 978-7-5629-6969-3

Ⅰ.①感⋯ Ⅱ.①袁⋯ Ⅲ.①可控电抗器 Ⅳ.①TM47

中国国家版本馆 CIP 数据核字(2023)第 254773 号

项目负责:陈军东   责任编辑:黄 鑫
责任校对:余士龙   版式设计:冯 睿
出版发行:武汉理工大学出版社
         武汉市洪山区珞狮路 122 号   邮编:430070
         http://www.wutp.com.cn   理工图书网
         E-mail:chenjd@whut.edu.cn
经 销 者:各地新华书店
印 刷 者:武汉邮科印务有限公司
开   本:787×1092   1/16
印   张:15
字   数:340 千字
版   次:2023 年 12 月第 1 版
印   次:2023 年 12 月第 1 次印刷
定   价:59.00 元

前　言

作者长期从事感应式电力电子可控电抗器方面的理论和应用研究,将感应式电力电子可控电抗器理论应用于高压大中功率交流电动机的软起动,成功研发了电磁调压软起动装置;将感应式电力电子可控电抗器理论应用于电力谐波滤波,成功研发了动态调谐滤波器。电磁调压软起动装置和动态调谐滤波器已实现了成果转化及产业化,并已应用到钢铁、建材、煤矿、水利和纺织等行业领域。

本书中的主要内容作为武汉理工大学电力电子装置及应用课程讲义,已被电气工程和控制科学与工程专业的研究生使用多年,受到学生广泛好评。鉴于目前市场上缺少同类书籍,而许多攻读博士(硕士)学位的研究生及相关专业教师和工程技术人员又迫切需要这类参考书,为此,武汉理工大学出版社与作者商定后决定出版本书。

本书共分 7 章。第 1 章论述了铁心电抗器的基本结构及原理,以及感应式电抗变换器结构、电磁关系、等效电路和电抗变换模型等;第 2 章系统论述了感应式电力电子可控电抗器拓扑结构、电抗变换机理与电抗参数关系;第 3 章系统论述了感应式电力电子可控电抗器的谐波特征及谐波抑制方案、基波阻抗模型与漏阻抗模型、谐波阻抗模型与谐波电流模型等,提出了本体滤波器的全调谐设计导向原则;第 4 章系统论述了电力电子功率变换器变流、感应式电力电子可控电抗器变流与电磁调压变流原理;第 5 章论述了电磁调压软起动系统构成、主电路拓扑结构和软起动控制系统原理;第 6 章系统描述了电磁调压软起动装置控制编程方法;第 7 章介绍了感应式电力电子可控电抗器的应用案例。

本书研究成果得到了成果转化与产业化单位的资助及支持。作者要特别感谢武汉理工大学陈静教授、武汉变压器有限责任公司罗文周高级工程师、大禹电气科技股份有限公司王怡华董事长、南京康迪欣电气成套设备有限公司应万银总经理以及作者所在课题组常雨芳博士、肖义平博士、黄文聪博士、王一飞博士等人的支持。

由于作者水平所限,书中难免存在不足或待改进之处,敬请读者批评指正。

袁佑新
2023 年 5 月于武汉理工大学

目　　录

1 感应式电抗变换器原理

感应式电抗变换器分为单相感应式电抗变换器和三相感应式电抗变换器。感应式电抗变换器与铁心电抗器的结构基本相同,两者最大的区别在于绕组,铁心电抗器只有一个激磁绕组,而感应式电抗变换器有两个绕组,即一次侧电抗绕组和二次侧电抗控制绕组。

本章首先论述单相与三相铁心电抗器的基本原理及电抗参数关系,然后系统论述单相和三相感应式电抗变换器的拓扑结构、电磁关系、感应电动势、电抗变换关系等基本理论。

1.1 单相铁心电抗器基本原理

1.1.1 单相铁心电抗器结构与感应电动势

1.单相铁心电抗器的结构

单相铁心电抗器的结构类似于单相变压器结构,但只缠绕一个激磁绕组。单相铁心电抗器的铁心由多个铁心饼叠加而成,铁心饼由硅钢片叠成,铁心饼之间采用绝缘纸板隔离并形成间隙(气隙 δ);铁心饼与铁轭之间由紧固装置压紧并整体接地;缠绕在铁心饼上的激磁绕组可以有抽头,也可以无抽头。

单相铁心电抗器原理、磁路结构及电抗器符号示意图如图 1-1 所示。

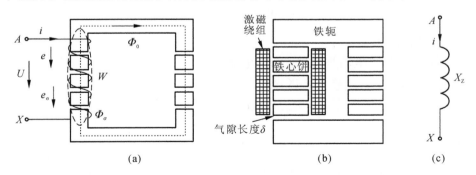

图 1-1 单相铁心电抗器原理、磁路结构及电抗器符号示意图
(a)单相铁心电抗器原理;(b)单相铁心电抗器磁路结构;(c)电抗器符号

当在单相铁心电抗器的激磁绕组两端(A-X)施加交流电压 u 时,会产生两个磁通,即主磁通 Φ_0 和漏磁通 Φ_σ。其中,主磁通 Φ_0 沿铁心磁路闭合与全部激磁绕组交链,产生主电

抗 $X_{\mathrm{m}}(X_{\mathrm{AX}})$；漏磁通 Φ_{σ} 在激磁绕组两端主要沿空气（油）闭合，并产生漏电抗 X_{σ}；单相铁心电抗器的总电抗 X_{Z} 等于主电抗 $X_{\mathrm{m}}(X_{\mathrm{AX}})$ 与漏电抗 X_{σ} 之和。

2. 单相铁心电抗器的感应电动势

（1）单相铁心电抗器激磁绕组产生的主感电动势

根据电磁感应原理，主磁通 Φ_{0} 和漏磁通 Φ_{σ} 分别产生主磁通感应电动势（即主感电动势）和漏磁通感应电动势（即漏感电动势）。

单相铁心电抗器激磁绕组产生的主感电动势与激磁绕组的匝数和主磁通变化率密切相关，其主感电动势的表达式为：

$$e=-W\,\frac{\mathrm{d}\Phi_{0}}{\mathrm{d}t}=-W^{2}\varLambda\,\frac{\mathrm{d}i}{\mathrm{d}t} \tag{1-1}$$

式中，W 为激磁绕组匝数；$\varLambda$ 为主磁路磁导。

式（1-1）有两层意思：一是从主磁通考虑，即主感电动势与激磁绕组匝数及主磁通变化率之积成正比，且极性相反；二是从流过电抗器的电流考虑，即主感电动势与激磁绕组匝数的平方、主磁路磁导及电流变化率之积成正比，且极性相反。

① 从主磁通考虑，当在单相铁心电抗器的激磁绕组两端（A-X）加以正弦波交流电压时，则主磁通和漏磁通也会按正弦规律变化。设 $\Phi_{0}=\Phi_{\mathrm{m}}\sin\omega t$，则式（1-1）可写为：

$$e=-W\,\frac{\mathrm{d}\Phi_{0}}{\mathrm{d}t}=-W\omega\Phi_{\mathrm{m}}\cos\omega t=W\omega\Phi_{\mathrm{m}}\sin(\omega t-90°)=E_{\mathrm{m}}\sin(\omega t-90°) \tag{1-2}$$

式中，Φ_{m} 为主磁通的幅值；ω 为主磁通的角频率；E_{m} 为主感电动势的最大值（V），$E_{\mathrm{m}}=\omega W\Phi_{\mathrm{m}}$。

由式（1-2）可知，当主磁通按正弦规律变化时，其感应电动势也按正弦规律变化，二者频率相同，但感应电动势的相位滞后主磁通 $90°$。

② 从电流考虑，设 $i=I_{\mathrm{m}}\sin\omega t$，则式（1-1）还可写为：

$$e=-W^{2}\varLambda\,\frac{\mathrm{d}i}{\mathrm{d}t}=-\omega W^{2}\varLambda I_{\mathrm{m}}\cos\omega t=X_{\mathrm{m}}I_{\mathrm{m}}\sin(\omega t-90°) \tag{1-3}$$

式中，I_{m} 为电流的幅值。

式（1-3）表明，感应电动势的相位滞后电流 $90°$。

从磁通考虑，得到的主感电动势有效值为：

$$E=\frac{E_{\mathrm{m}}}{\sqrt{2}}=\frac{W\omega\Phi_{\mathrm{m}}}{\sqrt{2}}=4.44fW\Phi_{\mathrm{m}} \tag{1-4}$$

式中，f 为电源频率。

从电流考虑，得到的主感电动势有效值为：

$$E=\frac{E_{\mathrm{m}}}{\sqrt{2}}=\frac{X_{\mathrm{m}}I_{\mathrm{m}}}{\sqrt{2}}=\frac{\omega L_{\mathrm{m}}I_{\mathrm{m}}}{\sqrt{2}}=\frac{\omega W^{2}\varLambda I_{\mathrm{m}}}{\sqrt{2}}=4.44f\varLambda W^{2}I_{\mathrm{m}}=4.44fL_{\mathrm{m}}I_{\mathrm{m}} \tag{1-5}$$

式中，L_{m} 为主电感。

（2）单相铁心电抗器激磁绕组产生的漏感电动势

同理,单相铁心电抗器激磁绕组产生的漏感电动势与激磁绕组的匝数和漏磁通变化率密切相关,其漏感电动势的表达式可写为:

$$e_\sigma = -W \frac{\mathrm{d}\Phi_\sigma}{\mathrm{d}t} = -W^2 \Lambda_\sigma \frac{\mathrm{d}i}{\mathrm{d}t} \qquad (1\text{-}6)$$

式中,Λ_σ 为漏磁路磁导。

式(1-6)也有两层意思:一是从漏磁通考虑,即漏感电动势与激磁绕组匝数及漏磁通变化率之积成正比,且极性相反;二是从电流考虑,即漏感电动势与激磁绕组匝数的平方、漏磁路磁导及电流变化率之积成正比,且极性相反。

同理,可得到漏感电动势的两个表达式为:

$$e_\sigma = -W \frac{\mathrm{d}\Phi_\sigma}{\mathrm{d}t} = -W\omega\Phi_{\sigma m}\cos\omega t = W\omega\Phi_{\sigma m}\sin(\omega t - 90°) = E_{\sigma m}\sin(\omega t - 90°) \qquad (1\text{-}7)$$

$$e_\sigma = -W\Lambda_\sigma \frac{\mathrm{d}i}{\mathrm{d}t} = -\omega W^2 \Lambda_\sigma I_m \cos\omega t = X_{L\sigma} I_m \sin(\omega t - 90°) = E_{\sigma m}\sin(\omega t - 90°) \qquad (1\text{-}8)$$

式中,$\Phi_{\sigma m}$ 为漏磁通的幅值;$E_{\sigma m}$ 为漏感电动势的最大值;$X_{L\sigma}$ 为漏电抗。式(1-7)表明,漏感电动势的相位滞后漏磁通 90°;式(1-8)表明,漏感电动势的相位滞后电流 90°。

从漏磁通考虑,得到的漏感电动势有效值为:

$$E_\sigma = \frac{E_{\sigma m}}{\sqrt{2}} = \frac{W\omega\Phi_{\sigma m}}{\sqrt{2}} = 4.44 f W \Phi_{\sigma m} \qquad (1\text{-}9)$$

从电流考虑,得到的漏感电动势有效值为:

$$E_\sigma = \frac{E_{\sigma m}}{\sqrt{2}} = \frac{X_{L\sigma} I_m}{\sqrt{2}} = \frac{\omega L_\sigma I_m}{\sqrt{2}} = \frac{\omega W^2 \Lambda_\sigma I_m}{\sqrt{2}} = \frac{2\pi f \Lambda_\sigma W^2 I_m}{\sqrt{2}} = 4.44 f L_\sigma I_m \qquad (1\text{-}10)$$

式中,L_σ 为漏电感。

3. 单相铁心电抗器的等效电路

若不考虑单相铁心电抗器激磁绕组电阻,那么,单相铁心电抗器可以等效成激磁电抗(主电抗)X_m 和漏电抗 X_σ 相串联的电路,单相铁心电抗器等效电路如图 1-2 所示。

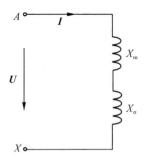

图 1-2 单相铁心电抗器等效电路

由图 1-2 可知,在单相铁心电抗器等效电路中,主磁通产生的电抗称为主电抗 X_m,漏磁通产生的电抗称为漏电抗 X_σ,而单相铁心电抗器产生的总电抗为主电抗和漏电抗之和。

单相铁心电抗器总电抗为：

$$X_Z = X_m + X_\sigma \tag{1-11}$$

单相铁心电抗器总电感为：

$$L_Z = \frac{X_Z}{\omega} = \frac{X_m + X_\sigma}{\omega} = L_m + L_\sigma \tag{1-12}$$

4. 单相铁心电抗器容量

设在单相铁心电抗器激磁线圈两端（A-X）输入正弦交流电（电压有效值 U、电流有效值 I），且铁心不饱和，忽略漏磁通的磁压降。

于是单相铁心电抗器的容量可表示为：

$$S = UI \tag{1-13}$$

而电压有效值 U 可表示为：

$$U \approx E = \frac{\omega W \sqrt{2} \Phi_m}{2} = \omega W B A_c \tag{1-14}$$

式中，E 为激磁绕组主感电动势有效值（V）；ω 为电流角频率（s^{-1}）；Φ_m 为磁通最大值（Wb）；B 为磁通密度有效值（T），A_c 为气隙等效导磁总面积（m^2）。

根据式（1-13）和式（1-14），可以得到单相铁心电抗器的容量为：

$$S_1 = UI = \omega W B A_c I = \omega B H_c A_c N\delta \tag{1-15}$$

式中，H_c 为磁场强度（A/m）；W 为线圈匝数；δ 为气隙长度；N 为气隙个数。

为了使铁心电抗器铁心不饱和，通常将其磁通密度限制在 1T 以内。当铁心电抗器的容量增大时，A_c 也随之增大，而气隙长度也会增加。

1.1.2　单相铁心电抗器的主电抗参数关系

1. 铁心电抗器主电抗

在图 1-1 中，设：单相铁心电抗器的单个气隙长度为 δ，空气磁导率为 μ_0，激磁线圈绕组匝数为 W，气隙等效导磁总面积为 A_c，铁心柱净截面积为 A_i，铁心磁场强度为 H_c，磁通密度为 B，气隙个数为 N，气隙总长度为 $\delta_\Sigma（\delta_\Sigma = N\delta）$。

根据安培环路定理可得到：

$$WI = H_c \delta_\Sigma = H_c N\delta \tag{1-16}$$

式中，I 为流过铁心电抗器的电流有效值（A）。

根据电工理论，磁通密度与空气磁导率、磁场强度密切相关，磁通密度可表示为：

$$B = \mu_0 H_c \tag{1-17}$$

在不考虑气隙边缘效应的情况下，假设铁心截面和空气截面相同，那么可得到磁通量的表达式为：

$$\Phi = B A_c = \mu_0 H_c A_c \tag{1-18}$$

式(1-18)表明,磁通量与空气磁导率、磁场强度、气隙等效导磁面积相关,一般认为铁心等效导磁面积等于气隙等效导磁面积。

通过以上分析,可得到主磁通产生的主电感表达式为:

$$L_{\mathrm{m}} = \frac{W\Phi}{I} = \frac{W^2 BA_{\mathrm{c}}}{WI} = \frac{W^2 BA_{\mathrm{c}}}{H_{\mathrm{c}}\delta_{\Sigma}} = \frac{W^2 BA_{\mathrm{c}}}{\dfrac{\delta_{\Sigma} B}{\mu_0}} = \mu_0 W^2 \frac{A_{\mathrm{c}}}{\delta_{\Sigma}} = \mu_0 W^2 \frac{A_{\mathrm{c}}}{N\delta} \tag{1-19}$$

由式(1-19)可知,单相铁心电抗器的主电感与空气磁导率、绕组匝数的平方、气隙等效导磁面积之积成正比,与气隙总长度成反比。铁心电抗器是一种电感元件,当在铁心电抗器的激磁绕组中通入交流电流时,它会呈现电抗特性 。考虑到 $\mu_0 = 4\pi \times 10^{-7}\,\mathrm{H/m}$(后同),故可得到单相铁心电抗器的主电抗为:

$$X_{\mathrm{m}} = \omega L_{\mathrm{m}} = \omega\mu_0 W^2 \frac{A_{\mathrm{c}}}{N\delta} = 2\pi f \mu_0 W^2 \frac{A_{\mathrm{c}}}{N\delta} = 8\pi^2 f W^2 \frac{A_{\mathrm{c}}}{N\delta} \times 10^{-7} \tag{1-20}$$

2. 气隙等效导磁面积

单相铁心电抗器的铁心主磁通磁力线分布如图 1-3 所示。

主磁通的磁力线包含两部分内容,一部分为穿过铁心饼至气隙等效导磁面的垂直磁力线,该垂直磁力线分布均匀,其对应的磁导记为 Λ_{m1};另一部分的磁力线由铁心饼边缘效应产生,路径近似于半圆,其对应的磁导记为 Λ_{m2}。

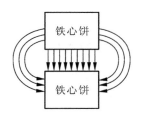

图 1-3　单相铁心电抗器的铁心主磁通磁力线分布

(1)气隙等效导磁面积 A_{c1}

铁心饼间空气气隙对应的垂直磁导关系为:

$$\Lambda_{\mathrm{m1}} = \mu_0 \frac{A_{\mathrm{c1}}}{N\delta} \tag{1-21}$$

则气隙等效导磁面积为:

$$A_{\mathrm{c1}} = \frac{\Lambda_{\mathrm{m1}}}{\mu_0} N\delta = \frac{A_{\mathrm{j}}}{k_{\mathrm{dp}}} \tag{1-22}$$

式中,A_{j} 为铁柱净截面积($\mathrm{m^2}$);k_{dp} 为铁心叠片系数。

(2)铁心饼边缘效应产生的气隙外延面积 A_{c2}

铁心饼边缘效应产生的磁力线分布如图 1-4 所示。

分析图 1-4,可得到气隙磁通衍射宽度 ε 和气隙外延面积 A_{c2}。

气隙磁通衍射宽度 ε 按下式计算:

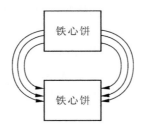

图 1-4　铁心饼边缘效应产生的磁力线分布

$$\varepsilon = \frac{\delta}{\pi}\ln\left(\frac{\delta + H_B}{\delta}\right) \tag{1-23}$$

式中，H_B 为铁心饼高度（m）。

边缘效应产生的气隙外延面积为：

$$A_{c2} = 2\varepsilon(2\varepsilon + B_M + \Delta_M) \tag{1-24}$$

式中，B_M 为铁心柱最大片宽（m）；Δ_M 为铁心柱最大厚度（m），根据铁心饼直径，查表可得到 B_M 和 Δ_m。

（3）气隙等效导磁总面积 A_c

$$A_c = A_{c1} + A_{c2} = \frac{A_j}{k_{dp}} + 2\varepsilon(2\varepsilon + B_M + \Delta_M) \tag{1-25}$$

将式（1-25）代入式（1-20），则可得到铁心电抗器激磁线圈的主电抗。

1.1.3　单相铁心电抗器的漏电抗参数关系

为了分析单相铁心电抗器的漏电抗参数关系，以下给出了单相铁心电抗器饼式线圈漏磁场与线圈磁动势分布示意图，如图 1-5 所示。

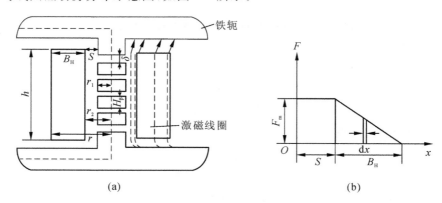

图 1-5　单相铁心电抗器饼式线圈漏磁场与线圈磁动势分布示意图

(a)电抗器饼式线圈漏磁场分布示意图；(b)线圈磁动势分布示意图

在图 1-5(a)中，h 为线圈高度（m），B_H 为线圈幅向厚度（m），δ 为气隙长度，H_B 为铁心饼厚度，r_1 为铁心饼半径（m），r_2 为铁心饼中心线至线圈右侧边距离（m），S 为铁心饼左侧边至线圈右侧边距离(m),r 为铁心饼中心线至线圈左侧边距离(m);在图 1-5(b)中,横坐标为铁心饼左边缘至线圈幅向厚度方向的距离 x,纵坐标为磁动势 F。

根据电工理论,采用磁路法计算漏磁磁路时需要引入洛果夫斯基系数修正,一般认为等效磁路长度 h_c 为:

$$h_c = \frac{h}{\rho_L} \tag{1-26}$$

式中,ρ_L 为洛果夫斯基系数。

仔细分析图 1-5,会发现铁心电抗器磁力线与激磁绕组交链的漏磁链有两部分:一部分是在 r_2 至 r_1(铁心饼左边缘至线圈右边缘)之间围成的圆环柱内,磁力线与全部安匝交链而产生的漏磁链[对应图 1-5(b)的 x 轴的 S 区间];另一部分是在 r_2 与 r(线圈幅向厚度)之间围成的圆环柱内,因不同半径磁力线所交链的不同安匝而产生的漏磁链[对应图 1-5(b)的 x 轴的 B_H 区间]。

(1)r_2 至 r_1 围成的圆环柱内磁力线与全部安匝交链而产生的漏磁链

r_2 至 r_1 围成的圆环柱内磁力线与全部安匝交链而产生的漏磁链等于全部激磁绕组匝数与磁通量之积或等于全部激磁绕组匝数、总磁动势和磁导之积,即:

$$\Psi_{1\sigma} = W\Phi = WF_m\Lambda_m \tag{1-27}$$

式中,F_m 为绕组线圈产生的总磁动势;Φ 为磁通量;Λ_m 为磁导。总磁动势 F_m 的表达式为:

$$F_m = WI \tag{1-28}$$

式中,I 为流过铁心电抗器的电流有效值。

而 r_2 至 r_1 围成的圆环柱对应的磁导为:

$$\Lambda_m = \mu_0 \frac{\pi(r_2^2 - r_1^2)}{h_c} = \mu_0 \rho_L \frac{\pi(r_2^2 - r_1^2)}{h} \tag{1-29}$$

将式(1-28)和式(1-29)代入式(1-27),则漏磁链为:

$$\Psi_{1\sigma} = \mu_0 \rho_L IW^2 \frac{\pi(r_2^2 - r_1^2)}{h} \tag{1-30}$$

然而,在实际铁心电抗器加工及制造中,由于铁心为圆形多级截面,故一般用 $\pi r_2^2 - \frac{A_j}{k_{dp}}$ 代替 $\pi(r_2^2 - r_1^2)$ 于是式(1-30)可改写为:

$$\Psi_{1\sigma} = \mu_0 \rho_L IW^2 \frac{1}{h}\left(\pi r_2^2 - \frac{A_j}{k_{dp}}\right) = \mu_0 \rho_L IW^2 \frac{A_{1\sigma}}{h} \tag{1-31}$$

根据式(1-31),可得到激磁绕组的漏电感为:

$$L_{1\sigma} = \frac{\Psi_{1\sigma}}{I} = \mu_0 \rho_L W^2 \frac{1}{h}\left(\pi r_2^2 - \frac{A_j}{k_{dp}}\right) = \mu_0 \rho_L W^2 \frac{A_{1\sigma}}{h} \tag{1-32}$$

式中,$A_{1\sigma}$ 为等效漏磁面积;ρ_L 为洛果夫斯基系数。其表达式如下:

$$A_{1\sigma} = \pi r_2^2 - \frac{A_j}{k_{dp}} \tag{1-33}$$

$$\rho_{\mathrm{L}} = 1 - \frac{2(B_{\mathrm{H}} + S)}{\pi h} \tag{1-34}$$

根据式(1-32),可得到漏电抗表达式为:

$$X_{1\sigma} = \omega L_{1\sigma} = \omega \mu_0 \rho_{\mathrm{L}} W^2 \frac{A_{1\sigma}}{h} = 2\pi f \mu_0 \rho_{\mathrm{L}} W^2 \frac{A_{1\sigma}}{h} = \frac{8\pi^2 f \rho_{\mathrm{L}} W^2 A_{1\sigma}}{h} \times 10^{-7} \tag{1-35}$$

(2)r_2 与 r 围成的圆环柱内因不同半径磁力线所交链的不同安匝而产生的漏磁链

根据图 1-5,可得到在 x 轴方向 $\mathrm{d}x$ 处的磁导变化率和磁动势为:

$$\mathrm{d}\Lambda' = \mu_0 \frac{2\pi(r-x)\mathrm{d}x}{h_{\mathrm{c}}} = \mu_0 \rho_{\mathrm{L}} \frac{2\pi(r-x)\mathrm{d}x}{h} \tag{1-36}$$

$$F' = \frac{x}{B_{\mathrm{H}}} F_{\mathrm{m}} = \frac{x}{B_{\mathrm{H}}} WI \tag{1-37}$$

因此,穿过该圆环柱内的磁通变化率和漏磁链变化率为:

$$\mathrm{d}\Phi = F' \mathrm{d}\Lambda' = \frac{x}{B_{\mathrm{H}}} F_{\mathrm{m}} \mathrm{d}\Lambda' = \frac{x}{B_{\mathrm{H}}} WI \mu_0 \rho_{\mathrm{L}} \frac{2\pi(r-x)}{h}\mathrm{d}x \tag{1-38}$$

$$\mathrm{d}\Psi_{2\sigma} = \frac{x}{B_{\mathrm{H}}} W \mathrm{d}\Phi = \frac{x}{B_{\mathrm{H}}} WF' \mathrm{d}\Lambda' = \frac{x^2}{B_{\mathrm{H}}^2} W^2 I \mu_0 \rho_{\mathrm{L}} \frac{2\pi(r-x)}{h}\mathrm{d}x \tag{1-39}$$

在 r_2 与 r 围成的圆环柱内,因不同半径磁力线所交链的不同安匝而产生的漏磁链为:

$$
\begin{aligned}
\Psi_{2\sigma} &= \int_0^{B_{\mathrm{H}}} \mathrm{d}\Psi_{2\sigma} = \int_0^{B_{\mathrm{H}}} \frac{x}{B_{\mathrm{H}}} W \frac{x}{B_{\mathrm{H}}} WI \frac{\mu_0 \rho_{\mathrm{L}} 2\pi(r-x)}{h}\mathrm{d}x \\
&= \mu_0 \rho_{\mathrm{L}} I \frac{W^2}{h} \left[\frac{2}{3}\pi B_{\mathrm{H}} \left(r - \frac{3}{4}B_{\mathrm{H}} \right) \right] \\
&= \mu_0 \rho_{\mathrm{L}} I \frac{W^2 A_{2\sigma}}{h}
\end{aligned}
\tag{1-40}
$$

式中,$A_{2\sigma}$ 为等效漏磁面积。

根据式(1-40),可得到单相铁心电抗器激磁绕组的漏电感为:

$$L_{2\sigma} = \frac{\Psi_{2\sigma}}{I} = \mu_0 \rho_{\mathrm{L}} \frac{W^2}{h} \left[\frac{2}{3}\pi B_{\mathrm{H}} \left(r - \frac{3}{4}B_{\mathrm{H}} \right) \right] = \mu_0 \rho_{\mathrm{L}} \frac{W^2 A_{2\sigma}}{h} \tag{1-41}$$

(3)单相铁心电抗器磁力线与激磁绕组交链的总漏磁链

通过以上分析,可得到单相铁心电抗器磁力线与激磁绕组交链的总漏磁链表达式:

$$
\begin{aligned}
\Psi_{\sigma} &= \Psi_{1\sigma} + \Psi_{2\sigma} = \mu_0 \rho_{\mathrm{L}} I \frac{W^2}{h} \left(\pi r_2^2 - \frac{A_{\mathrm{j}}}{k_{\mathrm{dp}}} \right) + \mu_0 \rho_{\mathrm{L}} I \frac{W^2}{h} \left[\frac{2}{3}\pi B_{\mathrm{H}} \left(r - \frac{3}{4}B_{\mathrm{H}} \right) \right] \\
&= \mu_0 \rho_{\mathrm{L}} I \frac{W^2}{h} \left[\left(\pi r_2^2 - \frac{A_{\mathrm{j}}}{k_{\mathrm{dp}}} \right) + \frac{2}{3}\pi B_{\mathrm{H}} \left(r - \frac{3}{4}B_{\mathrm{H}} \right) \right] \\
&= \mu_0 \rho_{\mathrm{L}} I \frac{W^2}{h} (A_{1\sigma} + A_{2\sigma}) \\
&= \mu_0 \rho_{\mathrm{L}} I W^2 \frac{A_{\sigma}}{h}
\end{aligned}
\tag{1-42}
$$

式中，A_σ 为等效漏磁面积。

$$A_\sigma = A_{1\sigma} + A_{2\sigma} = \left(\pi r_2^2 - \frac{A_j}{k_{dp}}\right) + \frac{2}{3}\pi B_H\left(r - \frac{3}{4}B_H\right) = \left(\pi r_2^2 - \frac{A_j}{d_{dp}}\right) + \frac{2}{3}\pi B_H\left(r_2 + \frac{1}{4}B_H\right)$$

(1-43)

（4）单相铁心电抗器总漏电感

根据式（1-42）可得到单相铁心电抗器总漏电感为：

$$L_\sigma = \frac{\Psi_\sigma}{I} = \mu_0 \rho_L W^2 \frac{A_\sigma}{h}$$

(1-44)

（5）单相铁心电抗器总漏电抗

由式（1-44）可得到单相铁心电抗器总漏电抗为：

$$X_\sigma = \omega L_\sigma = \omega \mu_0 \rho_L W^2 \frac{A_\sigma}{h} = 8\pi^2 f \rho_L W^2 \frac{A_\sigma}{h} \times 10^{-7}$$

(1-45)

式（1-45）表明：采用磁路法计算得到的单相铁心电抗器总漏电抗与角频率、空气磁导率、洛果夫斯基系数、激磁绕组匝数的平方和等效漏磁面积之积成正比，与线圈高度成反比。

1.1.4 单相铁心电抗器的总电抗（电感）参数关系

根据前面的分析，得到了主电抗和漏电抗等参数关系式。由图 1-2 所示的单相铁心电抗器等效电路可知，单相铁心电抗器的总电抗为主电抗和漏电抗之和，即单相铁心电抗器总电抗和总电感为：

$$X_Z = X_m + X_\sigma = 8\pi^2 f W^2 \frac{A_c}{N\delta} \times 10^{-7} + 8\pi^2 f \rho_L W^2 \frac{A_\sigma}{h} \times 10^{-7}$$

(1-46)

$$L_Z = \frac{X_m + X_\sigma}{\omega} = 4\pi W^2 \frac{A_c}{N\delta} \times 10^{-7} + 4\pi \rho_L W^2 \frac{A_\sigma}{h} \times 10^{-7}$$

(1-47)

式（1-46）和式（1-47）为单相铁心电抗器总电抗和总电感关系表达式，其表明单相铁心电抗器的总电抗 X_Z 包含两部分内容，即主磁通在激磁绕组产生的主电抗 X_m 与漏磁通在激磁绕组产生的漏电抗 X_σ；同理，总电感也包括两部分，即主电感和漏电感。

以下通过具体算例说明单相铁心电抗器主电抗、漏电抗和总电抗的计算方法。

算例 1-1 某单相铁心电抗器的铁芯柱由 5 个铁心饼组成，铁心饼厚度 H_B 为 50mm；气隙长度 δ 为 12mm；铁心饼半径 r_1 为 55mm；铁心柱净截面积 A_j 为 72.9cm²；铁心柱最大片宽 B_M 为 0.105m；铁心柱最大厚度 $\Delta_M = 0.082$m；激磁线圈绕组匝数 W 为 176；线圈高度 h 为 428mm；线圈幅向厚度 B_H 为 52mm；铁心饼中心线至线圈右侧边距离 r_2 为 70mm；铁心叠片系数 k_{dp} 为 0.95，电源频率 f 为 50Hz。试计算铁心电抗器的主电抗、漏电抗和总电抗。

解：根据算例 1-1 给出的已知条件和参数对应关系可知：

$N = 5 + 1 = 6$；$\delta = 0.012$m；$W = 176$；$h = 0.428$m；$A_j = 0.00729$m²；$r_2 = 0.070$m；

$r_1 = 0.055\text{m}；r = r_2 + B_\text{H} = 0.122\text{m}；S = r_2 - r_1 = 0.015\text{m}；H_\text{B} = 0.050\text{m}；$

$k_\text{dp} = 0.95；A_\sigma = \pi r_2^2 - \dfrac{A_\text{j}}{k_\text{dp}} + \dfrac{2}{3}\pi B_\text{H}\left(r - \dfrac{3}{4}B_\text{H}\right) = 0.01675\text{m}^2；B_\text{M} = 0.105\text{m}；$

$\Delta_\text{M} = 0.082\text{m}；\rho_\text{L} = 1 - \dfrac{2(B_\text{H} + S)}{\pi h} = 0.9$

（1）主电抗

$$\varepsilon = \frac{\delta}{\pi}\ln\left(\frac{\delta + H_\text{B}}{\delta}\right) = \frac{12\text{mm}}{\pi}\ln\left(\frac{12\text{mm} + 50\text{mm}}{12\text{mm}}\right) = 6.27\times10^{-3}\text{m}$$

$$A_\text{c1} = \frac{A_\text{j}}{k_\text{dp}} = \frac{0.00729\text{m}^2}{0.95} = 0.007674\text{m}^2$$

$$A_\text{c2} = 2\varepsilon(2\varepsilon + B_\text{M} + \Delta_\text{M}) = 2.5\times10^{-3}\text{m}^2$$

$$A_\text{c} = A_\text{c1} + A_\text{c2} = \frac{A_\text{j}}{k_\text{dp}} + 2\varepsilon(2\varepsilon + B_\text{M} + \Delta_\text{M}) = 0.007674\text{m}^2 + 0.0025\text{m}^2 \approx 0.01017\text{m}^2$$

$$X_\text{m} = 8\pi^2 f W^2 \frac{A_\text{c}}{N\delta}\times10^{-7} = 8\times\pi^2\times50\text{Hz}\times176^2\times\frac{0.01017\text{m}^2}{6\times0.012\text{m}}\times10^{-7} = 1.727\Omega$$

（2）漏电抗

$$X_\sigma = \frac{8\pi^2 f\rho_\text{L}W^2 A_\sigma}{h}\times10^{-7} = \frac{8\pi^2\times50\text{Hz}\times0.9\times176^2\times0.01675\text{m}^2}{0.428\text{m}}\times10^{-7} = 0.431\Omega$$

（3）总电抗

$$X_\text{Z} = X_\text{m} + X_\sigma = 2.158\Omega$$

1.2　三相铁心电抗器基本原理

1.2.1　三相铁心电抗器的结构与感应电动势

1. 三相组式铁心电抗器结构

三相组式铁心电抗器原理、磁路结构及电抗器电路符号示意图如图 1-6 所示。

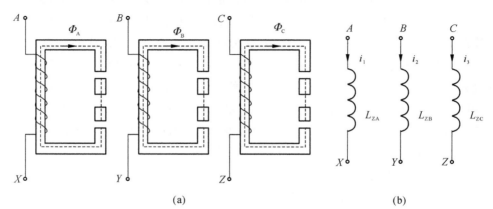

（a）　　　　　　　　　　　　　　　　（b）

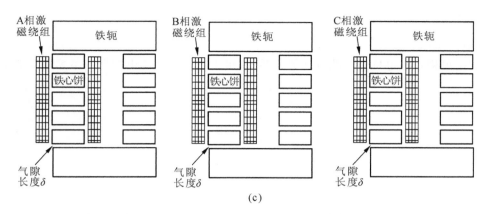

(c)

图 1-6 三相组式铁心电抗器结构及电抗器电路符号示意图

(a) 三相组式铁心电抗器原理; (b) 三相组式铁心电抗器电路符号; (c) 三相组式铁心电抗器磁路结构

三相组式铁心电抗器由三个单相铁心电抗器组合而成, 其中, A 相的端子号为 A-X, B 相的端子号为 B-Y, C 相的端子号为 C-Z。图 1-6 所示的三相组式铁心电抗器结构的磁路是独立的, 磁通和磁阻也是独立的, 每相的磁阻相等。

2. 三相心式铁心电抗器结构

三相心式铁心电抗器原理、磁路结构及电抗器符号示意图如图 1-7 所示。

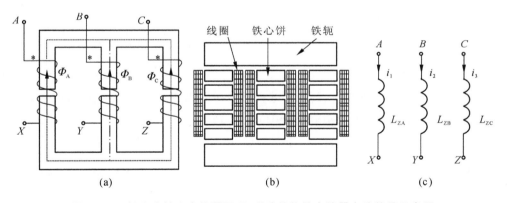

(a)　　　　　　　　　　　(b)　　　　　　　　　　　(c)

图 1-7 三相心式铁心电抗器原理、磁路结构及电抗器电路符号示意图

(a) 三相心式铁心电抗器原理; (b) 三相心式铁心电抗器磁路结构; (c) 三相心式铁心电抗器电路符号

三相心式铁心电抗器由三相组式铁心电抗器演变而来, 三相铁心电抗器原理与单相铁心电抗器原理相同。图 1-7 共有三个铁心柱, A、B、C 三相中的各相激磁绕组分别缠绕在铁心柱上, 同理, 以 A-X 表示的激磁绕组为 A 相, 以 B-Y 表示的激磁绕组为 B 相, 以 C-Z 表示的激磁绕组为 C 相。各相磁路互相关联、不独立, 各相磁路长度不相等, 中间相的磁路长度要小于其他两相的磁路长度; 当外加电压对称时, 三相主磁通也是对称的, 由于三相磁路的磁阻不对称, 导致三相空载电流也不对称, 空载电流对于负载来讲很小, 因此空载电流的不对称不会对铁心电抗器负载运行造成影响

3. 三相铁心电抗器感应电动势

(1)三相铁心电抗器的主感电动势

根据单相铁心电抗器主感电动势关系式,可得到三相铁心电抗器的主感电动势:

$$
\left.\begin{array}{l}
e_{\mathrm{A}}=-W_{\mathrm{A}}\dfrac{\mathrm{d}\Phi_{\mathrm{A}}}{\mathrm{d}t}=-W_{\mathrm{A}}^{2}\Lambda_{\mathrm{A}}\dfrac{\mathrm{d}i_{\mathrm{A}}}{\mathrm{d}t}\\[3mm]
e_{\mathrm{B}}=-W_{\mathrm{B}}\dfrac{\mathrm{d}\Phi_{\mathrm{B}}}{\mathrm{d}t}=-W_{\mathrm{B}}^{2}\Lambda_{\mathrm{B}}\dfrac{\mathrm{d}i_{\mathrm{B}}}{\mathrm{d}t}\\[3mm]
e_{\mathrm{C}}=-W_{\mathrm{C}}\dfrac{\mathrm{d}\Phi_{\mathrm{C}}}{\mathrm{d}t}=-W_{\mathrm{C}}^{2}\Lambda_{\mathrm{C}}\dfrac{\mathrm{d}i_{\mathrm{C}}}{\mathrm{d}t}
\end{array}\right\}
\tag{1-48}
$$

式(1-48)有两层意思:一是从主磁通方面考虑,即主感电动势与激磁绕组匝数及主磁通变化率之积成正比,且极性相反;二是从电流方面考虑,即主感电动势与激磁绕组匝数的平方、主磁路磁导及电流变化率之积成正比,且极性相反。

从主磁通方面考虑,当在三相铁心电抗器的激磁绕组两端(A-X、B-Y、C-Z)施加正弦波交流电压时,三相主磁通和漏磁通也会按正弦规律变化。设 $\Phi_{0}=\Phi_{\mathrm{m}}\sin\omega t$,则式(1-48)可写为:

$$
\left.\begin{array}{l}
e_{\mathrm{A}}=-W_{\mathrm{A}}\dfrac{\mathrm{d}\Phi_{\mathrm{A}}}{\mathrm{d}t}=-W_{\mathrm{A}}\omega\Phi_{\mathrm{Am}}\cos\omega t=W_{\mathrm{A}}\omega\Phi_{\mathrm{Am}}\sin(\omega t-90°)=E_{\mathrm{Am}}\sin(\omega t-90°)\\[3mm]
e_{\mathrm{B}}=-W_{\mathrm{B}}\dfrac{\mathrm{d}\Phi_{\mathrm{B}}}{\mathrm{d}t}=-W_{\mathrm{B}}\omega\Phi_{\mathrm{Bm}}\cos(\omega t-120°)=W_{\mathrm{B}}\omega\Phi_{\mathrm{Bm}}\sin(\omega t-210°)=E_{\mathrm{Bm}}\sin(\omega t-210°)\\[3mm]
e_{\mathrm{C}}=-W_{\mathrm{C}}\dfrac{\mathrm{d}\Phi_{\mathrm{C}}}{\mathrm{d}t}=-W_{\mathrm{C}}\omega\Phi_{\mathrm{Cm}}\cos(\omega t-240°)=W_{\mathrm{C}}\omega\Phi_{\mathrm{Cm}}\sin(\omega t-330°)=E_{\mathrm{Cm}}\sin(\omega t-330°)
\end{array}\right\}
\tag{1-49}
$$

式中,E_{Am}、E_{Bm}、E_{Cm} 分别为 A、B、C 三相主磁通的幅值。每相的主感电动势相位滞后主磁通 $90°$,而 A、B、C 相的主感电动势相位互差 $120°$。

从电流方面考虑,设 $i=I_{\mathrm{m}}\sin\omega t$,于是式(1-48)还有另一种表示形式:

$$
\left.\begin{array}{l}
e_{\mathrm{A}}=-W_{\mathrm{A}}^{2}\Lambda_{\mathrm{A}}\dfrac{\mathrm{d}i_{\mathrm{A}}}{\mathrm{d}t}=-\omega W_{\mathrm{A}}^{2}\Lambda_{\mathrm{A}}I_{\mathrm{Am}}\cos\omega t=-\omega W_{\mathrm{A}}^{2}\Lambda_{\mathrm{A}}I_{\mathrm{Am}}\sin(\omega t-90°)=E_{\mathrm{Am}}\sin(\omega t-90°)\\[3mm]
e_{\mathrm{B}}=-W_{\mathrm{B}}^{2}\Lambda_{\mathrm{B}}\dfrac{\mathrm{d}i_{\mathrm{B}}}{\mathrm{d}t}=-\omega W_{\mathrm{B}}^{2}\Lambda_{\mathrm{B}}I_{\mathrm{Bm}}\cos(\omega t-120°)=-\omega W_{\mathrm{B}}^{2}\Lambda_{\mathrm{B}}I_{\mathrm{Bm}}\sin(\omega t-210°)\\[3mm]
\qquad=E_{\mathrm{Bm}}\sin(\omega t-210°)\\[3mm]
e_{\mathrm{C}}=-W_{\mathrm{C}}^{2}\Lambda_{\mathrm{C}}\dfrac{\mathrm{d}i_{\mathrm{C}}}{\mathrm{d}t}=-\omega W_{\mathrm{C}}^{2}\Lambda_{\mathrm{C}}I_{\mathrm{Cm}}\cos(\omega t-240°)=-\omega W_{\mathrm{C}}^{2}\Lambda_{\mathrm{C}}I_{\mathrm{Cm}}\sin(\omega t-330°)\\[3mm]
\qquad=E_{\mathrm{Cm}}\sin(\omega t-330°)
\end{array}\right\}
\tag{1-50}
$$

式(1-50)中,每相的主感电动势相位滞后电流 $90°$,而 A、B、C 相的主感电动势相位互差 $120°$。

一般来说只要三相主磁通是对称的,那么三相主感电动势的有效值也是对称的。

从主磁通方面考虑,三相主感电动势的有效值为:

$$\left.\begin{aligned}
E_A &= \frac{E_{Am}}{\sqrt{2}} = \frac{W_A\omega\Phi_{Am}}{\sqrt{2}} = 4.44fW_A\Phi_{Am}\\
E_B &= \frac{E_{Bm}}{\sqrt{2}} = \frac{W_B\omega\Phi_{Bm}}{\sqrt{2}} = 4.44fW_B\Phi_{Bm}\\
E_C &= \frac{E_{Cm}}{\sqrt{2}} = \frac{W_C\omega\Phi_{Cm}}{\sqrt{2}} = 4.44fW_C\Phi_{Cm}
\end{aligned}\right\} \tag{1-51}$$

从电流方面考虑,三相主感电动势的有效值为:

$$\left.\begin{aligned}
E_A &= \frac{W_A^2\Lambda_A\omega I_{Am}}{\sqrt{2}} = 4.44f\Lambda_A W_A^2 I_{Am} = 4.44fL_A I_{Am}\\
E_B &= \frac{W_B^2\Lambda_B\omega I_{Bm}}{\sqrt{2}} = 4.44f\Lambda_B W_B^2 I_{Bm} = 4.44fL_B I_{Bm}\\
E_C &= \frac{W_C^2\Lambda_C\omega I_{Cm}}{\sqrt{2}} = 4.44f\Lambda_C W_C^2 I_{Cm} = 4.44fL_C I_{Cm}
\end{aligned}\right\} \tag{1-52}$$

(2)三相铁心电抗器的漏感电动势

同理,可得到三相铁心电抗器的漏感电动势为:

$$\left.\begin{aligned}
e_{A\sigma} &= -W_A\frac{d\Phi_{A\sigma}}{dt} = -W_A^2\Lambda_\sigma\frac{di_A}{dt}\\
e_{B\sigma} &= -W_B\frac{d\Phi_{B\sigma}}{dt} = -W_B^2\Lambda_\sigma\frac{di_B}{dt}\\
e_{C\sigma} &= -W_C\frac{d\Phi_{C\sigma}}{dt} = -W_C^2\Lambda_\sigma\frac{di_C}{dt}
\end{aligned}\right\} \tag{1-53}$$

从漏磁通方面考虑,可得到三相铁心电抗器的漏感电动势为:

$$\left.\begin{aligned}
e_{A\sigma} &= -W_A\frac{d\Phi_{A\sigma}}{dt} = -W_A\omega\Phi_{A\sigma m}\cos\omega t = W_A\omega\Phi_{A\sigma m}\sin(\omega t-90°) = E_{A\sigma m}\sin(\omega t-90°)\\
e_{B\sigma} &= -W_B\frac{d\Phi_{B\sigma}}{dt} = -W_B\omega\Phi_{B\sigma m}\cos(\omega t-120°) = W_B\omega\Phi_{B\sigma m}\sin(\omega t-210°) = E_{B\sigma m}\sin(\omega t-210°)\\
e_{C\sigma} &= -W_C\frac{d\Phi_{C\sigma}}{dt} = -W_C\omega\Phi_{C\sigma m}\cos(\omega t-240°) = W_C\omega\Phi_{C\sigma m}\sin(\omega t-330°) = E_{C\sigma m}\sin(\omega t-330°)
\end{aligned}\right\}$$

$$\tag{1-54}$$

式(1-54)中,每相漏感电动势相位滞后漏磁通 $90°$,$E_{A\sigma m}$、$E_{B\sigma m}$、$E_{C\sigma m}$ 为三相铁心电抗器漏磁通的幅值,三相铁心电抗器的各相漏感电动势相位互差 $120°$,其有效值为:

$$\left.\begin{aligned}
E_{A\sigma} &= \frac{E_{A\sigma m}}{\sqrt{2}} = \frac{W_A\omega\Phi_{A\sigma m}}{\sqrt{2}} = 4.44fW_A\Phi_{A\sigma m}\\
E_{B\sigma} &= \frac{E_{B\sigma m}}{\sqrt{2}} = \frac{W_B\omega\Phi_{B\sigma m}}{\sqrt{2}} = 4.44fW_B\Phi_{B\sigma m}\\
E_{C\sigma} &= \frac{E_{C\sigma m}}{\sqrt{2}} = \frac{W_C\omega\Phi_{C\sigma m}}{\sqrt{2}} = 4.44fW_C\Phi_{C\sigma m}
\end{aligned}\right\} \tag{1-55}$$

式(1-55)表明,漏感电动势有效值与电源频率、绕组匝数和主磁通最大值有关。

从电流方面考虑,三相铁心电抗器的漏感电动势为:

$$
\left.
\begin{aligned}
e_{A\sigma} &= -W_A^2 \Lambda_{A\sigma} \frac{\mathrm{d}i_A}{\mathrm{d}t} = -\omega W_A^2 \Lambda_{A\sigma} I_{Am} \cos\omega t = \omega W_A^2 \Lambda_{A\sigma} I_{Am} \sin(\omega t - 90°) = E_{A\sigma m} \sin(\omega t - 90°) \\
e_{B\sigma} &= -W_B^2 \Lambda_{B\sigma} \frac{\mathrm{d}i_B}{\mathrm{d}t} = -\omega W_B^2 \Lambda_{B\sigma} I_{Bm} \cos(\omega t - 120°) = \omega W_B^2 \Lambda_{B\sigma} I_{Bm} \sin(\omega t - 210°) \\
&= E_{B\sigma m} \sin(\omega t - 210°) \\
e_{C\sigma} &= -W_C^2 \Lambda_{C\sigma} \frac{\mathrm{d}i_C}{\mathrm{d}t} = -\omega W_C^2 \Lambda_{C\sigma} I_{Cm} \cos(\omega t - 240°) = \omega W_C^2 \Lambda_{C\sigma} I_{Cm} \sin(\omega t - 330°) \\
&= E_{C\sigma m} \sin(\omega t - 330°)
\end{aligned}
\right\}
$$

$$(1-56)$$

式(1-56)中,三相铁心电抗器每相的漏感电动势相位滞后于电流90°,三相铁心电抗器各相漏感电动势相位互差120°,其有效值为:

$$
\left.
\begin{aligned}
E_{A\sigma} &= \frac{E_{A\sigma m}}{\sqrt{2}} = \frac{W_A^2 \Lambda_{A\sigma} \omega I_{Am}}{\sqrt{2}} = 4.44 f W_A^2 \Lambda_{A\sigma} I_{Am} = 4.44 f L_{A\sigma} I_{Am} \\
E_{B\sigma} &= \frac{E_{B\sigma m}}{\sqrt{2}} = \frac{W_B^2 \Lambda_{B\sigma} \omega I_{Bm}}{\sqrt{2}} = 4.44 f W_B^2 \Lambda_{B\sigma} I_{Bm} = 4.44 f L_{B\sigma} I_{Bm} \\
E_{C\sigma} &= \frac{E_{C\sigma m}}{\sqrt{2}} = \frac{W_C^2 \Lambda_{C\sigma} \omega I_{Cm}}{\sqrt{2}} = 4.44 f W_C^2 \Lambda_{C\sigma} I_{Cm} = 4.44 f L_{C\sigma} I_{Cm}
\end{aligned}
\right\}
$$

$$(1-57)$$

式(1-57)表明,三相铁心电抗器的漏感电动势有效值与电源频率、漏电感量和电流最大值有关。

4. 三相铁心电抗器容量

三相铁心电抗器的容量等于3个单相铁心电抗器容量之和,即三相铁心电抗器容量等于角频率、磁通密度有效值、绕组匝数、磁场强度、磁路(气隙)等效导磁面积及气隙总长度之积的3倍。三相铁心电抗器的容量表达式为:

$$S_3 = 3UI = 3\omega WBA_c I = 3\omega BH_c A_c N\delta \tag{1-58}$$

式中,ω 为电流角频率(s^{-1});B 为磁通密度有效值(T);A_c 为气隙等效导磁面积(m^2);N 为气隙个数;δ 为气隙长度(m);H_c 为磁场强度(A/m)。

1.2.2　三相铁心电抗器的电抗参数关系

1. 三相铁心电抗器主电感

在单相铁心电抗器中,主电感是由主磁通产生的,主电感与主磁路的磁导率(等于空气磁导率)、单相绕组匝数的平方及磁路等效导磁面积之积成正比,与气隙总长度成反比;在三相铁心电抗器中,各相的主电感参数关系与单相铁心电抗器相同,只是三相中各相相位相差120°,其电感量计算方法也与单相铁心电抗器相同。

根据式(1-19)可得到三相铁心电抗器各相的主电感为:

$$
\left.\begin{array}{l}
L_{mA}=L_{AX}=\mu_0 W_A^2 \dfrac{A_c}{N\delta} \\[2mm]
L_{mB}=L_{BY}=\mu_0 W_B^2 \dfrac{A_c}{N\delta} \\[2mm]
L_{mC}=L_{CZ}=\mu_0 W_C^2 \dfrac{A_c}{N\delta}
\end{array}\right\} \qquad (1\text{-}59)
$$

2. 三相铁心电抗器的主电抗

根据三相铁心电抗器各相的主电感,可得到各相主电抗为:

$$
\left.\begin{array}{l}
L_{mA}=X_{AX}=\omega L_{AX}=\omega\mu_0 W_A^2 \dfrac{A_c}{N\delta} \\[2mm]
L_{mB}=X_{BY}=\omega L_{BY}=\omega\mu_0 W_B^2 \dfrac{A_c}{N\delta} \\[2mm]
L_{mC}=X_{CZ}=\omega L_{CZ}=\omega\mu_0 W_C^2 \dfrac{A_c}{N\delta}
\end{array}\right\} \qquad (1\text{-}60)
$$

3. 三相铁心电抗器的漏电抗

单相铁心电抗器的漏电抗由漏磁通产生,单相铁心电抗器的漏电抗与空气磁导率、洛果夫斯基系数、单相绕组匝数的平方及磁路等效导磁面积之积成正比,与线圈高度成反比。三相铁心电抗器中各相漏电抗的关系与单相铁心电抗器的相同,其计算方法也相同。

根据式(1-45)可得到三相铁心电抗器的漏电抗为:

$$
\begin{array}{l}
X_{A\sigma}=\omega\mu_0 \rho_L W_A^2 \dfrac{A_{A\sigma}}{h} \\[2mm]
X_{B\sigma}=\omega\mu_0 \rho_L W_B^2 \dfrac{A_{B\sigma}}{h} \\[2mm]
X_{C\sigma}=\omega\mu_0 \rho_L W_C^2 \dfrac{A_{C\sigma}}{h}
\end{array} \qquad (1\text{-}61)
$$

式中,$A_{A\sigma}$、$A_{B\sigma}$、$A_{C\sigma}$分别为 A、B、C 各相等效漏磁面积。

4. 三相铁心电抗器的总电抗

三相铁心电抗器各相的总电抗等于三相铁心电抗器各相主电抗与各相漏电抗之和,其关系为:

$$
\begin{array}{l}
X_{ZA}=X_{AX}+X_{A\sigma}=\omega\mu_0 W_A^2 \dfrac{A_c}{N\delta}+\omega\mu_0 W_A^2 \dfrac{A_{A\sigma}}{h} \\[2mm]
X_{ZB}=X_{BY}+X_{B\sigma}=\omega\mu_0 W_B^2 \dfrac{A_c}{N\delta}+\omega\mu_0 W_B^2 \dfrac{A_{B\sigma}}{h} \\[2mm]
X_{ZC}=X_{CZ}+X_{C\sigma}=\omega\mu_0 W_C^2 \dfrac{A_c}{N\delta}+\omega\mu_0 W_C^2 \dfrac{A_{C\sigma}}{h}
\end{array} \qquad (1\text{-}62)
$$

1.3   单相感应式电抗变换器原理

本节系统论述单相感应式电抗变换器二次侧单绕组(多绕组)空载运行和带载运行的电磁关系、感应电动势、电压平衡方程式、等效电路和电抗变换等基本原理。

1.3.1   单相感应式电抗变换器结构

单相感应式电抗变换器原理及磁路结构示意图如图 1-8 所示。

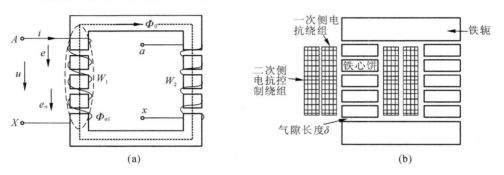

图 1-8   单相感应式电抗变换器原理及磁路结构示意图
(a)单相感应式电抗变换器原理;(b)单相感应式电抗变换器磁路结构

单相感应式电抗变换器磁路由铁心饼(由硅钢片叠成)、绝缘纸板(气隙)和缠绕在铁心饼上的绕组线圈构成。单相感应式电抗变换器有两个绕组(即一次侧电抗绕组和二次侧电抗控制绕组),单相感应式电抗变换器通过改变二次侧等效电抗值来实现一次侧电抗的变换,即实现一次侧电抗可控。

1.3.2   单相感应式电抗变换器二次侧单绕组空载运行

单相感应式电抗变换器与单相铁心电抗器结构基本相同,两者最大区别在于绕组的不同,单相铁心电抗器只有一个激磁绕组,而单相感应式电抗变换器有两个绕组。

单相感应式电抗变换器二次侧单绕组空载运行示意图如图 1-9 所示。

在图 1-9 中,设单相感应式电抗变换器的一次侧绕组编号首端为 A、尾端为 X,一次侧绕组匝数为 W_1,一次侧绕组的输入电压为 U_1、电流为 I_1;二次侧绕组编号首端为 a、尾端为 x,二次侧绕组匝数为 W_2,二次侧输出电压为 U_{20}、电流为 I_2;E_1 和 E_2 为主磁通 Φ_0 分别在一次侧绕组和二次侧绕组内产生的感应电动势;$E_{1\sigma}$ 为漏磁通 $\Phi_{1\sigma}$ 在一次侧绕组内产生的漏感电动势。

由于二次侧空载时,流过二次侧绕组的电流为零,故当一次侧绕组接入交流电源电压U_1后,在一次绕组中就会流过空载电流 I_0($I_0 = I_1$),该电流建立空载磁动势 F_0($F_0 = I_1 W_1 = I_0 W_1$),并产生交变的主磁通 Φ_0 和漏磁通 $\Phi_{1\sigma}$,主磁通和漏磁通又称为空载磁通。

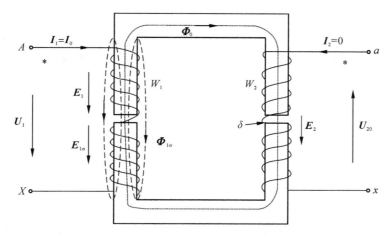

图 1-9　单相感应式电抗变换器二次侧单绕组空载运行示意图

主磁通$\boldsymbol{\Phi}_0$沿带气隙铁心的中心线形成闭合回路并交链一次侧绕组和二次侧绕组；漏磁通$\boldsymbol{\Phi}_{1\sigma}$沿空气隙（油隙）形成闭合的漏磁路并交链一次侧绕组；当空载电流流过一次侧绕组时，会在一次侧绕组内的电阻R_1上产生压降ΔU（$\Delta U = \boldsymbol{I}_1 R_1 = \boldsymbol{I}_0 R_1$）。

1. 单相感应式电抗变换器二次侧单绕组空载时的电磁关系

（1）电磁关系一

单相感应式电抗变换器二次侧单绕组空载时，其电生磁、磁生电的电磁关系一如图1-10所示。

$$\boldsymbol{U}_1 \longrightarrow \boldsymbol{I}_0 \longrightarrow \boldsymbol{\Phi}_0 \longrightarrow \boldsymbol{E}_1(\boldsymbol{E}_2)$$
$$\boldsymbol{I}_0 \longrightarrow \boldsymbol{\Phi}_{1\sigma} \longrightarrow \boldsymbol{E}_{1\sigma}$$

图 1-10　电生磁、磁生电的电磁关系一

图1-10的电磁关系简述如下：

$\boldsymbol{U}_1$的极性与$\boldsymbol{E}_1$（$\boldsymbol{E}_{1\sigma}$）相反，即感应电动势（漏电势）的方向始终是阻碍$\boldsymbol{U}_1$变化的；一次侧绕组的绕向和$\boldsymbol{\Phi}_0$的方向由右手螺旋法则确定；二次侧绕组的绕向也由右手螺旋法则确定，但输出电压与$\boldsymbol{E}_2$同向。

（2）电磁关系二

电磁关系二如图1-11所示。

$$\boldsymbol{U}_1 \longrightarrow \boldsymbol{I}_0 \longrightarrow \boldsymbol{I}_0 W_1 \longrightarrow \boldsymbol{\Phi}_0 \longrightarrow \boldsymbol{E}_1$$
$$\boldsymbol{I}_0 \longrightarrow \boldsymbol{I}_0 W_1 \longrightarrow \boldsymbol{\Phi}_{1\sigma} \longrightarrow \boldsymbol{E}_{1\sigma}$$
$$\boldsymbol{I}_0 \longrightarrow \boldsymbol{I}_0 R_1$$
$$\boldsymbol{U}_1 \longrightarrow \boldsymbol{I}_0 \longrightarrow \boldsymbol{I}_0 W_1 \longrightarrow \boldsymbol{\Phi}_0 \longrightarrow \boldsymbol{E}_2$$
$$\boldsymbol{U}_1 = \boldsymbol{I}_0 R_1 - \boldsymbol{E}_1 - \boldsymbol{E}_{1\sigma}$$

图 1-11　电生磁、磁生电的电磁关系二

图1-11的电磁关系简述如下：

输入电压U_1在一次侧绕组产生空载电流I_0；I_0产生磁动势I_0W_1，进而产生主磁通Φ_0；Φ_0在一次侧绕组产生自感电动势E_1，在二次侧绕组产生互感电动势E_2；I_0产生磁动势I_0W_1，进而产生漏磁通$\Phi_{1\sigma}$；$\Phi_{1\sigma}$产生漏感电动势$E_{1\sigma}$；I_0在一次侧绕组上产生压降I_0R_1。

（3）电磁关系三

电磁关系三如图 1-12 所示。

$$U_1 \longrightarrow I_0\,(I_0W_1) \rightarrow \Phi_0 \rightarrow E_1$$
$$\Phi_0 \rightarrow E_2$$
$$I_0 \rightarrow \Phi_{1\sigma} \rightarrow E_{1\sigma}$$

图 1-12　电生磁、磁生电的电磁关系三

由图 1-10 至图 1-12 可知，感应式电抗变换器二次侧空载运行时，一次侧绕组的E_1、$E_{1\sigma}$、I_0R_1与外加输入电压U_1平衡，由于二次侧绕组开路（$I_2=0$），故E_2与空载输出电压U_{20}相平衡，即$U_{20}=E_2$。

2.单相感应式电抗变换器二次侧单绕组空载时的感应电动势

（1）单相感应式电抗变换器的一次侧主磁通产生的主感电动势

由图 1-9 可知，主感电动势（瞬时值）为：

$$\left. \begin{aligned} e_1 &= -W_1\frac{\mathrm{d}\Phi_0}{\mathrm{d}t} = -W_1^2\Lambda\frac{\mathrm{d}i_1}{\mathrm{d}t} \\ e_2 &= -W_2\frac{\mathrm{d}\Phi_0}{\mathrm{d}t} = -W_2^2\Lambda\frac{\mathrm{d}i_1}{\mathrm{d}t} \end{aligned} \right\} \tag{1-63}$$

当外加电压按正弦规律变化时，则带气隙铁心中的磁通也会按正弦规律变化。设$\Phi_0=\Phi_m\sin\omega t$，根据电磁感应定律和图 1-9 的参考方向，可以得到感应式电抗变换器的一次侧绕组和二次侧绕组的主感电动势：

$$\left. \begin{aligned} e_1 &= -W_1\frac{\mathrm{d}\Phi_0}{\mathrm{d}t} = -W_1\omega\Phi_m\cos\omega t = W_1\omega\Phi_m\sin(\omega t-90°) = E_{1m}\sin(\omega t-90°) \\ e_2 &= -W_2\frac{\mathrm{d}\Phi_0}{\mathrm{d}t} = -W_2\omega\Phi_m\cos\omega t = W_2\omega\Phi_m\sin(\omega t-90°) = E_{2m}\sin(\omega t-90°) \end{aligned} \right\} \tag{1-64}$$

式中，Φ_m为主磁通的幅值；ω为主磁通的角频率；E_{1m}为一次侧绕组主感电动势最大值；E_{2m}为二次侧绕组主感电动势最大值。主感电动势相位滞后于主磁通 90°。

① 从主磁通考虑，主感电动势e_1、e_2的有效值为：

$$E_1 = \frac{E_{1m}}{\sqrt{2}} = \frac{W_1\omega\Phi_m}{\sqrt{2}} = \frac{2\pi}{\sqrt{2}}fW_1\Phi_m = 4.44fW_1\Phi_m \tag{1-65}$$

$$E_2 = \frac{E_{2m}}{\sqrt{2}} = \frac{W_2\omega\Phi_m}{\sqrt{2}} = \frac{2\pi}{\sqrt{2}}fW_2\Phi_m = 4.44fW_2\Phi_m \tag{1-66}$$

设$i=I_m\sin\omega t$，可得主感电动势的关系式如下：

$$\left.\begin{array}{l} e_1 = -W_1^2 \varLambda \dfrac{\mathrm{d}i_1}{\mathrm{d}t} = -\omega W_1^2 \varLambda I_{1\mathrm{m}} \cos\omega t = \omega W_1^2 \varLambda I_{1\mathrm{m}} \sin(\omega t - 90°) = X_{1\mathrm{m}} I_{1\mathrm{m}} \sin(\omega t - 90°) \\[2mm] e_2 = -W_2^2 \varLambda \dfrac{\mathrm{d}i_1}{\mathrm{d}t} = -\omega W_2^2 \varLambda I_{1\mathrm{m}} \cos\omega t = \omega W_2^2 \varLambda I_{1\mathrm{m}} \sin(\omega t - 90°) = X_{2\mathrm{m}} I_{1\mathrm{m}} \sin(\omega t - 90°) \end{array}\right\}$$

$$(1\text{-}67)$$

式(1-67)表明，主感电动势相位滞后于电流90°。

② 从电流考虑，主感电动势 e_1、e_2 的有效值为：

$$E_1 = \frac{E_{1\mathrm{m}}}{\sqrt{2}} = \frac{X_{1\mathrm{m}} I_{1\mathrm{m}}}{\sqrt{2}} = \frac{\omega W_1^2 \varLambda I_{1\mathrm{m}}}{\sqrt{2}} = \frac{2\pi f \varLambda W_1^2 I_{1\mathrm{m}}}{\sqrt{2}} = 4.44 f \varLambda W_1^2 I_{1\mathrm{m}} = 4.44 f L_1 I_{1\mathrm{m}}$$

$$(1\text{-}68)$$

$$E_2 = \frac{E_{2\mathrm{m}}}{\sqrt{2}} = \frac{X_{2\mathrm{m}} I_{1\mathrm{m}}}{\sqrt{2}} = \frac{\omega W_2^2 \varLambda I_{1\mathrm{m}}}{\sqrt{2}} = \frac{2\pi f \varLambda W_2^2 I_{1\mathrm{m}}}{\sqrt{2}} = 4.44 f \varLambda W_2^2 I_{1\mathrm{m}} = 4.44 f L_2 I_{1\mathrm{m}}$$

$$(1\text{-}69)$$

（2）单相感应式电抗变换器的一次侧漏磁通产生的漏感电动势

同理，可以得到单相感应式电抗变换器的一次侧漏磁通产生的漏感电动势：

$$e_{1\sigma} = -W_1 \frac{\mathrm{d}\varPhi_{1\sigma}}{\mathrm{d}t} = -W_1^2 \varLambda_\sigma \frac{\mathrm{d}i_1}{\mathrm{d}t} \tag{1-70}$$

$$e_{1\sigma} = -W_1 \frac{\mathrm{d}\varPhi_{1\sigma}}{\mathrm{d}t} - W_1 \omega \varPhi_{1\sigma\mathrm{m}} \cos\omega t = W_1 \omega \varPhi_{1\sigma\mathrm{m}} \sin(\omega t - 90°)$$

$$= E_{1\sigma\mathrm{m}} \sin(\omega t - 90°) \tag{1-71}$$

$$e_{1\sigma} = -W_1^2 \varLambda_\sigma \frac{\mathrm{d}i_1}{\mathrm{d}t} = -\omega W_1^2 \varLambda_\sigma I_{1\mathrm{m}} \cos\omega t = \omega W_1^2 \varLambda_\sigma I_{1\mathrm{m}} \sin(\omega t - 90°) = E_{1\sigma\mathrm{m}} \sin(\omega t - 90°)$$

$$(1\text{-}72)$$

式(1-72)表明，漏感电动势相位同样滞后于电流90°。

① 从漏磁通考虑，漏感电动势的有效值为：

$$E_{1\sigma} = \frac{E_{1\sigma}}{\sqrt{2}} = \frac{W_1 \omega \varPhi_{1\sigma\mathrm{m}}}{\sqrt{2}} = \frac{2\pi}{\sqrt{2}} f W_1 \varPhi_{1\sigma\mathrm{m}} = 4.44 f W_1 \varPhi_{1\sigma\mathrm{m}} \tag{1-73}$$

② 从电流考虑，漏感电动势的有效值为：

$$E_{1\sigma} = \frac{E_{1\sigma}}{\sqrt{2}} = \frac{W_1^2 \varLambda_\sigma \omega I_\mathrm{m}}{\sqrt{2}} = \frac{2\pi}{\sqrt{2}} f W_1^2 \varLambda_\sigma I_\mathrm{m} = 4.44 f L_{1\sigma} I_\mathrm{m} \tag{1-74}$$

3. 单相感应式电抗变换器二次侧单绕组空载时电压平衡方程式

（1）单相感应式电抗变换器一次侧电压平衡方程式

由图1-9及基尔霍夫电压定律，可以得到感应式电抗变换器一次侧绕组的电压平衡方程式如下：

$$\boldsymbol{U}_1 = -\boldsymbol{E}_1 - \boldsymbol{E}_{1\sigma} + \boldsymbol{I}_0 R_1 = -\boldsymbol{E}_1 + \boldsymbol{I}_0 (R_1 + \mathrm{j}X_1) = -\boldsymbol{E}_1 + \boldsymbol{I}_0 Z_1 \tag{1-75}$$

式中，Z_1 为一次侧绕组线圈的等效漏阻抗；X_1 为一次侧绕组线圈的等效漏电抗。

（2）单相感应式电抗变换器二次侧电压平衡方程式

感应式电抗变换器二次侧在空载时，$I_2=0$，二次侧绕组开路，故二次侧绕组的电压平衡方程式为：

$$U_{20}=E_2 \tag{1-76}$$

在式(1-75)中，$E_1=-I_0 Z_m$，于是有：

$$U_1=-E_1+I_0 Z_1=I_0 Z_m+I_0 Z_1$$
$$=I_0(R_m+jX_m)+I_0(R_1+jX_1) \tag{1-77}$$

式中，Z_m 为激磁阻抗；R_m 为激磁电阻；X_m 为激磁电抗（主电抗）。

4.单相感应式电抗变换器二次侧单绕组空载时的等效电路与阻抗变换

根据式(1-77)，可得到单相感应式电抗变换器二次侧空载时的等效电路图如图 1-13 所示。

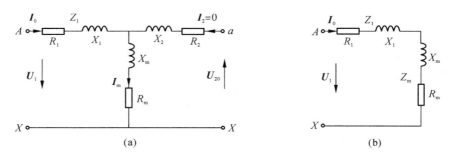

图 1-13　单相感应式电抗变换器二次侧空载时的等效电路
(a)T形等效电路；(b)简化等效电路

由图 1-13，可得到单相感应式电抗变换器二次侧空载的等效阻抗为：

$$Z_Z=Z_1+Z_m=(R_1+jX_1)+(R_m+jX_m)\approx j(X_1+X_m) \tag{1-78}$$

式中，Z_1 为漏阻抗；Z_m 为激磁阻抗；X_1 为漏电抗；X_m 为激磁电抗（主电抗）。由于感应式电抗变换器二次侧开路（空载），因此感应式电抗变换器二次侧空载等效电路可等同于单相铁心电抗器，故主电抗、漏电抗的关系式也与单相铁心电抗器相同，即：

主电抗

$$X_m=\omega L_m=\omega\mu_0 W_1^2 \frac{A_c}{N\delta}=8\pi^2 f W_1^2 \frac{A_c}{N\delta}\times 10^{-7} \tag{1-79}$$

漏电抗

$$X_\sigma=X_1=\omega L_\sigma=\omega\mu_0\rho_L W_1^2 \frac{A_\sigma}{h}=8\pi^2 f\rho_L W_1^2 \frac{A_\sigma}{h}\times 10^{-7} \tag{1-80}$$

单相感应式电抗变换器总电抗

$$X_Z=X_m+X_\sigma=8\pi^2 f W_1^2 \frac{A_c}{N\delta}\times 10^{-7}+8\pi^2 f\rho_L W_1^2 \frac{A_\sigma}{h}\times 10^{-7} \tag{1-81}$$

式(1-81)为单相感应式电抗变换器二次侧单绕组空载时的总电抗关系式，即总电抗等于主电抗与漏电抗之和。主电抗与交流电源的频率、一次侧绕组线圈匝数平方、铁心磁导率以及主磁通等效导磁面积成正比，与铁心气隙厚度及气隙个数之积成反比；漏电抗与交流电源的频率、洛果夫斯基系数、空气磁导率、一次侧绕组线圈匝数平方、漏磁通等效面积成正比,与一次侧绕组线圈高度成反比。

5.感应式电抗变换器主电抗计算

感应式电抗变换器主电抗计算方法及公式与单相铁心电抗器的主电抗计算方法及公式相同,具体参见 1.1.2 节。

6.感应式电抗变换器漏电抗计算

感应式电抗变换器的漏电抗压降由一次侧和二次侧线圈的漏电抗 X_1、X_2 产生,漏电抗的大小与线圈的排列方式有关,为了减小漏电抗,线圈一般采用同心式排列结构。

感应式电抗变换器同心式线圈排列及漏磁动势分布图如图 1-14 所示。

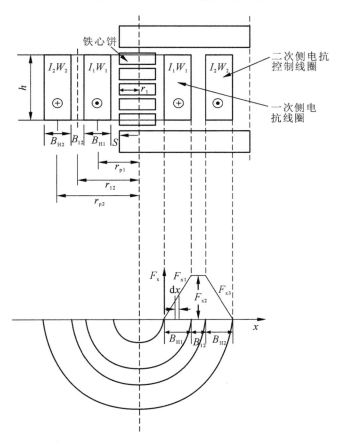

图 1-14 感应式电抗变换器同心式线圈排列及漏磁动势分布图

根据感应式电抗变换器同心式线圈排列及磁动势分布图,可作如下假设:

① 在图 1-14 中,h 为线圈高度(m),B_{H1} 为一次侧线圈幅向厚度(m),B_{H2} 为二次侧线圈幅向厚度(m),B_{12} 为一次侧线圈和二次侧线圈间距(m),S 为铁心饼左侧边至一次侧线圈右侧边距离(m),r_1 为铁心饼半径(m),r_{p1} 为铁心饼中心线至一次侧线圈中心线距离

(m)，r_{p2} 为铁心饼中心线至二次侧线圈中心线距离(m)，r_{12} 为铁心饼中心线至两线圈中心线距离(m)；

② 在图 1-14 中，磁动势的横坐标为铁心饼左边缘至一、二次侧线圈幅向厚度(B_{H1} ＋ B_{12} ＋ B_{H2})方向的距离 x，纵坐标为磁动势 F_x；

③ 磁通在一、二次侧线圈间沿轴向垂直通过，磁通通过时，仅在两个线圈的平均高度范围内有磁阻，其他部分和铁心内部磁阻近似于零；

④ 两个线圈的周长 C 为平均长度，设两个线圈的平均直径为 d_{12}，则

$$\left.\begin{aligned} C &= \pi d_{12} = \pi(r_{p1} + r_{p2}) \\ r_{p1} &= r_1 + s + \frac{B_{H1}}{2} \\ r_{p2} &= r_1 + s + B_{H1} + B_{12} + \frac{B_{H2}}{2} \end{aligned}\right\} \tag{1-82}$$

分析图 1-14，就会发现感应式电抗变换器的磁力线与绕组交链后总漏磁链产生的磁动势有三部分：

① 当 $0 \leqslant x < B_{H1}$ 时的磁动势 F_{x1}

$$F_{x1} = I_1 W_1 \frac{x}{B_{H1}} \tag{1-83}$$

② 当 $B_{H1} \leqslant x < B_{H1} + B_{12}$ 时的磁动势 F_{x2}

$$F_{x2} = I_1 W_1 \tag{1-84}$$

③ 当 $B_{H1} + B_{12} \leqslant x \leqslant B_{H1} + B_{12} + B_{H2}$ 时的磁动势 F_{x3}

$$F_{x3} = I_1 W_1 \frac{B_{H1} + B_{12} + B_{H2} - x}{B_{H2}} \tag{1-85}$$

根据电机学理论，可得到漏磁通密度 B_x 和漏磁通变化率 $d\Phi$：

① 漏磁通密度 B_x

$$B_x = \mu_0 \frac{F_x}{h} \tag{1-86}$$

② 线圈内部 dx 区间内的漏磁通 $d\Phi$

$$d\Phi = B_x C dx = \pi \mu_0 d_{12} \frac{F_x}{h} dx \tag{1-87}$$

一次侧线圈内部 dx 区间内的漏磁通产生的漏磁链也有三部分：

$$\left.\begin{aligned} d\Psi_{1\sigma} &= W_1 \frac{x}{B_{H1}} d\Phi_1 dx = W_1 \frac{x}{B_{H1}} \mu_0 \frac{F_{x1}}{h} C dx = W_1 \frac{x}{B_{H1}} \frac{\mu_0}{h} I_1 W_1 C \frac{x}{B_{H1}} dx \\ d\Psi_{2\sigma} &= W_1 d\Phi_2 = W_1 \mu_0 \frac{F_{x3}}{h} C dx = W_1 \mu_0 \frac{I_1 W_1}{h} C dx \\ d\Psi_{3\sigma} &= W_1 \frac{B_{H1} + B_{12} + B_{H2} - x}{B_{H2}} d\Phi_3 = W_1 \frac{B_{H1} + B_{12} + B_{H2} - x}{B_{H2}} \mu_0 \frac{I_1 W}{h} \frac{B_{H1} + B_{12} + B_{H2} - x}{B_{H2}} C dx \end{aligned}\right\}$$

$$\tag{1-88}$$

一次侧线圈内部 $\mathrm{d}x$ 区间内的漏磁通产生的总漏磁链为：

$$\mathrm{d}\boldsymbol{\Psi}_\sigma=\mathrm{d}\boldsymbol{\Psi}_{1\sigma}+\mathrm{d}\boldsymbol{\Psi}_{2\sigma}+\mathrm{d}\boldsymbol{\Psi}_{3\sigma} \tag{1-89}$$

$$\begin{aligned}
\boldsymbol{\Psi}_\sigma &= \int_0^{B_{H1}+B_{12}+B_{H2}} \mathrm{d}\boldsymbol{\Psi}_\sigma \\
&= \int_0^{B_{H1}} W_1 \frac{x}{B_{H1}} \frac{\mu_0}{h} I_1 W_1 C \frac{x}{B_{H1}} \mathrm{d}x + \int_{B_{H1}}^{B_{H1}+B_{12}} W_1 \mu_0 \frac{I_1 W_1}{h} C \mathrm{d}x \\
&\quad + \int_{B_{H1}+B_{12}}^{B_{H1}+B_{12}+B_{H2}} W_1 \frac{B_{H1}+B_{12}+B_{H2}-x}{B_{H2}} \mu_0 \frac{I_1 W}{h} \frac{B_{H1}+B_{12}+B_{H2}-x}{B_{H2}} C \mathrm{d}x \\
&= \mu_0 \frac{W_1^2 I_1 C}{h} \left[\left(B_{12}+\frac{B_{H1}+B_{H2}}{3}\right) + (B_{H1}+B_{12}+B_{H2})^2 B_{H2} - (B_{H1}+B_{12}+B_{H2}) B_{H2} \right] \\
&\approx \mu_0 \frac{W_1^2 I_1 \pi d_{12}}{h} \left(B_{12}+\frac{B_{H1}+B_{H2}}{3}\right)
\end{aligned}$$

$$\tag{1-90}$$

总漏磁链产生的总漏电抗计算（磁路法）如下：

按式(1-90)计算得到的漏电抗与实际测量值之间会有一定的误差，这是因为漏磁通的分布实际上与假设的形状有区别，即在线圈端部会发生变形，且铁心的磁阻不等于零，故在计算总漏抗时往往会引入洛果夫斯基系数进行修正。

① 洛果夫斯基系数

$$\rho_L = 1 - \frac{2(B_{H1}+B_{12}+B_{H2}+S)}{\pi h} \tag{1-91}$$

② 漏磁等效面积

$$A_\sigma = \pi d_{12}\left(B_{12}+\frac{B_{H1}+B_{H2}}{3}+S\right) \tag{1-92}$$

③ 一次侧线圈漏电抗

$$X_{1\sigma} = 8\pi^2 f W_1^2 \rho_L \frac{\pi d_{12}}{h}\left(B_{12}+\frac{B_{H1}+B_{H2}}{3}+S\right)\times 10^{-7} \tag{1-93}$$

④ 二次侧线圈漏电抗

$$X_{2\sigma} = 8\pi^2 f W_2^2 \rho_L \frac{\pi d_{12}}{kh}\left(B_{12}+\frac{B_{H1}+B_{H2}}{3}+S\right)\times 10^{-7} \tag{1-94}$$

式中，k 为一次侧绕组与二次侧绕组的匝数比，h 为一、二次侧线圈平均高度。

⑤ 总漏电抗

$$\begin{aligned}
X_\sigma &= X_{1\sigma} + X_{2\sigma} \\
&= 8\pi^2 f W_1^2 \rho_L \frac{\pi d_{12}}{h}\left(B_{12}+\frac{B_{H1}+B_{H2}}{3}+S\right)\times 10^{-7} \\
&\quad + 8\pi^2 f W_2^2 \rho_L \frac{\pi d_{12}}{kh}\left(B_{12}+\frac{B_{H1}+B_{H2}}{3}+S\right)\times 10^{-7}
\end{aligned} \tag{1-95}$$

式(1-95)为引入洛果夫斯基系数的总漏抗关系式，该式可用于单相（或三相）感应式电抗变换器的漏抗计算。

以下通过具体算例,说明单相感应式电抗变换器二次侧空载时,主电抗、漏电抗和总电抗的计算方法。

算例 1-2 已知某单相感应式电抗变换器的铁心柱由 3 个铁心饼组成,铁心饼直径为 230mm;铁心叠片系数为 0.95;铁心柱净截面积为 345.5cm²;铁轭有效面积为 375.1cm²;铁心柱最大片宽为 0.22m;铁心柱最大厚度为 0.188m;每个气隙长度为 12mm;一次侧绕组的匝数为 208,二次侧绕组的匝数为 52;一次侧绕组线圈高度为 300mm,幅向厚度为 30.5mm;二次侧绕组线圈高度为 269mm,幅向厚度为 26.2mm;铁心饼左侧边至一次侧绕圈右侧边距离为 15mm;铁心饼厚度为 50mm;一、二次侧绕圈间距为 20mm;电源频率为 50Hz。试计算单相感应式电抗变换器二次侧空载时的主电抗、漏电抗和总电抗。

解: 根据算例 1-2 的已知条件有:

$N=3+1=4; \delta=0.012\text{m}; W_1=208, W_2=52; h_1=0.3\text{m}; h_2=0.269\text{m}; r=0.115\text{mm};$

$S=0.015\text{mm}; B_{H1}=0.0305\text{m}; B_{H2}=0.0262\text{m}; B_{12}=0.02\text{m}; H_B=0.05\text{m};$

$k_{dp}=0.95; A_j=0.03455\text{m}^2;$

$A_c=0.03751\text{m}^2; B_M=0.22\text{m}; \Delta_M=0.188\text{m}$

(1) 单相感应式电抗变换器主电抗计算(磁路法)

① 气隙磁通衍射宽度

$$\varepsilon=\frac{\delta}{\pi}\ln(\frac{\delta+H_B}{\delta})=6.27\text{mm}=6.27\times10^{-3}\text{m}$$

② 气隙磁通衍射面积

$$A_{c2}=2\varepsilon+(2\varepsilon+B_M+\Delta_M)=5.27\times10^{-3}\text{m}^2$$

③ 气隙等效导磁面积

$$A_c=A_{c1}+A_{c2}=\frac{A_j}{k_{dp}}+A_{c2}=0.04164\text{m}^2$$

④ 主电抗

$$X_m=8\pi^2 fW_1^2\frac{A_c}{N\delta}\times10^{-7}=14.82\Omega$$

(2) 单相感应式电抗变换器漏电抗计算

① 等效漏电抗面积

$$r_{p1}=r_1+S+\frac{B_{H1}}{2}=145.25\text{mm}$$

$$r_{p2}=r_1+S+B_{12}+B_{H1}+\frac{B_{H2}}{2}=193.6\text{mm}$$

$$d_{12}=r_{p1}+r_{p2}=338.85\text{mm}\approx0.3389\text{m}$$

$$A_\sigma=\pi d_{12}(B_{12}+\frac{B_{H1}+B_{H2}}{3}+S)=0.05739\text{m}^2$$

② 洛果夫斯基系数

$$h = \frac{h_1 + h_2}{2} = 0.285\text{m}$$

$$\rho_{\text{L}} = 1 - \frac{2(B_{\text{H1}} + B_{12} + B_{\text{H2}} + S)}{\pi h} = 0.795$$

③ 线圈漏电抗

二次侧空载时,只有一次侧线圈产生漏电抗。

一次侧线圈漏电抗:

$$X_{1\sigma} = 8\pi^2 f W_1^2 \rho_{\text{L}} \frac{\pi d_{12}}{h}\left(B_{12} + \frac{B_{\text{H1}} + B_{\text{H2}}}{3} + S\right) \times 10^{-7}$$

$$= 2.73\Omega$$

(3)单相感应式电抗变换器总电抗计算

$$X_{\sum} = X_{\text{m}} + X_{1\sigma} = 17.55\Omega$$

1.3.3　单相感应式电抗变换器二次侧单绕组带载运行

单相感应式电抗变换器二次侧单绕组带载运行示意图如图 1-15 所示。

在图 1-15 中,设单相感应式电抗变换器的一次侧绕组编号首端为 A、尾端为 X,一次侧绕组匝数为 W_1,一次侧绕组的输入电压为 U_1、电流为 I_1,二次侧绕组编号首端为 a、尾端为 x,二次侧绕组匝数为 W_2,二次侧绕组的输出电压为 U_2、电流为 I_2,主磁通 $\boldsymbol{\Phi}_0$ 在一次侧绕组和二次侧绕组产生的感应电动势分别为 E_1 和 E_2,漏磁通 $\boldsymbol{\Phi}_{1\sigma}$ 在一次侧绕组产生的漏感电动势为 $E_{1\sigma}$,漏磁通 $\boldsymbol{\Phi}_{2\sigma}$ 在二次侧绕组产生的漏感电动势为 $E_{2\sigma}$。

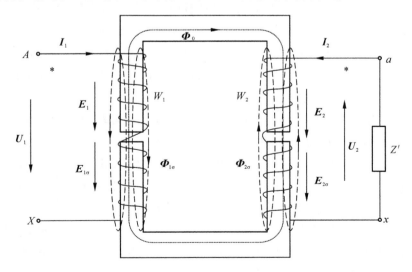

图 1-15　单相感应式电抗变换器二次侧单绕组带载运行示意图

由图 1-15 可知,首先,主磁通 $\boldsymbol{\Phi}_0$ 沿带气隙铁心的中心线形成闭合回路并交链一次侧绕组和二次侧绕组;其次,漏磁通 $\boldsymbol{\Phi}_{1\sigma}$ 沿空气(油)形成闭合的漏磁路并交链一次侧绕组,漏磁通$\boldsymbol{\Phi}_{2\sigma}$沿空气（油）形成闭合的漏磁路并交链二次侧绕组；再次，当电流流过一次侧绕组时，会在一次侧绕组内的电阻R_1上产生压降$\Delta U(\Delta U = \boldsymbol{I}_1 R_1)$。

当二次侧绕组接入负载后，在$\boldsymbol{E}_2$的作用下，二次侧绕组就会有电流$\boldsymbol{I}_2$流过，从而建立二次侧绕组激磁磁动势$\boldsymbol{F}_2(\boldsymbol{F}_2 = \boldsymbol{I}_2 \times W_2)$。$\boldsymbol{F}_2$作用于主磁路铁心上，使空载主磁通$\boldsymbol{\Phi}_0$发生变化，因$\boldsymbol{F}_2$的出现会导致一次侧绕组电流由空载时的$\boldsymbol{I}_0$增加到带载时的$\boldsymbol{I}_1$，而一次侧绕组磁动势也由空载时的$\boldsymbol{F}_0$增加到带载时的$\boldsymbol{F}_1(\boldsymbol{F}_1 = \boldsymbol{F}_0 + \boldsymbol{F}_{1f})$，$\boldsymbol{F}_{1f}$为一次侧绕组的负载分量，该负载分量与二次侧绕组磁动势$\boldsymbol{F}_2$相平衡，从而保持主磁通$\boldsymbol{\Phi}_0$不变。

1. 单相感应式电抗变换器二次侧单绕组带载时的电磁关系

单相感应式电抗变换器二次侧单绕组带载时的电磁关系如图1-16所示。

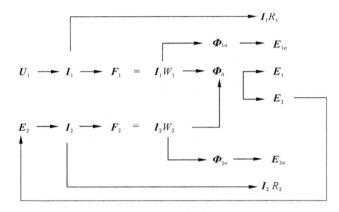

图 1-16　单相感应式电抗变换器二次侧单绕组带载时的电磁关系

单相感应式电抗变换器二次侧单绕组带载时，合成磁动势$\boldsymbol{F}_1$、$\boldsymbol{F}_2$共同产生主磁通$\boldsymbol{\Phi}_0$，并在一次侧绕组和二次侧绕组中产生感应电动势$\boldsymbol{E}_1$、$\boldsymbol{E}_2$，同时，$\boldsymbol{F}_1$、$\boldsymbol{F}_2$分别交链自身绕组并产生漏磁通$\boldsymbol{\Phi}_{1\sigma}$、$\boldsymbol{\Phi}_{2\sigma}$，并在自身绕组产生漏感电动势$\boldsymbol{E}_{1\sigma}$、$\boldsymbol{E}_{2\sigma}$。另外，一次侧绕组和二次侧绕组流过的电流$\boldsymbol{I}_1$和$\boldsymbol{I}_2$分别在自身绕组的电阻上产生压降$\boldsymbol{I}_1 R_1$和$\boldsymbol{I}_2 R_2$。

图1-16所示的电磁关系简述如下：

（1）$\boldsymbol{U}_1$在一次侧绕组中产生电流$\boldsymbol{I}_1$，电流$\boldsymbol{I}_1$产生磁动势$\boldsymbol{F}_1(\boldsymbol{F}_1 = \boldsymbol{I}_1 \times W_1)$；$\boldsymbol{E}_2$在二次侧绕组中产生电流$\boldsymbol{I}_2$，电流$\boldsymbol{I}_2$产生磁动势$\boldsymbol{F}_2(\boldsymbol{F}_2 = \boldsymbol{I}_2 \times W_2)$；合成磁动势$\boldsymbol{F}_1$和$\boldsymbol{F}_2$产生$\boldsymbol{F}_0$（$\boldsymbol{F}_0 = \boldsymbol{I}_0 \times W_1$），$\boldsymbol{F}_0$产生$\boldsymbol{\Phi}_0$，$\boldsymbol{\Phi}_0$分别在一次侧绕组和二次侧绕组产生感应电动势$\boldsymbol{E}_1$和$\boldsymbol{E}_2$。

（2）一次侧绕组中流过的电流$\boldsymbol{I}_1$在自身绕组电阻上产生的压降为$\boldsymbol{I}_1 \times R_1$，二次侧绕组中流过的电流$\boldsymbol{I}_2$在自身绕组电阻上产生的压降为$\boldsymbol{I}_2 \times R_2$。

（3）一次侧绕组中电流$\boldsymbol{I}_1$产生的磁动势$\boldsymbol{F}_1$会产生漏磁通$\boldsymbol{\Phi}_{1\sigma}$，并由$\boldsymbol{\Phi}_{1\sigma}$产生漏感电动势$\boldsymbol{E}_{1\sigma}$；二次侧绕组中电流$\boldsymbol{I}_2$产生的磁动势$\boldsymbol{F}_2$会产生漏磁通$\boldsymbol{\Phi}_{2\sigma}$，并由$\boldsymbol{\Phi}_{2\sigma}$产生漏感电动势$\boldsymbol{E}_{2\sigma}$。

（4）一次侧绕组产生的感应电动势$\boldsymbol{E}_1$、漏感电动势$\boldsymbol{E}_{1\sigma}$、压降$\boldsymbol{I}_1 \times R_1$与$\boldsymbol{U}_1$相平衡；二次侧绕组产生的感应电动势$\boldsymbol{E}_2$、漏感电动势$\boldsymbol{E}_{2\sigma}$、压降$\boldsymbol{I}_2 \times R_2$与$\boldsymbol{U}_2$相平衡。

2. 单相感应式电抗变换器二次侧单绕组带载时的感应电动势

（1）主感电动势

① 主磁通产生的主感电动势

由图 1-15，根据电磁感应定律，可得主感电动势关系式：

$$\left.\begin{aligned} e_1 &= -W_1 \frac{\mathrm{d}(\varPhi_{1m}+\varPhi_{2m})}{\mathrm{d}t} = -W_1 \frac{\mathrm{d}\varPhi_0}{\mathrm{d}t} \\ e_2 &= -W_2 \frac{\mathrm{d}(\varPhi_{1m}+\varPhi_{2m})}{\mathrm{d}t} = -W_2 \frac{\mathrm{d}\varPhi_0}{\mathrm{d}t} \end{aligned}\right\} \tag{1-96}$$

② 电流产生的主感电动势

设 $\varLambda_m$ 为主磁路磁导，则有：

$$\left.\begin{aligned} e_1 &= -W_1^2 \varLambda_m \frac{\mathrm{d}i_1}{\mathrm{d}t} - W_1 W_2 \varLambda_m \frac{\mathrm{d}i_2}{\mathrm{d}t} = \left[X_1 I_{1m} + X_{21} I_{2m}\right]\sin(\omega t - 90°) \\ &= \left[E_{1m} + E_{21m}\right]\sin(\omega t - 90°) \\ e_2 &= -W_2^2 \varLambda_m \frac{\mathrm{d}i_2}{\mathrm{d}t} - W_1 W_2 \varLambda_m \frac{\mathrm{d}i_1}{\mathrm{d}t} = \left[X_2 I_{2m} + X_{12} I_{1m}\right]\sin(\omega t - 90°) \\ &= \left[E_{2m} + E_{12m}\right]\sin(\omega t - 90°) \end{aligned}\right\} \tag{1-97}$$

式中，E_{21m} 为二次侧绕组对一次侧绕组的互感电动势；E_{12m} 为一次侧绕组对二次侧绕组的互感电动势。

（2）漏感电动势

① 漏磁通产生的漏感电动势

由图 1-15，根据电磁感应定律，可得漏感电动势关系式：

$$\left.\begin{aligned} e_{1\sigma} &= -W_1 \frac{\mathrm{d}\varPhi_{1\sigma}}{\mathrm{d}t} \\ e_{2\sigma} &= -W_2 \frac{\mathrm{d}\varPhi_{2\sigma}}{\mathrm{d}t} \end{aligned}\right\} \tag{1-98}$$

② 电流产生的漏感电动势

设 $\varLambda_{1\sigma}$ 为一次侧漏磁路磁导、$\varLambda_{2\sigma}$ 为二次侧漏磁路磁导，则式（1-98）可变为：

$$\left.\begin{aligned} e_{1\sigma} &= -W_1^2 \varLambda_{1\sigma} \frac{\mathrm{d}i_1}{\mathrm{d}t} - W_1 W_2 \varLambda_{2\sigma} \frac{\mathrm{d}i_2}{\mathrm{d}t} = \left[X_{1\sigma} I_{1m} + X_{21\sigma} I_{2m}\right]\sin(\omega t - 90°) \\ &= \left[E_{1\sigma m} + E_{21\sigma m}\right]\sin(\omega t - 90°) \\ e_{2\sigma} &= -W_2^2 \varLambda_{2\sigma} \frac{\mathrm{d}i_2}{\mathrm{d}t} - W_1 W_2 \varLambda_{1\sigma} \frac{\mathrm{d}i_1}{\mathrm{d}t} = \left[X_{2\sigma} I_{2m} + X_{12\sigma} I_{1m}\right]\sin(\omega t - 90°) \\ &= \left[E_{2\sigma m} + E_{12\sigma m}\right]\sin(\omega t - 90°) \end{aligned}\right\} \tag{1-99}$$

3. 单相感应式电抗变换器二次侧单绕组带载时电压平衡方程式

令 $M_{12} = M_{21} = W_1 W_2 \varLambda_m$、$L_{11} = W_1^2 \varLambda_m + W_1^2 \varLambda_{1\sigma}$、$L_{22} = W_2^2 \varLambda_m + W_2^2 \varLambda_{2\sigma}$，其中 $M_{12}(M_{21})$ 为一次侧绕组（二次侧绕组）互感、$L_{11}(L_{22})$ 为一次侧绕组（二次侧绕组）自感。

由基尔霍夫定律，可得到以下关系式：

$$U_1' = \left[r_{1\sigma} + j\omega(L_{11} - kM_{12})\right]I_1 + j\omega\frac{M_{12}}{k}(kI_1 + I_2) \left.\right\}$$
$$U_2 = \left[r_{2\sigma} + j\omega(L_{22} - \frac{M_{12}}{k})\right]I_2 + j\omega\frac{M_{12}}{k}(kI_1 + I_2) \left.\right\}$$
$$\tag{1-100}$$

式中,$r_{1\sigma}$、$r_{2\sigma}$分别为一次侧绕组和二次侧绕组的等效漏电阻;k为一次侧绕组和二次侧绕组的匝数比。

设Z_1、Z_2、Z_m分别为感应式电抗变换器的一次侧绕组等效漏阻抗、二次侧绕组等效漏阻抗和激磁阻抗,即:

$$Z_1 = r_{1\sigma} + j\omega(L_{11} - kM) = r_{1\sigma} + jx_{1\sigma} \left.\right\}$$
$$Z_2 = r_{2\sigma} + j\omega(L_{22} - \frac{M}{k}) = r_{2\sigma} + jx_{2\sigma} \left.\right\}$$
$$\tag{1-101}$$

令$I_1' = kI_1$,$Z_1' = Z_1/k^2$,那么有:

$$U_1'' = \left[r_1 + j\omega(L_{11} - kM)\right]\frac{I_1'}{k} + j\omega\frac{M}{k}(I_1' + I_2) = Z_1' I_1 + Z_m I_m \left.\right\}$$
$$U_2 = \left[r_2 + j\omega(L_{22} - \frac{M}{k})\right]I_2 + j\omega\frac{M}{k}(I_1' + I_2) = Z_2 I_2 + Z_m I_m \left.\right\}$$
$$\tag{1-102}$$

式(1-102)为感应式电抗变换器二次侧单绕组带载时的电压平衡矢量方程式。

4. 单相感应式电抗变换器二次侧单绕组带载时的等效电路与阻抗变换

由式(1-102),可得到单相感应式电抗变换器二次侧单绕组带载时的 T 形等效电路,如图 1-17 所示。图中,I_m($I_m = I_1' + I_2$)为激磁电流。

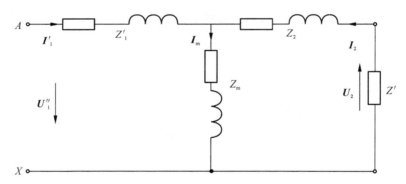

图 1-17 单相感应式电抗变换器二次侧单绕组带载时的 T 形等效电路图

以下分两种情况来分析单相感应式电抗变换器一次侧等效阻抗(即主阻抗):

(1)通过改变电流系数 β 来控制感应式电抗变换器一次侧等效阻抗

由于图 1-17 中激磁阻抗较大,故激磁电流可忽略不计。

令$I_2 = \beta I_1$,将其代入式(1-102),可以得到:

$$U_1'' = Z_1' I_1 + Z_m I_m = Z_1' I_1 + Z_m(kI_1 + \beta I_1) = \left[Z_1' + Z_m(k+\beta)\right]I_1 \tag{1-103}$$

式中,$Z_1' = \dfrac{Z_1}{k^2}$。

这时一次侧绕组的等效阻抗为：

$$Z_{AX} = \frac{U''_1}{I_1} = Z'_1 + Z_m(k+\beta) \tag{1-104}$$

式(1-104)表明，通过控制开口两端网络二次侧的电流系数 β，就可以改变感应式电抗变换器一次侧绕组的等效阻抗（主电抗）Z_{AX}。由于主电抗远远大于 R_{AX}，故式(1-104)可改写为：

$$Z_{AX} = R_{AX} + jX_{AX} \approx jX_{AX} \tag{1-105}$$

主电感关系式为：

$$L_{AX} \approx \frac{1}{\omega} Z_{AX} = [Z'_1 + Z_m(k+\beta)] \frac{1}{\omega} \tag{1-106}$$

漏电感关系式为：

$$L_{1\sigma} = \rho_L \mu_0 W_1^2 \frac{A_\sigma}{h} \tag{1-107}$$

$$L_{2\sigma} = \rho_L \mu_0 W_2^2 \frac{A_\sigma}{h} \tag{1-108}$$

$$L'_{1\sigma} = \frac{L_{2\sigma}}{k} = \rho_L \mu_0 W_2^2 \frac{A_\sigma}{kh} \tag{1-109}$$

式(1-107)至式(1-109)中，$L_{1\sigma}$ 为一次侧绕组产生的漏电感；$L_{2\sigma}$ 为二次侧绕组产生的漏电感；$L'_{1\sigma}$ 为二次侧折算到一次侧的等效漏电感。

感应式电抗变换器总电感关系式为：

$$\begin{aligned} L_Z &= L_{AX} + L_{1\sigma} + L'_{1\sigma} \\ &= [Z'_1 + Z_m(k+\beta)] \frac{1}{\omega} + \rho_L \mu_0 W_1^2 \frac{A_\sigma}{h} + \rho_L \mu_0 W_2^2 \frac{A_\sigma}{kh} \end{aligned} \tag{1-110}$$

(2)通过改变等效阻抗 Z' 来控制感应式电抗变换器一次侧等效阻抗

根据图 1-17，可以得到：

$$Z_{AX} = [(Z' + Z_2)//Z_m] + Z'_1 \tag{1-111}$$

由式(1-111)可知，只要改变 Z' 就可以控制感应式电抗变换器一次侧绕组等效阻抗 Z_{AX}。

主电感关系式为：

$$L_{AX} \approx \frac{1}{\omega} Z_{AX} = [(Z' + Z_2)//Z_m + Z'_1] \frac{1}{\omega} \tag{1-112}$$

感应式电抗变换器总电感关系式为：

$$\begin{aligned} L_Z &= L_{AX} + L_{1\sigma} + L'_{1\sigma} \\ &= [(Z'_1 + Z_2)//Z_m + Z'_1] \frac{1}{\omega} + \rho_L \mu_0 W_1^2 \frac{A_\sigma}{h} + \rho_L \mu_0 W_2^2 \frac{A_\sigma}{kh} \end{aligned} \tag{1-113}$$

式(1-113)中，感应式电抗变换器总电感等于一次侧主电感和一次侧漏电感与二次侧折算到一次侧的漏电感之和。

1.3.4 单相感应式电抗变换器二次侧多绕组空载运行

为了扩大感应式电抗变换器的容量,在图 1-9 的基础上,将单相感应式电抗变换器二次侧的单个电抗控制绕组结构(a-x)变为具有 N 个电抗控制绕组的结构(a_{21}-x 至 a_{2n}-x),即多绕组结构。单相感应式电抗变换器二次侧多绕组空载示意图如图 1-18 所示。

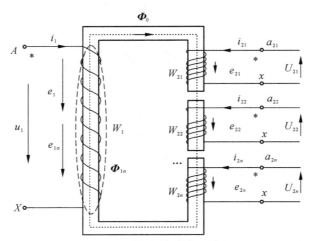

图 1-18 单相感应式电抗变换器二次侧多绕组空载示意图

1. 单相感应式电抗变换器二次侧多绕组空载时的电磁关系

单相感应式电抗变换器二次侧多绕组空载时电磁关系如图 1-19 所示。

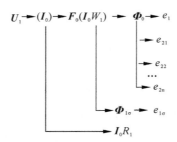

图 1-19 单相感应式电抗变换器二次侧多绕组空载时的电磁关系

图 1-19 的电磁关系简述如下:

(1)输入电压 U_1 在一次侧绕组中产生空载电流 I_0,电流 I_0 产生空载磁动势 F_0,进而产生主磁通 $\boldsymbol{\Phi}_0$;

(2)$\boldsymbol{\Phi}_0$ 在一次侧绕组产生感应电动势 E_1、在二次侧绕组产生感应电动势 E_{21}、E_{22}、$\cdots$、E_{2n},F_0 在一次侧绕组产生漏磁通 $\boldsymbol{\Phi}_{1\sigma}$,并由 $\boldsymbol{\Phi}_{1\sigma}$ 产生漏感电动势 $E_{1\sigma}$。

2. 单相感应式电抗变换器二次侧多绕组空载时的感应电动势

根据图 1-19,可得到:

$$
\left.\begin{aligned}
e_1 &= -W_1\frac{\mathrm{d}\Phi_0}{\mathrm{d}t}=\omega W_1^2\Phi_{\mathrm m}\sin(\omega t-90^\circ)\\[4pt]
e_{1\sigma} &= -W_1\frac{\mathrm{d}\Phi_{1\sigma}}{\mathrm{d}t}=\omega W_1^2\Phi_{\mathrm{m}1\sigma}\sin(\omega t-90^\circ)\\[4pt]
e_{21} &= -W_{21}\frac{\mathrm{d}\Phi_0}{\mathrm{d}t}=\omega W_{21}^2\Phi_{\mathrm{m}21\sigma}\sin(\omega t-90^\circ)\\[4pt]
e_{22} &= -W_{22}\frac{\mathrm{d}\Phi_0}{\mathrm{d}t}=\omega W_{22}^2\Phi_{\mathrm{m}22\sigma}\sin(\omega t-90^\circ)\\[4pt]
&\cdots\\[4pt]
e_{2n} &= -W_{2n}\frac{\mathrm{d}\Phi_0}{\mathrm{d}t}=\omega W_{2n}^2\Phi_{\mathrm{m}2n\sigma}\sin(\omega t-90^\circ)
\end{aligned}\right\}
\tag{1-114}
$$

式中，e_1 和 e_{21}、e_{22}、e_{2n} 分别为一次侧绕组 W_1 的主感电动势和二次侧绕组 W_{21}、W_{22}、W_{2n} 的互感电动势；$e_{1\sigma}$ 为一次侧绕组的漏感电动势。

3. 单相感应式电抗变换器二次侧多绕组空载时阻抗（电抗）关系

图 1-18 所示的单相感应式电抗变换器二次侧多绕组空载时的阻抗关系与图 1-9 所示的单相感应式电抗变换器二次侧单绕组空载时的阻抗关系相类似，即：

$$
Z_{\mathrm{AX}}=Z_1+Z_{\mathrm m}=(R_1+\mathrm jX_1)+(R_{\mathrm m}+\mathrm jX_{\mathrm m})=R_{\mathrm{AX}}+\mathrm jX_{\mathrm{AX}}\approx\mathrm jX_{\mathrm{AX}}
\tag{1-115}
$$

单相感应式电抗变换器二次侧多绕组空载运行时，其二次绕组开路，电流为零，类似于感应式电抗变换器二次侧单绕组空载运行，参数的计算也与感应式电抗变换器二次侧单绕组空载运行时相同，具体参见 1.3.2 节。

1.3.5　单相感应式电抗变换器二次侧多绕组带载运行

单相感应式电抗变换器二次侧多绕组带载运行原理示意图如图 1-20 所示。

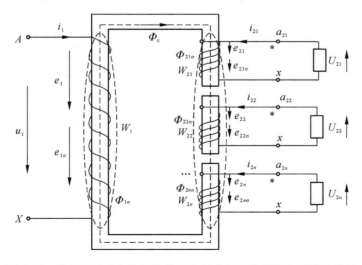

图 1-20　单相感应式电抗变换器二次侧多绕组带载运行原理示意图

在图 1-20 中,设感应式电抗变换器的一次侧绕组编号首端为 A、尾端为 X,一次侧绕组匝数为 W_1,一次侧绕组的输入电压为 U_1、电流为 I_1,二次侧绕组编号首端为 a_{21}(a_{22}、$\cdots$、a_{2n})、尾端为 x,二次侧绕组匝数为 W_{21}(W_{22}、$\cdots$、W_{2n}),二次侧绕组的输出电压为 U_{21}(U_{22}、$\cdots$、U_{2n})、电流为 I_{21}(I_{22}、$\cdots$、I_{2n}),主磁通 Φ_m 分别在一次侧绕组和二次侧绕组产生的感应电动势为 E_1 和 E_{21}(E_{22}、$\cdots$、E_{2n}),漏磁通 $\Phi_{1\sigma}$ 在一次侧绕组产生的漏感电动势为 $E_{1\sigma}$,漏磁通 $\Phi_{21\sigma}$($\Phi_{22\sigma}$、$\cdots$、$\Phi_{2n\sigma}$)在二次侧绕组产生的漏感电动势为 $E_{21\sigma}$($E_{22\sigma}$、$\cdots$、$E_{2n\sigma}$)。

由图 1-20 可知,首先,主磁通 Φ_0 沿带气隙铁芯的中心线形成闭合回路并交链一次侧和二次侧绕组;其次,漏磁通 $\Phi_{1\sigma}$ 沿空气(油)形成闭合的漏磁路并交链一次侧绕组;再次,当空载电流流过一次侧绕组时,会在一次侧绕组内的电阻 R_1 上产生压降 ΔU($\Delta U = I_1 R_1 = I_0 R_1$)。

当二次侧绕组接入负载后,在 E_{21}(E_{22}、$\cdots$、E_{2n})的作用下,二次侧绕组就会有电流 I_{21}(I_{22}、$\cdots$、I_{2n})流过,从而建立二次侧绕组激磁磁动势 F_{21}(F_{22}、I_{22})。F_{21}(F_{22}、$\cdots$、F_{2n})作用于主磁路铁心上,使主磁通 Φ_0 发生变化,因 F_{21}(F_{22}、$\cdots$、F_{2n})的出现会导致一次侧绕组电流由空载时的 I_0 增加到带载时的 I_1,而一次侧绕组磁动势也由空载时的 F_0 增加到带载时的 F_1,增加的磁动势即一次侧绕组的负载分量,该负载分量与二次侧绕组磁动势 F_{21}(F_{22}、$\cdots$、F_{2n})相平衡,从而保持主磁通 Φ_0 不变。

1. 单相感应式电抗变换器二次侧多绕组带载时的电磁关系

感应式电抗变换器二次侧多绕组带载时的电磁关系如图 1-21 所示。

感应式电抗变换器二次侧多绕组带载时,合成磁动势 $F_1 + F_2$(F_{21}、F_{22}、$\cdots$、F_{2n})共同产生主磁通 Φ_0,并在一次侧绕组和二次侧绕组中产生感应电动势 E_1、E_2(E_{21}、E_{22}、$\cdots$、E_{2n})。

F_1、F_2(F_{21}、F_{22}、$\cdots$、F_{2n})分别交链自身绕组而产生漏磁通 $\Phi_{1\sigma}$、$\Phi_{2\sigma}$($\Phi_{21\sigma}$、$\Phi_{22\sigma}$、$\cdots$、$\Phi_{2n\sigma}$),并在自身绕组产生漏感电动势 $E_{1\sigma}$、$E_{2\sigma}$($E_{21\sigma}$、$E_{22\sigma}$、$\cdots$、$E_{2n\sigma}$)。

另外,一次侧绕组和二次侧绕组流过的电流 I_1 和 I_2 分别在自身绕组的电阻上产生压降 $I_1 R_1$ 和 $I_2 R_2$。

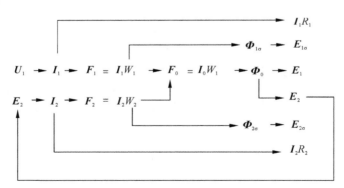

图 1-21　感应式电抗变换器二次侧多绕组带载时的电磁关系

图 1-21 所示的电磁关系简述如下:

(1)U_1 在一次侧绕组中产生电流 I_1,I_1 产生磁动势 F_1($F_1 = I_1 \times W_1$);二次侧绕组中

电流I_2(I_{21}、I_{22}、$\cdots$、I_{2n})产生磁动势F_2[$F_2=I_2\times W_2$($I_{21}\times W_{21}$,$I_{22}\times W_{22}$,$\cdots$,$I_{2n}\times W_{2n}$)];合成磁动势F_1+F_2产生磁动势F_0($F_0=I_0\times W_1$),F_0产生主磁通Φ_0,Φ_0分别在一次侧绕组和二次侧绕组产生感应电动势E_1和E_2(E_{21}、E_{22}、$\cdots$、E_{2n})。

（2）一次侧绕组中流过的电流I_1在自身绕组电阻上产生的压降为$I_1\times R_1$,二次侧绕组中流过的电流I_2在自身绕组电阻上产生的压降为$I_2\times R_2$($I_{21}\times R_{21}$、$I_{22}\times R_{22}$、$\cdots$、$I_{2n}\times R_{2n}$)。

（3）一次侧绕组中电流I_1产生的磁动势F_1会产生漏磁通$\Phi_{1\sigma}$,并由$\Phi_{1\sigma}$产生漏感电动势$E_{1\sigma}$;二次侧绕组中电流I_2产生的磁动势F_2会产生漏磁通$\Phi_{2\sigma}$(Φ_{21}、Φ_{22}、$\cdots$、$\Phi_{2n\sigma}$),并由$\Phi_{2\sigma}$($\Phi_{21\sigma}$、$\Phi_{22\sigma}$、$\cdots$、$\Phi_{2n\sigma}$)产生漏感电动势$E_{2\sigma}$($E_{21\sigma}$、$E_{22\sigma}$、$\cdots$、$E_{2n\sigma}$)。

（4）一次侧绕组产生的感应电动势E_1、漏感电动势$\Phi_{1\sigma}$、压降$I_1\times R_1$与U_1相平衡;二次侧绕组产生的感应电动势E_2(E_{21}、E_{22}、$\cdots$、E_{2n})、漏感电动势$E_{2\sigma}$($E_{21\sigma}$、$E_{22\sigma}$、$\cdots$、$E_{2n\sigma}$)、压降$I_2\times R_2$($I_{21}\times R_{22}$、$I_{22}\times R_{22}$、$\cdots$、$I_{2n}\times R_{2n}$)与U_2(U_{21}、U_{22}、$\cdots$、U_{2n})相平衡。

2.单相感应式电抗变换器二次侧多绕组带载时的感应电动势

（1）主感电动势

①主磁通产生的主感电动势

由图1-20及电磁感应定律,可得主感电动势关系式:

$$e_1=-W_1\frac{\mathrm{d}(\Phi_{1m}+\Phi_{21m}+\Phi_{22m}+\cdots+\Phi_{2nm})}{\mathrm{d}t}=-W_1\frac{\mathrm{d}\Phi_0}{\mathrm{d}t}$$
$$=-W\omega\Phi_m\cos\omega t=W\omega\Phi_m\sin(\omega t-90°)=E_{1m}\sin(\omega t-90°)$$

(1-116)

同理可得:

$$\left.\begin{array}{l}e_{21}=-W_{21}\dfrac{\mathrm{d}(\Phi_{1m}+\Phi_{21m})}{\mathrm{d}t}=-W_{21}\dfrac{\mathrm{d}\Phi_0}{\mathrm{d}t}=-W_{21}\omega\Phi_m\cos\omega t=E_{21m}\sin(\omega t-90°)\\[3mm]e_{22}=-W_{22}\dfrac{\mathrm{d}(\Phi_{1m}+\Phi_{22m})}{\mathrm{d}t}=-W_{22}\dfrac{\mathrm{d}\Phi_0}{\mathrm{d}t}=-W_{22}\omega\Phi_m\cos\omega t=E_{22m}\sin(\omega t-90°)\\[3mm]\cdots\\[3mm]e_{2n}=-W_{2n}\dfrac{\mathrm{d}(\Phi_{1m}+\Phi_{2nm})}{\mathrm{d}t}=-W_{2n}\dfrac{\mathrm{d}\Phi_0}{\mathrm{d}t}=-W_{2n}\omega\Phi_m\cos\omega t=E_{2nm}\sin(\omega t-90°)\end{array}\right\}$$

(1-117)

由式(1-116)和式(1-117)可知,主感电动势相位滞后于主磁通$90°$。

② 电流产生的主感电动势

设Λ_m为主磁路磁导,$M_{12}=M_{21}=M_{22}=M_{2n}=W_1W_2\Lambda_m$,则有:

$$e_1=-W_1^2\Lambda_m\frac{\mathrm{d}i_1}{\mathrm{d}t}-W_1W_2\Lambda_m\frac{\mathrm{d}i_2}{\mathrm{d}t}$$
$$=(\omega W_1^2\Lambda_m I_{1m}+\omega M_{21}I_{2m})\sin(\omega t-90°)$$
$$=(X_1I_{1m}+X_{21}I_{2m})\sin(\omega t-90°)$$
$$=(E_{1m}+E_{21m})\sin(\omega t-90°)$$

(1-118)

同理可得：

$$e_{21} = -W_{21}^2 \Lambda_m \frac{di_{21}}{dt} - W_1 W_{21} \Lambda_m \frac{di_1}{dt} = (X_{21} I_{21m} + X_{12} I_{1m}) \sin(\omega t - 90°) = (E_{21m} + E_{12m}) \sin(\omega t - 90°) \left.\right\}$$

$$e_{22} = -W_{22}^2 \Lambda_m \frac{di_{22}}{dt} - W_1 W_{22} \Lambda_m \frac{di_1}{dt} = (X_{22} I_{22m} + X_{12} I_{1m}) \sin(\omega t - 90°) = (E_{22m} + E_{12m}) \sin(\omega t - 90°)$$

$$\cdots$$

$$e_{2n} = -W_{2n}^2 \Lambda_m \frac{di_{2n}}{dt} - W_1 W_{2n} \Lambda_m \frac{di_1}{dt} = (X_{2n} I_{2nm} + X_{12} I_{1m}) \sin(\omega t - 90°) = (E_{2nm} + E_{12m}) \sin(\omega t - 90°)$$

$$(1\text{-}119)$$

由式(1-118)和式(1-119)可知,主感电动势相位滞后于电流90°。

(2)漏感电动势

① 漏磁通产生的漏感电动势

由图 1-20 及电磁感应定律,可得漏感电动势关系式：

$$e_{1\sigma} = -W_1 \frac{d\Phi_{1\sigma}}{dt} = -\omega W_1 \Phi_{1\sigma m} \cos\omega t = \omega W_1 \Phi_{1\sigma m} \sin(\omega t - 90°)$$
$$= E_{1\sigma m} \sin(\omega t - 90°) \tag{1-120}$$

$$e_{21\sigma} = -W_{21} \frac{d\Phi_{21\sigma}}{dt} = -W_{21} \omega \Phi_{21\sigma} \cos\omega t = E_{21\sigma m} \sin(\omega t - 90°) \left.\right\}$$

$$e_{22\sigma} = -W_{22} \frac{d\Phi_{22\sigma}}{dt} = -W_{22} \omega \Phi_{22\sigma} \cos\omega t = E_{22\sigma m} \sin(\omega t - 90°)$$

$$\cdots$$

$$e_{2n\sigma} = -W_{2n} \frac{d\Phi_{2n\sigma}}{dt} = -W_{2n} \omega \Phi_{2n\sigma} \cos\omega t = E_{2n\sigma m} \sin(\omega t - 90°)$$

$$(1\text{-}121)$$

由式(1-120)和式(1-121)可知,漏感电动势相位滞后于漏磁通90°。

② 电流产生的漏感电动势

设 $\Lambda_{1\sigma}$ 为一次侧漏磁路磁导、$\Lambda_{2\sigma}$ 为二次侧漏磁路磁导,则有：

$$e_{1\sigma} = -W_1^2 \Lambda_{1\sigma} \frac{di_1}{dt} - W_1 W_2 \Lambda_{2\sigma} \frac{di_2}{dt} = (E_{1\sigma m} + E_{21\sigma m}) \sin(\omega t - 90°) \left.\right\}$$

$$e_{21\sigma} = -W_{21}^2 \Lambda_{2\sigma} \frac{di_{21}}{dt} - W_1 W_2 \Lambda_{1\sigma} \frac{di_1}{dt} = (E_{21\sigma m} + E_{12\sigma m}) \sin(\omega t - 90°)$$

$$e_{22\sigma} = -W_{22}^2 \Lambda_{2\sigma} \frac{di_{22}}{dt} - W_1 W_2 \Lambda_{1\sigma} \frac{di_1}{dt} = (E_{22\sigma m} + E_{12\sigma m}) \sin(\omega t - 90°)$$

$$\cdots$$

$$e_{2n\sigma} = -W_{2n}^2 \Lambda_{2\sigma} \frac{di_{2n}}{dt} - W_1 W_2 \Lambda_{1\sigma} \frac{di_1}{dt} = (E_{2n\sigma m} + E_{12\sigma m}) \sin(\omega t - 90°)$$

$$(1\text{-}122)$$

由式(1-122)可知,漏感电动势相位滞后于电流90°。

3.单相感应式电抗变换器二次侧多绕组带载时的等效电路与阻抗变换

单相感应式电抗变换器二次侧多绕组带载时的等效电路如图 1-22 所示。

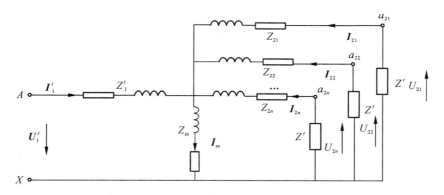

图 1-22　单相感应式电抗变换器二次侧多绕组带载时的等效电路图

根据图 1-22,可从两个方面分析感应式电抗变换器一次侧等效阻抗(主电抗)。一是通过改变二次侧绕组的电流系数 β 来控制感应式电抗变换器一次侧等效阻抗 Z_{AX};二是通过改变等效阻抗 Z' 来控制感应式电抗变换器一次侧等效阻抗 Z_{AX}。

(1)通过改变 β 控制感应式电抗变换器一次侧等效阻抗 Z_{AX}

考虑到图 1-22 中激磁阻抗较大,故激磁电流可以忽略不计。

令 $\boldsymbol{I}_1'=k\,\boldsymbol{I}_1$,$Z_1'=Z_1/k^2$,于是有:

$$\boldsymbol{I}_2=\beta\,\boldsymbol{I}_1=n\,\boldsymbol{I}_{21} \tag{1-123}$$

$$\boldsymbol{I}_{21}=\boldsymbol{I}_{22}=\boldsymbol{I}_{2n}=\frac{\boldsymbol{I}_2}{n}=\frac{\beta}{n}\boldsymbol{I}_1 \tag{1-124}$$

式中,n 为二次侧电抗控制绕组个数。

由图 1-22 可知:

$$\boldsymbol{I}_2=\boldsymbol{I}_{21}+\boldsymbol{I}_{22}+\cdots+\boldsymbol{I}_{2n}=n\,\boldsymbol{I}_{21}\ (\boldsymbol{I}_{21}=\boldsymbol{I}_{22}=\boldsymbol{I}_{2n}) \tag{1-125}$$

$$\boldsymbol{U}'=Z_1'\boldsymbol{I}_1'+Z_m\,\boldsymbol{I}_m=Z_1'\boldsymbol{I}_1'+Z_m(\boldsymbol{I}_1'+n\,\boldsymbol{I}_{21})=Z_1'\boldsymbol{I}_1'+Z_m\Big(k\,\boldsymbol{I}_1+\frac{\beta}{n}\boldsymbol{I}_1\Big)$$

$$=\frac{Z_1}{k}\boldsymbol{I}_1+Z_m\Big(k\,\boldsymbol{I}_1+\frac{\beta}{n}\boldsymbol{I}_1\Big)=\Big[\frac{Z_1}{k}+Z_m\Big(k+\frac{\beta}{n}\Big)\Big]\boldsymbol{I}_1 \tag{1-126}$$

于是一次侧绕组的等效阻抗(主阻抗)为:

$$Z_{AX}=\frac{\boldsymbol{U}_1'}{\boldsymbol{I}_1}=\frac{Z_1}{k}+Z_m\Big(k+\frac{\beta}{n}\Big)\approx X_{AX} \tag{1-127}$$

式中,X_{AX} 为感应式电抗变换器一次侧绕组等效电抗。由式(1-127)可知,通过改变开口两端网络二次侧的电流系数,可以控制感应式电抗变换器一次侧绕组的等效阻抗。这时主电感、漏电感和总电感的关系如下:

$$L_{AX}\approx\frac{1}{\omega}Z_{AX}=\Big[\frac{Z_1}{k}+Z_m\Big(k+\frac{\beta}{n}\Big)\Big]\frac{1}{\omega} \tag{1-128}$$

$$L_\sigma=L_{1\sigma}+L_{1\sigma}'=\mu_0\rho_L W_1^2\frac{A_\sigma}{h}+\mu_0\rho_L W_{21}^2\frac{A_\sigma}{khn} \tag{1-129}$$

$$L_Z=L_{AX}+L_\sigma=\Big[\frac{Z_1}{k}+Z_m\Big(k+\frac{\beta}{n}\Big)\Big]\frac{1}{\omega}+\rho_L\mu_0 W_1^2\frac{A_\sigma}{h}+\rho_L\mu_0 W_{21}^2\frac{A_\sigma}{khn} \tag{1-130}$$

（2）通过改变 Z' 来控制感应式电抗变换器一次侧等效阻抗 Z_{AX}

根据图 1-22，可以得到感应式电抗变换器一次侧绕组等效阻抗 Z_{AX} 关系式：

$$Z_{AX} = \frac{Z' + Z_{21}}{n}//Z_m + Z_1' \tag{1-131}$$

当 $n=1$ 时，感应式电抗变换器一次侧绕组等效阻抗 Z_{AX} 与图 1-15 所示情形相同（二次侧为单绕组结构）。由式（1-131）可知，只要改变负载 Z' 就可以控制感应式电抗变换器一次侧绕组等效阻抗 Z_{AX}。

式（1-131）可以改写为：

$$Z_{AX} = R_{AX} + jX_{AX} \approx jX_{AX} \tag{1-132}$$

式中，R_{AX} 为感应式电抗变换器一次侧绕组等效电阻；X_{AX} 为感应式电抗变换器一次侧绕组等效电抗，X_{AX} 远远大于 R_{AX}。

（3）单相感应式多绕组电抗变换器总电抗、主电抗和漏电抗关系

主电抗关系式为：

$$X_{AX1} \approx Z_{AX1} = \frac{Z_1}{k} + Z_m(k + \frac{\beta}{n}) \tag{1-133}$$

$$X_{AX2} \approx Z_{AX2} = \frac{Z' + Z_{21}}{n}//Z_m + Z_1' \tag{1-134}$$

主电感关系式为：

$$L_{AX1} \approx \frac{1}{\omega}Z_{AX1} = [\frac{Z_1}{k} + Z_m(k + \frac{\beta}{n})]\frac{1}{\omega} \tag{1-135}$$

$$L_{AX2} \approx \frac{1}{\omega}Z_{AX2} = (\frac{Z' + Z_{21}}{n}//Z_m + Z_1')\frac{1}{\omega} \tag{1-136}$$

漏电抗关系为：

$$X_\sigma = \omega\rho_L\mu_0 W_1^2 \frac{A_\sigma}{h} + \omega\rho_L\mu_0 W_{21}^2 \frac{A_\sigma}{khn} \tag{1-137}$$

总电抗关系为：

$$X_{Z1} = X_{AX1} + X_\sigma = [\frac{Z_1}{k} + Z_m(k + \frac{\beta}{n})] + \omega\rho_L\mu_0 W_1^2 \frac{A_\sigma}{h} + \omega\rho_L\mu_0 W_{21}^2 \frac{A_\sigma}{khn} \tag{1-138}$$

$$X_{Z2} = X_{AX2} + X_\sigma = (\frac{Z' + Z_{21}}{n}//Z_m + Z_1') + \omega\rho_L\mu_0 W_1^2 \frac{A_\sigma}{h} + \omega\rho_L\mu_0 W_{21}^2 \frac{A_\sigma}{khn} \tag{1-139}$$

总电感关系为：

$$L_{Z1} = L_{AX1} + L_{1\sigma} = [\frac{Z_1}{k} + Z_m(k + \frac{\beta}{n})]\frac{1}{\omega} + \rho_L\mu_0 W_1^2 \frac{A_\sigma}{h} + \rho_L\mu_0 W_{21}^2 \frac{A_\sigma}{khn} \tag{1-140}$$

$$L_{Z2} = L_{AX2} + L_{2\sigma} = (\frac{Z' + Z_{21}}{n}//Z_m + Z_1')\frac{1}{\omega} + \rho_L\mu_0 W_1^2 \frac{A_\sigma}{h} + \rho_L\mu_0 W_{21}^2 \frac{A_\sigma}{khn} \tag{1-141}$$

1.4　三相感应式电抗变换器原理

三相感应式电抗变换器可分为三相组式电抗变换器和三相心式电抗变换器。三相

感应式电抗变换器阻抗变换原理与单相感应式电抗变换器阻抗变换原理相同,而各相相位之间互差 120°。

三相感应式电抗变换器磁路结构示意图如图 1-23 所示。

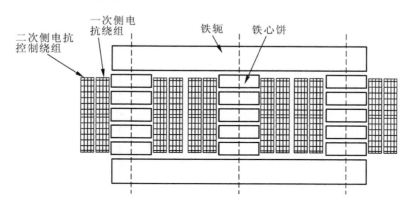

图 1-23 三相感应式电抗变换器磁路结构示意图

1.4.1 三相感应式电抗变换器结构

1.三相组式电抗变换器结构

三相组式电抗变换器原理示意图如图 1-24 所示。

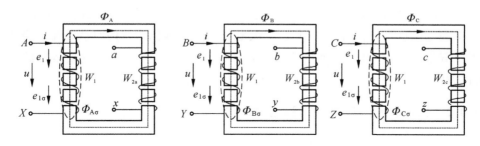

图 1-24 三相组式电抗变换器原理示意图

三相组式电抗变换器由三个单相电抗变换器组合而成,三相组式电抗变换器原理与单相电抗变换器原理相同。图 1-24 中,以 A-X 表示一次侧绕组和 a-x 表示二次侧绕组的线圈为 A 相,以 B-Y 表示一次侧绕组和 b-y 表示二次侧绕组的线圈为 B 相,以 C-Z 表示一次侧绕组和 c-z 表示二次侧绕组的线圈为 C 相。三相组式电抗变换器磁路特点如下:

(1)各相磁路彼此独立,即各相的主磁路均为独立磁路;

(2)各相磁路几何尺寸完全相同,即各相磁路的磁阻相等;

(3)当一次侧绕组外加三相交流对称电压时,三相主磁通 Φ_A、Φ_B、Φ_C 是对称的,而三相空载电流也是对称的,各相之间相位互差 120°。

2.三相心式电抗变换器结构

三相心式电抗变换器由三相组式电抗变换器演变而来。为了使其结构简单、制造方便,将三相铁心布置在同一平面,三相心式电抗变换器原理示意图如图 1-25 所示。

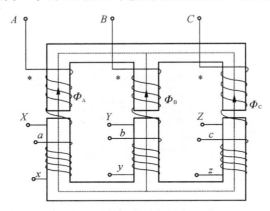

图 1-25　三相心式电抗变换器原理示意图

三相心式电抗变换器磁路特点:

(1)各相磁路互相关联、不独立,即每相磁路都要借助其余两相的磁路闭合;

(2)各相磁路长度不相等,中间相的磁路长度要小于其他两相的磁路长度,故中间相的磁阻小于其他两相的磁阻;

(3)当外加电压对称时,其三相主磁通也是对称的,由于三相磁路的磁阻不对称,使得三相空载电流也不对称,而中间相的空载电流略小于其他两相的空载电流。空载电流相当对负载来讲是很小的,因此空载电流的不对称对于电抗变换器负载运行的影响极小,可以忽略。

1.4.2　三相感应式电抗变换器感应电动势

1.三相感应电动势与主磁通的关系

在三相感应式电抗变换器的 A、B、C 端外加对称的三相电源时,则带气隙铁心中的磁通也会按正弦规律变化。设 $\Phi_A = \Phi_m \sin\omega t$,根据电磁感应定律,在感应式电抗变换器二次侧空载状态下,可得到三相感应式电抗变换器的主感电动势及有效值和漏感电动势及有效值。

(1)三相主感电动势

$$\left.\begin{aligned}
e_{1A} &= -W_{1A}\frac{\mathrm{d}\Phi_A}{\mathrm{d}t} = -W_{1A}\omega\Phi_{Am}\cos\omega t = E_{1Am}\sin(\omega t - 90°) \\
e_{1B} &= -W_{1B}\frac{\mathrm{d}\Phi_B}{\mathrm{d}t} = -W_{1B}\omega\Phi_{Bm}\cos(\omega t - 120°) = E_{1Bm}\sin(\omega t - 210°) \\
e_{1C} &= -W_{1C}\frac{\mathrm{d}\Phi_C}{\mathrm{d}t} = -W_{1C}\omega\Phi_{Cm}\cos(\omega t - 240°) = E_{1Cm}\sin(\omega t - 330°)
\end{aligned}\right\} \quad (1\text{-}142)$$

式(1-142)表明,三相主感电动势相位互差 $120°$,各相主感电动势相位滞后主磁通 $90°$。

(2)三相主感电动势 e_{1A}、e_{1B}、e_{1C} 的有效值

$$\left.\begin{array}{l} E_{1A} = \dfrac{E_{1Am}}{\sqrt{2}} = \dfrac{W_{1A}\omega\Phi_{Am}}{\sqrt{2}} = \dfrac{2\pi}{\sqrt{2}}fW_{1A}\Phi_{Am} = 4.44fW_{1A}\Phi_{Am} \\[3mm] E_{1B} = \dfrac{E_{1Bm}}{\sqrt{2}} = \dfrac{W_{1B}\omega\Phi_{Bm}}{\sqrt{2}} = \dfrac{2\pi}{\sqrt{2}}fW_{1B}\Phi_{Bm} = 4.44fW_{1B}\Phi_{Bm} \\[3mm] E_{1C} = \dfrac{E_{1Cm}}{\sqrt{2}} = \dfrac{W_{1C}\omega\Phi_{Cm}}{\sqrt{2}} = \dfrac{2\pi}{\sqrt{2}}fW_{1C}\Phi_{Cm} = 4.44fW_{1C}\Phi_{Cm} \end{array}\right\} \quad (1\text{-}143)$$

(3)三相漏感电动势

同理,可得到三相感应式电抗变换器的漏感电动势:

$$\left.\begin{array}{l} e_{1A\sigma} = -W_{1A}\dfrac{\mathrm{d}\Phi_{A\sigma}}{\mathrm{d}t} = -W_{1A}\omega\Phi_{A\sigma m}\cos\omega t = E_{1A\sigma m}\sin(\omega t-90°) \\[3mm] e_{1B\sigma} = -W_{1B}\dfrac{\mathrm{d}\Phi_{B\sigma}}{\mathrm{d}t} = -W_{1B}\omega\Phi_{B\sigma m}\cos(\omega t-120°) = E_{1B\sigma m}\sin(\omega t-210°) \\[3mm] e_{1C\sigma} = -W_{1C}\dfrac{\mathrm{d}\Phi_{C\sigma}}{\mathrm{d}t} = -W_{1C}\omega\Phi_{C\sigma m}\cos(\omega t-240°) = E_{1C\sigma m}\sin(\omega t-330°) \end{array}\right\} \quad (1\text{-}144)$$

式(1-144)表明,三相漏感电动势的相位互差 $120°$,各相漏感电动势相位滞后漏磁通 $90°$。

(4)三相漏感电动势 $e_{1A\sigma}$、$e_{1B\sigma}$、$e_{1C\sigma}$ 的有效值

$$\left.\begin{array}{l} E_{1A\sigma} = \dfrac{E_{1A\sigma m}}{\sqrt{2}} = \dfrac{W_{1A}\omega\Phi_{A\sigma m}}{\sqrt{2}} = \dfrac{2\pi}{\sqrt{2}}fW_{1A}\Phi_{A\sigma m} = 4.44fW_{1A}\Phi_{A\sigma m} \\[3mm] E_{1B\sigma} = \dfrac{E_{1B\sigma m}}{\sqrt{2}} = \dfrac{W_{1B}\omega\Phi_{B\sigma m}}{\sqrt{2}} = \dfrac{2\pi}{\sqrt{2}}fW_{1B}\Phi_{B\sigma m} = 4.44fW_{1B}\Phi_{B\sigma m} \\[3mm] E_{1C\sigma} = \dfrac{E_{1C\sigma m}}{\sqrt{2}} = \dfrac{W_{1C}\omega\Phi_{C\sigma m}}{\sqrt{2}} = \dfrac{2\pi}{\sqrt{2}}fW_{1C}\Phi_{C\sigma m} = 4.44fW_{1C}\Phi_{C\sigma m} \end{array}\right\} \quad (1\text{-}145)$$

2. 三相感应电动势与电流的关系

设 $i = I_m\sin\omega t$,根据电磁感应定律,在感应式电抗变换器二次侧空载状态下,可得到三相感应式电抗变换器的感应电动势及有效值和漏感电动势及有效值。

(1)三相主感电动势

$$\left.\begin{array}{l} e_{1A} = -W_{1A}^2\Lambda_A\dfrac{\mathrm{d}i_A}{\mathrm{d}t} = -W_{1A}^2\Lambda_A\omega I_{1Am}\cos\omega t = E_{1Am}\sin(\omega t-90°) \\[3mm] e_{1B} = -W_{1B}^2\Lambda_B\dfrac{\mathrm{d}i_B}{\mathrm{d}t} = -W_{1B}^2\Lambda_B\omega I_{1Bm}\cos(\omega t-120°) = E_{1Bm}\sin(\omega t-210°) \\[3mm] e_{1C} = -W_{1C}^2\Lambda_C\dfrac{\mathrm{d}i_C}{\mathrm{d}t} = -W_{1C}^2\Lambda_C\omega I_{1Cm}\cos(\omega t-240°) = E_{1Cm}\sin(\omega t-330°) \end{array}\right\} \quad (1\text{-}146)$$

式(1-146)表明,A、B、C 三相中各相主感电动势的相位互差 $120°$,A、B、C 三相中各相主感电动势相位滞后电流 $90°$。

(2)三相主感电动势 e_{1A}、e_{1B}、e_{1C} 的有效值

$$E_{1A} = \frac{E_{1Am}}{\sqrt{2}} = 4.44 f \Lambda_A W_{1A}^2 I_{1Am} = 4.44 f L_A I_{1Am}$$

$$E_{1B} = \frac{E_{1Bm}}{\sqrt{2}} = 4.44 f \Lambda_B W_{1B}^2 I_{1Bm} = 4.44 f L_B I_{1Bm} \qquad (1\text{-}147)$$

$$E_{1C} = \frac{E_{1Cm}}{\sqrt{2}} = 4.44 f \Lambda_C W_{1C}^2 I_{1Cm} = 4.44 f L_C I_{1Cm}$$

（3）三相漏感电动势

同理，可得到三相感应式电抗变换器的漏感应电动势：

$$e_{1A\sigma} = -W_{1A}^2 \Lambda_{A\sigma} \frac{di_{A\sigma}}{dt} = -W_{1A}^2 \Lambda_{A\sigma} \omega I_{1Am} \cos\omega t = E_{1A\sigma m} \sin(\omega t - 90°)$$

$$e_{1B\sigma} = -W_{1B}^2 \Lambda_{B\sigma} \frac{di_{B\sigma}}{dt} = -W_{1B}^2 \Lambda_{B\sigma} \omega I_{1Bm} \cos(\omega t - 120°) = E_{1B\sigma m} \sin(\omega t - 210°) \qquad (1\text{-}148)$$

$$e_{1C\sigma} = -W_{1C}^2 \Lambda_{C\sigma} \frac{di_{C\sigma}}{dt} = -W_{1C}^2 \Lambda_{C\sigma} \omega I_{1Cm} \cos(\omega t - 240°) = E_{1C\sigma m} \sin(\omega t - 330°)$$

式（1-148）表明，三相漏感电动势的各相相位互差 120°，每相漏感电动势相位滞后电流 90°。

（4）三相漏感电动势 $e_{1A\sigma}$、$e_{1B\sigma}$、$e_{1C\sigma}$ 的有效值

三相漏感电动势 $e_{1A\sigma}$、$e_{1B\sigma}$、$e_{1C\sigma}$ 的有效值与电源频率、每相漏磁导、每相匝数的平方及漏电流有效值有关，表达式为：

$$E_{1A\sigma} = \frac{E_{1A\sigma m}}{\sqrt{2}} = 4.44 f \Lambda_{A\sigma} W_{1A}^2 I_{1Am} = 4.44 f L_{A\sigma} I_{1Am}$$

$$E_{1B\sigma} = \frac{E_{1B\sigma m}}{\sqrt{2}} = 4.44 f \Lambda_{B\sigma} W_{1B}^2 I_{1Bm} = 4.44 f L_{B\sigma} I_{1Bm} \qquad (1\text{-}149)$$

$$E_{1C\sigma} = \frac{E_{1C\sigma m}}{\sqrt{2}} = 4.44 f \Lambda_{C\sigma} W_{1C}^2 I_{1Cm} = 4.44 f L_{C\sigma} I_{1Cm}$$

1.4.3　三相感应式电抗变换器电抗变换关系

1. 三相感应式电抗变换器二次侧单绕组空载和带载分析

（1）三相感应式电抗变换器二次侧单绕组空载时等效阻抗（电抗）关系

三相感应式电抗变换器二次侧单绕组空载时，由于二次侧处于开路状态，二次侧绕组电流为 0，这时，一次侧绕组状态与单相感应式电抗变换器二次侧单绕组空载时相同，因此，其主阻抗、漏电抗和总电抗的计算可以参照单相感应式电抗变换器二次侧单绕组空载时的推导过程进行，即：

① 根据单相感应式电抗变换器二次侧单绕组空载时的等效阻抗推导过程，可得到三相感应式电抗变换器二次侧单绕组空载状态下的等效阻抗为：

$$\left.\begin{array}{l} Z_{AX}=Z_{1A}+Z_{Am}=(R_{1A}+jX_{1A})+(R_{Am}+jX_{Am})\approx j(X_{A\sigma}+X_{Am}) \\ Z_{BY}=Z_{1B}+Z_{Bm}=(R_{1B}+jX_{1B})+(R_{Bm}+jX_{Bm})\approx j(X_{B\sigma}+X_{Bm}) \\ Z_{CZ}=Z_{1C}+Z_{Cm}=(R_{1C}+jX_{1C})+(R_{Cm}+jX_{Cm})\approx j(X_{C\sigma}+X_{Cm}) \end{array}\right\} \quad (1\text{-}150)$$

式中，R_{1A}、R_{1B}、R_{1C}分别为 A、B、C 相一次侧绕组的等效电阻；X_{1A}、X_{1B}、X_{1C}分别为 A、B、C 相一次侧绕组的等效漏电抗，X_{Am}、X_{Bm}、X_{Cm}分别为 A、B、C 相的等效主电抗（激磁电抗）。

式(1-150)中，忽略了 R_1 和 R_m。

② 三相感应式电抗变换器二次侧单绕组空载状态下，主电抗仅与主磁通的角频率、空气磁导率、每相一次侧绕组匝数的平方和等效导磁面积之积成正比，与气隙总长度成反比。三相主电抗关系如下：

$$\left.\begin{array}{l} X_{Am}=\omega L_{AX}=\omega\mu_0 W_{1A}^2\dfrac{A_c}{N\delta} \\ X_{Bm}=\omega L_{BY}=\omega\mu_0 W_{1B}^2\dfrac{A_c}{N\delta} \\ X_{Cm}=\omega L_{CZ}=\omega\mu_0 W_{1C}^2\dfrac{A_c}{N\delta} \end{array}\right\} \quad (1\text{-}151)$$

③ 三相感应式电抗变换器二次侧单绕组空载状态下，漏电抗与主磁通的角频率、空气磁导率、洛果夫斯基系数、每相一次侧绕组匝数的平方和等效漏磁面积之积成正比，与线圈高度成反比。三相漏电抗关系如下：

$$\left.\begin{array}{l} X_{A\sigma}=\omega L_{A\sigma}=\omega\mu_0\rho_L W_{1A}^2\dfrac{A_{A\sigma}}{h} \\ X_{B\sigma}=\omega L_{B\sigma}=\omega\mu_0\rho_L W_{1B}^2\dfrac{A_{B\sigma}}{h} \\ X_{C\sigma}=\omega L_{C\sigma}=\omega\mu_0\rho_L W_{1C}^2\dfrac{A_{C\sigma}}{h} \end{array}\right\} \quad (1\text{-}152)$$

④ 三相感应式电抗变换器二次侧单绕组空载状态下，其总电抗等于主电抗与漏电抗之和，即：

$$\left.\begin{array}{l} X_{AZ}=X_{Am}+X_{A\sigma}=\omega\mu_0 W_{1A}^2\dfrac{A_c}{N\delta}+\omega\rho_L\mu_0 W_{1A}^2\dfrac{A_{A\sigma}}{h}=\omega W_{1A}^2\mu_0\left(\dfrac{A_c}{N\delta}+\dfrac{A_{A\sigma}}{h}\right) \\ X_{BZ}=X_{Bm}+X_{B\sigma}=\omega\mu_0 W_{1B}^2\dfrac{A_c}{N\delta}+\omega\rho_L\mu_0 W_{1B}^2\dfrac{A_{B\sigma}}{h}=\omega W_{1B}^2\mu_0\left(\dfrac{A_c}{N\delta}+\dfrac{A_{B\sigma}}{h}\right) \\ X_{CZ}=X_{Cm}+X_{C\sigma}=\omega\mu_0 W_{1C}^2\dfrac{A_c}{N\delta}+\omega\rho_L\mu_0 W_{1C}^2\dfrac{A_{C\sigma}}{h}=\omega W_{1C}^2\mu_0\left(\dfrac{A_c}{N\delta}+\dfrac{A_{C\sigma}}{h}\right) \end{array}\right\}$$
$$(1\text{-}153)$$

（2）三相感应式电抗变换器二次侧单绕组带载时的等效阻抗（电抗）关系式

三相感应式电抗变换器二次侧单绕组带载时，其主电抗计算有两种方式，其变换关系如下：

① 通过控制电流系数 β，实现三相感应式电抗变换器一次侧等效阻抗变换

$$\left.\begin{array}{l} Z_{AX} = Z'_A + Z_{Am}(k+\beta_A) \\ Z_{BY} = Z'_B + Z_{Bm}(k+\beta_B) \\ Z_{CZ} = Z'_C + Z_{Cm}(k+\beta_C) \end{array}\right\} \quad (1\text{-}154)$$

式中，β_A、β_B、β_C 分别为 A、B、C 相二次侧绕组的电流系数；Z'_A、Z'_B、Z'_C 分别为 A、B、C 相二次侧绕组负载（电力电子功率器）的等效阻抗。式（1-154）表明，通过控制开口两端网络（三相感应式电抗变换器二次侧单绕组）二次侧的电流系数 β，就可以控制其一次侧的等效阻抗。

在忽略漏电阻和激磁电阻的情况下，主电抗与等效阻抗的关系为：

$$\left.\begin{array}{l} X_{AX} \approx Z_{AX} = [Z'_A + Z_{Am}(k+\beta_A)] \\ X_{BY} \approx Z_{BY} = [Z'_B + Z_{Bm}(k+\beta_B)] \\ X_{CZ} \approx Z_{CZ} = [Z'_C + Z_{Cm}(k+\beta_C)] \end{array}\right\} \quad (1\text{-}155)$$

三相感应式电抗变换器二次侧单绕组带载时，每相的漏抗有两部分。一部分是一次侧漏磁通在绕组上产生的漏电抗；另一部分是二次侧漏磁通在绕组上产生的漏电抗折算到一次侧的值。漏电抗关系式如下：

$$\left.\begin{array}{l} X_{A\sigma} = \omega\mu_0\rho_L W_{1A}^2 \dfrac{A_{A\sigma}}{h} + \omega\mu_0\rho_L W_{2a}^2 \dfrac{A_{A\sigma}}{kh} \\[2mm] X_{B\sigma} = \omega\mu_0\rho_L W_{1B}^2 \dfrac{A_{B\sigma}}{h} + \omega\mu_0\rho_L W_{2b}^2 \dfrac{A_{B\sigma}}{kh} \\[2mm] X_{C\sigma} = \omega\mu_0\rho_L W_{1C}^2 \dfrac{A_{C\sigma}}{h} + \omega\mu_0\rho_L W_{2c}^2 \dfrac{A_{C\sigma}}{kh} \end{array}\right\} \quad (1\text{-}156)$$

三相感应式电抗变换器二次侧单绕组带载状态下，其总电抗等于主电抗与漏电抗之和。

$$\left.\begin{array}{l} X_{AZ} = X_{AX} + X_{A\sigma} = [Z'_A + Z_{Am}(k+\beta_A)] + \omega\rho_L\mu_0 W_{1A}^2 \dfrac{A_{A\sigma}}{h} + \omega\rho_L\mu_0 W_{2a}^2 \dfrac{A_{A\sigma}}{kh} \\[2mm] X_{BZ} = X_{BY} + X_{B\sigma} = [Z'_B + Z_{Bm}(k+\beta_B)] + \omega\rho_L\mu_0 W_{1B}^2 \dfrac{A_{B\sigma}}{h} + \omega\rho_L\mu_0 W_{2b}^2 \dfrac{A_{B\sigma}}{kh} \\[2mm] X_{CZ} = X_{CZ} + X_{C\sigma} = [Z'_C + Z_{Cm}(k+\beta_C)] + \omega\rho_L\mu_0 W_{1C}^2 \dfrac{A_{C\sigma}}{h} + \omega\rho_L\mu_0 W_{2c}^2 \dfrac{A_{C\sigma}}{kh} \end{array}\right\} \quad (1\text{-}157)$$

② 通过控制等效阻抗 Z'，实现三相感应式电抗变换器一次侧等效阻抗变换

$$\left.\begin{array}{l} Z_{AX} = [(Z'_A + Z_{2a})/\!/Z_{Am}] + Z'_{1A} \\ Z_{BY} = [(Z'_B + Z_{2b})/\!/Z_{Bm}] + Z'_{1B} \\ Z_{CZ} = [(Z'_C + Z_{2c})/\!/Z_{Cm}] + Z'_{1C} \end{array}\right\} \quad (1\text{-}158)$$

式中，Z_{2a}、Z_{2b}、Z_{2c} 为电抗变换器各相二次侧电抗控制绕组的等效阻抗；Z_{Am}、Z_{Bm}、Z_{Cm} 为各相的激磁阻抗；Z'_{1A}、Z'_{1B}、Z'_{1C} 分别为 A、B、C 相二次侧阻抗折算值，$Z'_{1A} = Z'_{1B} = Z'_{1C} = \dfrac{Z_{1A}}{k^2} = \dfrac{Z_{1B}}{k^2} = \dfrac{Z_{1C}}{k^2} = \dfrac{Z_1}{k^2}$。

根据单相感应式电抗变换器二次侧单绕组带载的主电抗推导过程,可以得到以下表达式:

$$\left.\begin{array}{l} X_{AX}=\left[(Z'_A+Z_{2a})//Z_{Am}+Z'_{1A}\right]\\ X_{BY}=\left[(Z'_B+Z_{2b})//Z_{Bm}+Z'_{1B}\right]\\ X_{CZ}=\left[(Z'_C+Z_{2c})//Z_{Cm}+Z'_{1C}\right] \end{array}\right\} \tag{1-159}$$

三相感应式电抗变换器二次侧单绕组带载时,每相的漏抗有两部分。一部分是一次侧漏磁通在绕组上产生的漏电抗;另一部分是二次侧漏磁通在绕组上产生的漏电抗折算到一次侧的值。漏电抗关系式如下:

$$\left.\begin{array}{l} X_{A\sigma}=\omega L_{A\sigma}=\omega\mu_0\rho_L W_{1A}^2\dfrac{A_{A\sigma}}{h}+\omega\mu_0\rho_L W_{2a}^2\dfrac{A_{A\sigma}}{kh}\\[2mm] X_{B\sigma}=\omega L_{B\sigma}=\omega\mu_0\rho_L W_{1B}^2\dfrac{A_{B\sigma}}{h}+\omega\mu_0\rho_L W_{2b}^2\dfrac{A_{B\sigma}}{kh}\\[2mm] X_{C\sigma}=\omega L_{C\sigma}=\omega\mu_0\rho_L W_{1C}^2\dfrac{A_{C\sigma}}{h}+\omega\mu_0\rho_L W_{2c}^2\dfrac{A_{C\sigma}}{kh} \end{array}\right\} \tag{1-160}$$

根据主电抗与主电感关系有:

$$\left.\begin{array}{l} L_{AX}=\dfrac{X_{AX}}{\omega}=\dfrac{1}{\omega}\left[(Z'_A+Z_{2a})//Z_{Am}+Z'_{1A}\right]\\[2mm] L_{BY}=\dfrac{X_{BY}}{\omega}=\dfrac{1}{\omega}\left[(Z'_B+Z_{2b})//Z_{Bm}+Z'_{1B}\right]\\[2mm] L_{CZ}=\dfrac{X_{CZ}}{\omega}=\dfrac{1}{\omega}\left[(Z'_C+Z_{2c})//Z_{Cm}+Z'_{1C}\right] \end{array}\right\} \tag{1-161}$$

同理可得漏电感为:

$$\left.\begin{array}{l} L_{A\sigma}=\mu_0\rho_L W_{1A}^2\dfrac{A_{A\sigma}}{h}+\mu_0\rho_L W_{2a}^2\dfrac{A_{A\sigma}}{kh}\\[2mm] L_{B\sigma}=\mu_0\rho_L W_{1B}^2\dfrac{A_{B\sigma}}{h}+\mu_0\rho_L W_{2b}^2\dfrac{A_{B\sigma}}{kh}\\[2mm] L_{C\sigma}=\mu_0\rho_L W_{1C}^2\dfrac{A_{C\sigma}}{h}+\mu_0\rho_L W_{2c}^2\dfrac{A_{C\sigma}}{kh} \end{array}\right\} \tag{1-162}$$

三相感应式电抗变换器二次侧单绕组带载时的总电抗为:

$$\left.\begin{array}{l} X_{ZA}=X_{AX}+X_{A\sigma}=\left[(Z'_A+Z_{2a})//Z_{Am}+Z'_{1A}\right]+\omega\rho_L\mu_0 W_{1A}^2\dfrac{A_{A\sigma}}{h}+\omega\rho_L\mu_0 W_{2a}^2\dfrac{A_{A\sigma}}{kh}\\[2mm] X_{ZB}=X_{BY}+X_{B\sigma}=\left[(Z'_B+Z_{2b})//Z_{Bm}+Z'_{1B}\right]+\omega\rho_L\mu_0 W_{1B}^2\dfrac{A_{B\sigma}}{h}+\omega\rho_L\mu_0 W_{2b}^2\dfrac{A_{B\sigma}}{kh}\\[2mm] X_{ZC}=X_{CZ}+X_{C\sigma}=\left[(Z'_C+Z_{2c})//Z_{Cm}+Z'_{1C}\right]+\omega\rho_L\mu_0 W_{1C}^2\dfrac{A_{C\sigma}}{h}+\omega\rho_L\mu_0 W_{2c}^2\dfrac{A_{C\sigma}}{kh} \end{array}\right\}$$

$$\tag{1-163}$$

主阻抗与主电抗关系:

$$\left.\begin{array}{l} Z_{\text{AX}} = R_{\text{AX}} + jX_{\text{AX}} \approx jX_{\text{AX}} \\ Z_{\text{BY}} = R_{\text{BY}} + jX_{\text{BY}} \approx jX_{\text{BY}} \\ Z_{\text{CZ}} = R_{\text{CZ}} + jX_{\text{CZ}} \approx jX_{\text{CZ}} \end{array}\right\}\qquad(1\text{-}164)$$

2. 三相感应式电抗变换器二次侧多绕组空载和带载

（1）三相感应式电抗变换器二次侧多绕组空载

① 三相感应式电抗变换器二次侧多绕组空载状态与单相感应式电抗变换器二次侧多绕组空载状态类似，其主电抗仅与主磁通的角频率、磁导率、每相一次侧绕组匝数的平方和等效导磁面积之积成正比，与气隙总长度成反比。主电抗关系式为：

$$\left.\begin{array}{l} X_{\text{AX}} = \omega L_{\text{AX}} = \omega\mu_0 W_{1\text{A}}^2 \dfrac{A_{\text{c}}}{N\delta} \\[2mm] X_{\text{BY}} = \omega L_{\text{BY}} = \omega\mu_0 W_{1\text{B}}^2 \dfrac{A_{\text{c}}}{N\delta} \\[2mm] X_{\text{CZ}} = \omega L_{\text{CZ}} = \omega\mu_0 W_{1\text{C}}^2 \dfrac{A_{\text{c}}}{N\delta} \end{array}\right\}\qquad(1\text{-}165)$$

② 三相感应式电抗变换器二次侧多绕组空载时，每相的漏电抗只是一次侧漏磁通在绕组上产生的漏电抗，其漏电抗关系式如下：

$$\left.\begin{array}{l} X_{\text{AX}\sigma} = \omega\mu_0 W_{1\text{A}}^2 \dfrac{A_{\text{A}\sigma}}{h} \\[2mm] X_{\text{BY}\sigma} = \omega\mu_0 W_{1\text{B}}^2 \dfrac{A_{\text{B}\sigma}}{h} \\[2mm] X_{\text{CZ}\sigma} = \omega\mu_0 W_{1\text{C}}^2 \dfrac{A_{\text{C}\sigma}}{h} \end{array}\right\}\qquad(1\text{-}166)$$

③ 三相感应式电抗变换器二次侧多绕组空载时，每相的总电抗为主电抗和漏电抗之和，即

$$\left.\begin{array}{l} X_{\text{ZA}} = X_{\text{AX}} + X_{\text{AX}\sigma} = \omega\mu_0 W_{1\text{A}}^2 \dfrac{A_{\text{c}}}{N\delta} + \omega\mu_0 W_{1\text{A}}^2 \dfrac{A_{\text{A}\sigma}}{h} \\[2mm] X_{\text{ZB}} = X_{\text{BY}} + X_{\text{BY}\sigma} = \omega\mu_0 W_{1\text{B}}^2 \dfrac{A_{\text{c}}}{N\delta} + \omega\mu_0 W_{1\text{B}}^2 \dfrac{A_{\text{B}\sigma}}{h} \\[2mm] X_{\text{ZC}} = X_{\text{CZ}} + X_{\text{CZ}\sigma} = \omega\mu_0 W_{1\text{C}}^2 \dfrac{A_{\text{c}}}{N\delta} + \omega\mu_0 W_{1\text{C}}^2 \dfrac{A_{\text{C}\sigma}}{h} \end{array}\right\}\qquad(1\text{-}167)$$

（2）三相感应式电抗变换器二次侧多绕组带载

三相感应式电抗变换器二次侧多绕组带载时，其电抗关系可以采用控制电流系数和控制等效阻抗两种方法分析，并得出关系式。

① 通过控制电流系数实现电抗变换

根据单相感应式电抗变换器二次侧多绕组带载时主电抗推导过程，可得到三相感应式电抗变换器二次侧多绕组带载时主电抗关系式为：

$$X_{AX} = \left[\frac{Z_{1A}}{k} + Z_{Am} \left(k + \frac{\beta_A}{n} \right) \right]$$
$$X_{BY} = \left[\frac{Z_{1B}}{k} + Z_{Bm} \left(k + \frac{\beta_B}{n} \right) \right] \tag{1-168}$$
$$X_{CZ} = \left[\frac{Z_{1C}}{k} + Z_{Cm} \left(k + \frac{\beta_C}{n} \right) \right]$$

三相感应式电抗变换器二次侧多绕组带载时,漏电抗包括两部分,即一次侧绕组产生的漏电抗和二次侧绕组产生并折算到一次侧的漏电抗值。表达式如下:

$$X_{AX\sigma} = \omega \mu_0 \rho_L W_{1A}^2 \frac{A_{A\sigma}}{h} + \omega \mu_0 \rho_L W_{2a}^2 \frac{A_{A\sigma}}{khn}$$
$$X_{BY\sigma} = \omega \mu_0 \rho_L W_{1B}^2 \frac{A_{B\sigma}}{h} + \omega \mu_0 \rho_L W_{2b}^2 \frac{A_{B\sigma}}{khn} \tag{1-169}$$
$$X_{CZ\sigma} = \omega \mu_0 \rho_L W_{1C}^2 \frac{A_{C\sigma}}{h} + \omega \mu_0 \rho_L W_{2c}^2 \frac{A_{C\sigma}}{khn}$$

三相感应式电抗变换器二次侧多绕组带载时的总电抗为主电抗和漏电抗之和,表达式为:

$$X_{ZA} = X_{AX} + X_{AX\sigma} = \left[\frac{Z_{1A}}{k} + Z_{Am} \left(k + \frac{\beta_A}{n} \right) \right] + \omega \mu_0 \rho_L W_{1A}^2 \frac{A_{A\sigma}}{h} + \omega \mu_0 \rho_L W_{2a}^2 \frac{A_{A\sigma}}{khn}$$
$$X_{ZB} = X_{BY} + X_{BY\sigma} = \left[\frac{Z_{1B}}{k} + Z_{Bm} \left(k + \frac{\beta_B}{n} \right) \right] + \omega \mu_0 \rho_L W_{1B}^2 \frac{A_{B\sigma}}{h} + \omega \mu_0 \rho_L W_{2b}^2 \frac{A_{B\sigma}}{khn}$$
$$X_{ZC} = X_{CZ} + X_{CZ\sigma} = \left[\frac{Z_{1C}}{k} + Z_{Cm} \left(k + \frac{\beta_C}{n} \right) \right] + \omega \mu_0 \rho_L W_{1C}^2 \frac{A_{C\sigma}}{h} + \omega \mu_0 \rho_L W_{2c}^2 \frac{A_{C\sigma}}{khn}$$
$$\tag{1-170}$$

② 通过控制等效阻抗实现电抗变换

根据单相感应式电抗变换器二次侧多绕组带载时的主电抗推导过程,可得到三相感应式电抗变换器二次侧多绕组带载时主电抗关系式为:

$$X_{AX} = \frac{Z_A' + Z_{2a}}{n} /\!/ Z_{Am} + Z_{1A}'$$
$$X_{BY} = \frac{Z_B' + Z_{2b}}{n} /\!/ Z_{Bm} + Z_{1B}' \tag{1-171}$$
$$X_{CZ} = \frac{Z_C' + Z_{2c}}{n} /\!/ Z_{Cm} + Z_{1C}'$$

同理可得到漏电抗关系表达式为:

$$X_{AX\sigma} = \omega \mu_0 \rho_L W_{1A}^2 \frac{A_{A\sigma}}{h} + \omega \mu_0 \rho_L W_{2a}^2 \frac{A_{A\sigma}}{khn}$$
$$X_{BY\sigma} = \omega \mu_0 \rho_L W_{1B}^2 \frac{A_{B\sigma}}{h} + \omega \mu_0 \rho_L W_{2b}^2 \frac{A_{B\sigma}}{khn} \tag{1-172}$$
$$X_{CZ\sigma} = \omega \mu_0 \rho_L W_{1C}^2 \frac{A_{C\sigma}}{h} + \omega \mu_0 \rho_L W_{2c}^2 \frac{A_{C\sigma}}{khn}$$

三相感应式电抗变换器二次侧多绕组带载时的总电抗为：

$$X_{ZA} = X_{AX} + X_{AX\sigma} = \left[\frac{Z'_A + Z_{2a}}{n} // Z_{Am} + Z'_{1A}\right] + \omega\mu_0\rho_L W_{1A}^2 \frac{A_{A\sigma}}{h} + \omega\mu_0\rho_L W_{2a}^2 \frac{A_{A\sigma}}{khn}$$

$$X_{ZB} = X_{BY} + X_{BY\sigma} = \left[\frac{Z'_B + Z_{2b}}{n} // Z_{Bm} + Z'_{1B}\right] + \omega\mu_0\rho_L W_{1B}^2 \frac{A_{B\sigma}}{h} + \omega\mu_0\rho_L W_{2b}^2 \frac{A_{B\sigma}}{khn} \left.\right\}$$

$$X_{ZC} = X_{CZ} + X_{CZ\sigma} = \left[\frac{Z'_C + Z_{2c}}{n} // Z_{Cm} + Z'_{1C}\right] + \omega\mu_0\rho_L W_{1C}^2 \frac{A_{C\sigma}}{h} + \omega\mu_0\rho_L W_{2c}^2 \frac{A_{C\sigma}}{khn}$$

$$(1\text{-}173)$$

算例 1-3　某三相感应式滤波电抗变换器为组式结构，其中每相铁心柱由 7 个铁心饼组成，铁心饼直径为 120mm，每个气隙长度为 10.5mm；一次侧绕组匝数为 39，线圈高度为 556mm，幅向厚度为 11.59mm；二次侧绕组匝数为 117，线圈高度为 556mm，幅向厚度为 11.59mm；铁心饼左侧边至一次侧线圈右侧边距离为 15mm；铁心叠片系数为 0.95；铁心柱有效净截面积为 87.3cm²；铁轭有效面积为 98.3cm²；铁心柱最大片宽为 0.115m；铁心柱最大厚度为 0.09m；铁心饼厚度为 50mm；一次侧绕组与二次侧绕组间距为 0.02m；电源频率为 50Hz。试求该电抗变换器二次侧在空载时每相的主电抗和漏电抗。

解：根据算例 1-3 的已知条件有：

$N = 7 + 1 = 8$；$\delta = 0.0105\text{m}$；$W_1 = 39$，$W_2 = 117$；$h_1 = h_2 = 0.556\text{m}$；

$S = 0.015\text{m}$；$B_{H1} = B_{H2} = 0.01159\text{m}$；$r_1 = 60\text{mm}$；$k = \dfrac{1}{3}$；

$B_{12} = 0.02\text{m}$；$H_B = 0.05\text{m}$；$k_{dp} = 0.95$；$A_j = 0.00873\text{m}^2$；

$A_\sigma = 0.00983\text{m}^2$；$B_M = 0.115\text{m}$；$\Delta_M = 0.09\text{m}$

（1）三相感应式电抗变换器各相空载主电抗计算

三相感应式电抗变换器二次侧空载时其主电抗与电流的角频率、空气磁导率、一次侧绕组匝数的平方和等效导磁面积成正比，与气隙总长度成反比。按照磁路法可得到三相感应式电抗变换器各相的主电抗参数如下：

① 气隙磁通衍射宽度：

$$\varepsilon = \frac{\delta}{\pi}\ln\left(\frac{\delta + H_B}{\delta}\right) = 5.85\text{mm} = 5.85 \times 10^{-3}\text{m}$$

② 气隙磁通衍射面积：

$$A_{c2} = 2\varepsilon(2\varepsilon + B_M + \Delta_M) = 0.002535\text{m}^2$$

③ 气隙等效导磁面积：

$$A_c = A_{c1} + A_{c2} = \frac{A_j}{k_{dp}} + A_{c2} = 0.01172\text{m}^2$$

④ 各相主电抗

$$X_{ZA} = X_{ZB} = X_{ZC} = 8\pi^2 f W_1^2 \frac{A_c}{N\delta} \times 10^{-7} = 0.08378\Omega$$

（2）各相空载漏电抗计算

三相感应式电抗变换器二次侧空载时,其漏电抗只在一次侧绕组中产生,而二次侧折算到一次侧的漏电抗为零。

① 等效漏磁面积

$$r_{\mathrm{p1}} = r_1 + S + \frac{BH_1}{2} = 80.8\mathrm{mm}$$

$$r_{\mathrm{p2}} = r_1 + S + B_{12} + B_{\mathrm{H1}} + \frac{B_{\mathrm{H2}}}{2} = 112.4\mathrm{mm}$$

$$d_{12} = r_{\mathrm{p1}} + r_{\mathrm{p2}} = 193.2\mathrm{mm} = 0.1932\mathrm{m}$$

$$A_\sigma = \pi d_{12}\left(B_{12} + \frac{B_{\mathrm{H1}} + B_{\mathrm{H2}}}{3} + S\right) = 0.02593\mathrm{m}^2$$

② 洛果夫斯基系数

$$h = \frac{h_1 + h_2}{2} = 0.556\mathrm{m}$$

$$\rho_{\mathrm{L}} = 1 - \frac{2(B_{\mathrm{H1}} + B_{12} + B_{\mathrm{H2}} + S)}{\pi h} = 1 - \frac{2\times(0.01159\mathrm{m} + 0.02\mathrm{m} + 0.01159\mathrm{m} + 0.015\mathrm{m})}{\pi\times0.556\mathrm{m}} = 0.933$$

③ 各相一、二次侧线圈漏电抗及总漏电抗

$$X_{1\mathrm{A}\sigma} = X_{1\mathrm{B}\sigma} = X_{1\mathrm{C}\sigma} = 8\pi^2 f W_1^2 \rho_{\mathrm{L}} \frac{A_\sigma}{h} \times 10^{-7} = 0.026\Omega$$

$$X_{2\mathrm{A}\sigma} = X_{2\mathrm{B}\sigma} = X_{2\mathrm{C}\sigma} = 0\Omega$$

$$X_{\Sigma\mathrm{A}\sigma} = X_{\Sigma\mathrm{B}\sigma} = X_{\Sigma\mathrm{C}\sigma} = 0.026\Omega$$

(3)三相感应式电抗变换器各相的总电抗计算

各相的总电抗等于主电抗与漏电抗之和,其关系式为:

$$X_{\Sigma\mathrm{A}} = X_{\mathrm{ZA}} + X_{\Sigma\mathrm{A}\sigma};\ X_{\Sigma\mathrm{B}} = X_{\mathrm{ZB}} + X_{\Sigma\mathrm{B}\sigma};\ X_{\Sigma\mathrm{C}} = X_{\mathrm{ZC}} + X_{\Sigma\mathrm{C}\sigma}$$

各相的总电抗值为:

$$X_{\Sigma\mathrm{A}} = X_{\Sigma\mathrm{B}} = X_{\Sigma\mathrm{C}} = 0.11\Omega$$

1.4.4　三相感应式电抗变换器容量

A、B、C 三相中,每相感应式电抗变换器容量为

$$\left.\begin{aligned} S_{\mathrm{A}} &= U_{\mathrm{A}} I_{\mathrm{A}} = E_{\mathrm{A}} I_{\mathrm{A}} = \omega W_{\mathrm{A}} I_{\mathrm{A}} B A_{\mathrm{c}} \\ S_{\mathrm{B}} &= U_{\mathrm{B}} I_{\mathrm{B}} = E_{\mathrm{B}} I_{\mathrm{B}} = \omega W_{\mathrm{B}} I_{\mathrm{B}} B A_{\mathrm{c}} \\ S_{\mathrm{C}} &= U_{\mathrm{C}} I_{\mathrm{C}} = E_{\mathrm{C}} I_{\mathrm{C}} = \omega W_{\mathrm{C}} I_{\mathrm{C}} B A_{\mathrm{c}} \end{aligned}\right\} \tag{1-174}$$

由安培环路定理可知:

$$WI = W_{\mathrm{A}} I_{\mathrm{A}} = W_{\mathrm{B}} I_{\mathrm{B}} = W_{\mathrm{C}} I_{\mathrm{C}} = H_{\mathrm{c}} N\delta \tag{1-175}$$

A、B、C 三相中,每相的感应电动势有效值为

$$E_A = \frac{E_{Am}}{\sqrt{2}} = \frac{W_A \omega \Phi_{Am}}{\sqrt{2}} = \omega W_A B A_c$$

$$E_B = \frac{E_{Bm}}{\sqrt{2}} = \frac{W_B \omega \Phi_{Bm}}{\sqrt{2}} = \omega W_B B A_c \qquad (1\text{-}176)$$

$$E_C = \frac{E_{Cm}}{\sqrt{2}} = \frac{W_C \omega \Phi_{Cm}}{\sqrt{2}} = \omega W_C B A_c$$

A、B、C 三相中,每相的漏感电动势有效值为

$$E_{A\sigma} = \omega W_A B A_{A\sigma}$$
$$E_{B\sigma} = \omega W_B B A_{B\sigma} \qquad (1\text{-}177)$$
$$E_{C\sigma} = \omega W_C B A_{C\sigma}$$

三相感应式电抗变换器的总容量等于单相容量的 3 倍,即:

$$\begin{aligned} S_3 &= 3U_A I_A = 3U_B I_B = 3U_C I_C \\ &= 3E_A I_A = 3E_B I_B = 3E_C I_C \\ &= 3\omega W_A I_B B A_c = 3\omega W_B I_B B A_c = 3\omega W_C I_C B A_c \qquad (1\text{-}178) \\ &= 3\omega W I B A_c \\ &= 3\omega B H_c A_c N \delta \end{aligned}$$

1.5　本章小结

感应式电抗变换器分为单相感应式电抗变换器和三相感应式电抗变换器。单相感应式电抗变换器由铁心饼、绝缘纸板和缠绕在铁心饼上的一次侧绕组和二次侧绕组等组成。三相感应式电抗变换器由三个单相感应式电抗变换器组成,也称为三相组式电抗变换器或三相心式电抗变换器。

本章首先论述了单相(三相)铁心电抗器的基本结构、原理,推导并得出了铁心电抗器主电抗、漏电抗和总电抗的关系式;其次,系统论述了单相(三相)感应式电抗变换器的电磁关系、基本方程式、等效电路与电抗变换等内容,经推导得出了感应式电抗变换器主电抗、漏电抗和总电抗等的物理参数关系式。

习题一

一、简答题

1.1　从物理意义出发解释全电流定律的含义?

1.2　电磁感应定律有哪几种形式?

1.3　什么是切割电动势?

1.4　什么是变压器电动势?

1.5　感应电动势的方向由什么确定？试画出示意图。

1.6　试解释电磁力定律的物理意义？

1.7　电磁力的方向由什么确定？试画出示意图。

1.8　铁心电抗器和变压器的主要区别是什么？

1.9　感应式电抗变换器与变压器的主要区别是什么？

1.10　试描述感应式电抗变换器的"电生磁"和"磁生电"现象。

二、判断题（对的打√，错的打×）

2.1　变压器是利用电磁感应原理工作的机械。　　　　　　　　　　（　　　）

2.2　变压器是静止的电机。　　　　　　　　　　　　　　　　　　（　　　）

2.3　铁心电抗器由带气隙的铁心和单绕组线圈组成。　　　　　　　（　　　）

2.4　感应式电抗变换器由带气隙的铁心和单绕组线圈组成。　　　　（　　　）

2.5　感应式电抗变换器由气隙铁心和一、二次侧绕组线圈组成。　　（　　　）

2.6　感应式电抗变换器的铁心磁路不含有气隙。　　　　　　　　　（　　　）

2.7　感应式电抗变换器产生的感应电动势称为变压器电动势。　　　（　　　）

2.8　铁心电抗器产生的感应电动势称为切割电动势。　　　　　　　（　　　）

2.9　感应式电抗变换器的结构与铁心电抗器相同，都是由铁心饼、绝缘气隙和线圈组成。　　　　　　　　　　　　　　　　　　　　　　　　　　　　（　　　）

2.10　单相感应式电抗变换器的绕组有两个，一个为一次侧绕组，另一个为二次侧绕组。　　　　　　　　　　　　　　　　　　　　　　　　　　　　　　（　　　）

2.11　单相感应式电抗变换器二次侧在空载时，漏电抗与铁心电抗器计算公式不同。
　　　　　　　　　　　　　　　　　　　　　　　　　　　　　　　　（　　　）

2.12　单相感应式电抗变换器二次侧在带载时，漏电抗与铁心电抗器计算公式相同。
　　　　　　　　　　　　　　　　　　　　　　　　　　　　　　　　（　　　）

三、计算题

3.1　已知某单相铁心电抗器由 8 个铁心饼组成，铁心饼厚度为 50mm，$S=15$mm，$k_{dp}=0.95$，每个气隙长度为 12mm，激磁绕组匝数为 208 匝，线圈高度为 256mm，线圈幅向厚度为 72mm，铁心柱净截面积为 345.5cm²。试采用磁路法计算该铁心电抗器的主电抗。

3.2　已知某单相铁心电抗器由 5 个铁心饼组成，每个气隙长度为 12mm，激磁绕组共有 3 个抽头，抽头 1 为 168 匝、抽头 2 为 188 匝、抽头 3 为 208 匝，线圈高度为 230mm，线圈幅向厚度为 52mm，铁心柱净截面积为 265.5cm²，铁心饼厚度为 50mm，$S=15$mm，$k_{dp}=0.95$，试采用磁路法计算该铁心电抗器在不同抽头处的主电抗。

3.3　已知某单相感应式电抗变换器由 7 个铁心饼组成，铁心饼半径为 110mm，铁心饼厚度为 50mm，每个气隙长度为 12mm；一次侧绕组匝数为 208，线圈高度为 285mm，幅向厚度为 36mm；二次侧绕组匝数为 52，线圈高度为 246mm，幅向厚度为 28mm；一、二次侧线圈间隔为 20mm，铁心柱净截面积为 318.6cm²，$S=15$mm，$k_{dp}=0.95$，电源频率为 50Hz。试求该单相电抗变换器二次侧在空载时的主电抗。

3.4　某单相感应式电抗变换器参数与题 3.3 相同，试求该电抗变换器二次侧在带载时的漏电抗。

3.5　某单相感应式电抗变换器由 5 个铁心饼组成，铁心饼半径为 100mm，铁心饼厚度为 50mm，$S=15$mm，每个气隙长度为 12mm；一次侧绕组匝数为 208，线圈高度为 285mm，幅向厚度为 30mm；二次侧绕组有 3 个抽头，分别为 104 匝、52 匝和 26 匝，线圈高度为 220mm，幅向厚度分别为 26mm、20mm、18mm；一、二次侧线圈间隔为 20mm；铁心柱净截面积为 265.5cm²，$k_{dp}=0.95$，电源频率为 50Hz。试求该电抗变换器二次侧在空载时的主电抗。

3.6　某单相感应式电抗变换器参数与题 3.5 相同，试求该电抗变换器二次侧在带载时的漏电抗。

3.7　某三相感应式电抗变换器为组式结构，其中每相由 5 个铁心饼组成，铁心饼半径为 115mm，铁心饼厚度为 50mm，$S=15$mm，每个气隙长度为 12mm；一次侧绕组匝数为 208，线圈高度为 320mm，幅向厚度为 76mm；二次侧绕组匝数为 52，线圈高度为 215mm，幅向厚度为 32mm，一、二次侧线圈间隔为 20mm；铁心柱净截面积为345.5cm²，$k_{dp}=0.95$，电源频率为 50Hz。试求该电抗变换器二次侧在空载时每相的主电抗。

3.8　某三相感应式电抗变换器为组式结构，参数与题 3.7 相同，试求该电抗变换器二次侧在带载时每相的漏电抗。

附：感应式电抗变换器（铁心电抗器）铁心数据表

2 感应式电力电子可控电抗器原理

感应式电力电子可控电抗器是一个带铁心的非线性电路,该非线性电路主要由感应式电抗变换器和电力电子功率变换器构成。通过控制晶闸管(或 IGBT)的控制角 α(或占空比 D)调控电力电子功率变换器的工作状态,改变感应式电力电子可控电抗器二次侧等效电抗,从而达到改变感应式电力电子可控电抗器一次侧等效电抗的目的。本章系统论述单相感应式和三相感应式电力电子可控电抗器的拓扑结构和电抗变换原理。

2.1 单相感应式单绕组电力电子可控电抗器原理

根据图 1-9,在单相感应式电抗变换器二次侧绕组的输出端接入电力电子功率变换器,即可得到单相感应式单绕组电力电子可控电抗器拓扑结构。

2.1.1 单相感应式单绕组晶闸管可控电抗器拓扑结构与电抗变换原理

所谓单绕组是指二次侧电抗控制绕组为单个绕组。单相感应式单绕组晶闸管可控电抗器拓扑结构由单相感应式单绕组电抗变换器和晶闸管功率变换器组成,如图 2-1 所示。

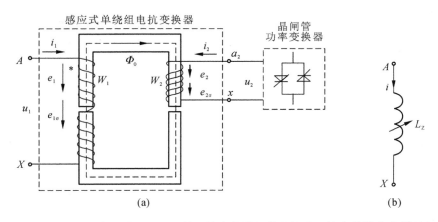

图 2-1 单相感应式单绕组晶闸管可控电抗器拓扑结构及可控电抗器电路符号

(a)单相感应式单绕组晶闸管可控电抗器拓扑结构;(b)可控电抗器电路符号

由图 2-1 可知,只要改变晶闸管功率变换器中晶闸管的控制角 α,就可以改变感应式单绕组晶闸管可控电抗器的二次侧阻抗,从而实现感应式单绕组晶闸管可控电抗器一次侧的阻抗(电抗)变换。

单相感应式单绕组晶闸管可控电抗器中晶闸管功率变换器可处于完全关断、完全导通和调控等工作状态。

1.单相晶闸管功率变换器完全关断时的等效模型及电抗变换

单相晶闸管功率变换器完全关断时等效模型与电抗变换器连接示意图如图 2-2 所示。

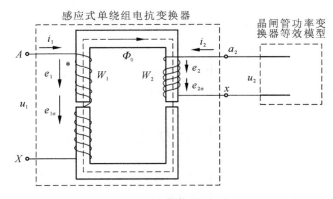

图 2-2 单相晶闸管功率变换器完全关断时等效模型与电抗变换器连接示意图

由图 2-2 可知,当晶闸管功率变换器完全关断时,感应式电抗变换器的二次侧绕组开路($i_2 = 0$,而二次侧绕组空载,其阻抗不受晶闸管功率变换器控制),于是感应式晶闸管可控电抗器的一次侧等效阻抗会达到最大值,此时,单相感应式单绕组晶闸管可控电抗器类似于单相铁心电抗器。按照分析单相铁心电抗器电抗参数的方法,可以得到以下系列参数:

如果忽略漏电阻和激磁电阻,则单相感应式单绕组晶闸管可控电抗器一次侧等效阻抗关系式为:

$$Z_{AX} = \frac{U_1}{I_1} = Z_{Zmax} \approx X_{AX} \qquad (2-1)$$

主电抗关系式为:

$$X_{AX} = \omega L_{AX} = \omega \mu_0 W_1^2 \frac{A_c}{N\delta} \qquad (2-2)$$

主电感关系式为:

$$L_{AX} = \frac{X_{AX}}{\omega} = \mu_0 W_1^2 \frac{A_c}{N\delta} \qquad (2-3)$$

漏电抗关系式为:

$$X_{AX\sigma} = \omega L_{AX\sigma} = \omega \rho_L \mu_0 W_1^2 \frac{A_\sigma}{h} \qquad (2-4)$$

漏电感关系式为:

$$L_{AX\sigma} = \frac{X_{AX\sigma}}{\omega} = \rho_L \mu_0 W_1^2 \frac{A_\sigma}{h} \qquad (2-5)$$

总电抗关系式为：

$$X_{ZAX} = X_{AX} + X_{AX\sigma} = \omega\mu_0 W_1^2 \frac{A_c}{N\delta} + \omega\rho_L\mu_0 W_1^2 \frac{A_\sigma}{h} = \omega\mu_0 W_1^2 \left(\frac{A_c}{N\delta} + \rho_L \frac{A_\sigma}{h}\right) \qquad (2\text{-}6)$$

由式(2-6)可知，单相感应式单绕组晶闸管可控电抗器的总电抗包含两部分：主电抗和漏电抗。主电抗与一次侧绕组匝数的平方、角频率、空气磁导率、等效导磁面积之积成正比，与气隙总长度成反比；漏电抗与一次侧绕组匝数的平方、角频率、洛果夫斯基系数、等效漏磁面积之积成正比，与线圈高度成反比。

2. 单相晶闸管功率变换器完全导通时的等效模型及电抗变换

单相晶闸管功率变换器完全导通时等效模型与电抗变换器连接示意图如图 2-3 所示。

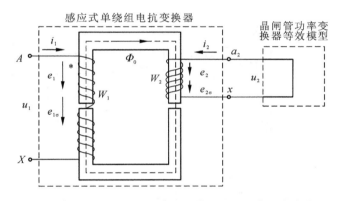

图 2-3　单相晶闸管功率变换器完全导通时等效模型与电抗变换器连接示意图

由图 2-3 可知，当晶闸管功率变换器完全导通时，其感应式电抗变换器的二次侧绕组相当于短路(带载)，此时 i_2 值最大。根据电磁感应定律，感应式单绕组晶闸管可控电抗器的一次侧电流最大，而一次侧等效阻抗最小。即：

$$Z_{AX} = \frac{U_1}{I_1} = Z_{Zmin} \approx X_{Zmin} = X_{AX} \qquad (2\text{-}7)$$

此时，主电抗关系式为：

$$X_{AX} = \frac{k^2 Z_2 Z'}{Z_2 + Z'} = k^2 Z' \qquad (2\text{-}8)$$

主电感关系式为：

$$L_{AX} = \frac{1}{\omega} X_{AX} = \frac{k^2 Z_2 Z'}{\omega(Z_2 + Z')} = \frac{1}{\omega} k^2 Z' \qquad (2\text{-}9)$$

式(2-8)和式(2-9)中，Z' 为晶闸管功率变换器的等效变换阻抗；Z_2 为感应式电抗变换器的二次侧绕组等效阻抗；k 为感应式电抗变换器的一次侧绕组与二次侧绕组匝数比。

此时漏电抗包含两部分，即一次侧绕组产生的漏电抗和二次侧绕组折算到一次侧的漏电抗，漏电抗关系式为：

$$X_{AX\sigma} = \omega\rho_L\mu_0 W_1^2 \frac{A_\sigma}{h} + \omega\rho_L\mu_0 W_2^2 \frac{A_\sigma}{kh} \qquad (2\text{-}10)$$

漏电感关系式为：

$$L_{AX\sigma} = \rho_L\mu_0 W_1^2 \frac{A_\sigma}{h} + \rho_L\mu_0 W_2^2 \frac{A_\sigma}{kh} \qquad (2\text{-}11)$$

总电抗关系式为：

$$X_Z = X_{AX} + X_{AX\sigma} = k^2 Z' + \omega\rho_L\mu_0 W_1^2 \frac{A_\sigma}{h} + \omega\rho_L\mu_0 W_2^2 \frac{A_\sigma}{kh} \qquad (2\text{-}12)$$

3. 单相晶闸管功率变换器处于调控状态时的等效模型及电抗变换

当晶闸管功率变换器处于调控状态时等效模型与电抗变换器连接示意图如图 2-4 所示。

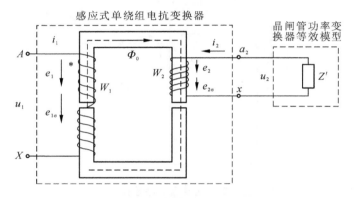

图 2-4　单相晶闸管功率变换器处于调控状态时等效模型与电抗变换器连接示意图

由图 2-4 可知,当晶闸管功率变换器处于调控状态时,其感应式电抗变换器的二次侧绕组工作在开路与短路之间,这时感应式单绕组晶闸管可控电抗器一次侧等效阻抗大于短路等效阻抗但小于开路等效阻抗。

$$Z_{AX} = \frac{U_1}{I_1} = Z_{Zmax} \sim Z_{Zmin} \approx X_{AXmax} \sim X_{AXmin} \qquad (2\text{-}13)$$

根据电磁变换原理,可得到单相感应式单绕组晶闸管可控电抗器一次侧的等效阻抗(主阻抗)为：

$$Z_{AX} = \frac{U_1}{I_1} = \frac{\frac{W_1}{W_2}U_2}{\frac{W_2}{W_1}I_2} = \left(\frac{W_1}{W_2}\right)^2 \frac{U_2}{I_2} = k^2 \frac{U_2}{I_2} = k^2(Z_2//Z') = k^2 Z_L \qquad (2\text{-}14)$$

进一步分析式(2-14)可知,由于感应式电抗变换器的物理参数(k 和 Z_2)是固定的,因此,只要改变晶闸管功率变换器的等效阻抗 Z',就可以改变单相感应式单绕组晶闸管可控电抗器一次侧的等效阻抗 Z_{AX}。即当改变晶闸管功率变换器的移相控制角 α 时,感应式电抗变换器二次侧等效阻抗就会发生改变,其二次侧折合到一次侧的等效阻抗也随之发生改变,从而达到改变单相感应式单绕组晶闸管可控电抗器的一次侧等效阻抗 Z_{AX} 的目的。

以下分析晶闸管功率变换器处于调控状态时,其可控电抗器阻抗变换情况:

设在单相感应式单绕组晶闸管可控电抗器的一次侧接入正弦交流电压时,其二次侧正弦交流电压为:

$$u_2 = \sqrt{2}U_2 \sin\omega t = U_{2m}\sin\omega t \tag{2-15}$$

若晶闸管在一个周期内正负半周对称导通(只要两只晶闸管特性一致、触发脉冲有效),其电流不含偶次谐波分量。根据傅里叶变换定理可知,单相感应式单绕组晶闸管可控电抗器二次侧电流可表示为:

$$i_2(\omega t) = \sum_{n=1,3,5}^{\infty} (a_n\cos n\omega t + b_n\sin n\omega t) \tag{2-16}$$

式(2-16)中,a_1、b_1、a_3、b_3 的关系为:

$$a_1 = \frac{2}{\pi}\int_0^\pi i_2(\omega t)\cos\omega t\,\mathrm{d}(\omega t) = \frac{2}{\pi}\int_\alpha^\pi \frac{\sqrt{2}U_2}{Z_L}\sin\omega t\cos\omega t\,\mathrm{d}(\omega t) = \frac{\sqrt{2}U_2}{2\pi Z_L}(\cos2\alpha - 1) \tag{2-17}$$

$$b_1 = \frac{2}{\pi}\int_\alpha^\pi i_2(\omega t)\sin\omega t\,\mathrm{d}(\omega t) = \frac{\sqrt{2}U_2}{2\pi Z_L}\big[\sin2\alpha + 2(\pi - \alpha)\big] \tag{2-18}$$

$$a_3 = \frac{\sqrt{2}U_2}{\pi Z_L}\left(\frac{1}{4}\cos4\alpha - \frac{1}{2}\cos2\alpha + \frac{1}{4}\right) \tag{2-19}$$

$$b_3 = \frac{\sqrt{2}U_2}{2\pi Z_L}\left(\frac{1}{4}\sin4\alpha - \frac{1}{2}\sin2\alpha\right) \tag{2-20}$$

比较式(2-17)至式(2-20)的系数并忽略较小项,则式(2-16)可简化为:

$$i_2(\omega t) = a_1\cos\omega t + b_1\sin\omega t \tag{2-21}$$

根据电流有效值关系 $I_2 = \dfrac{1}{\sqrt{2}}\sqrt{a_1^2 + b_1^2}$ 有:

$$\begin{aligned} I_2 &= \frac{U_2}{2\pi Z_L}\sqrt{(\cos2\alpha - 1)^2 + \big[\sin2\alpha + 2(\pi - \alpha)\big]^2}\\ &= U_2\,\frac{\sqrt{\sin^2\alpha + (\pi - \alpha)\sin2\alpha + (\pi - \alpha)^2}}{\pi Z_L} \end{aligned} \tag{2-22}$$

于是可得到主阻抗关系式如下:

$$Z_{AX} = \frac{\boldsymbol{U}_1}{\boldsymbol{I}_1} = k^2\frac{U_2}{I_2} = \frac{k^2\pi Z_L}{\sqrt{\sin^2\alpha + (\pi - \alpha)\sin2\alpha + (\pi - \alpha)^2}} \tag{2-23}$$

由式(2-23)可知,感应式单绕组晶闸管可控电抗器的一次侧等效阻抗 Z_{AX} 随晶闸管控制角 α 变化而变化。当控制角 α 接近于 π 时,式(2-23)的 Z_{AX} 值趋近于无穷大,实际上当控制角为 π 时,一次侧绕组中只有激磁电流,故此时等效阻抗接近于激磁阻抗。

式(2-23)直观地反映了感应式单绕组晶闸管可控电抗器一次侧等效阻抗 Z_{AX} 随二次侧晶闸管控制角 α 变化的关系,当晶闸管控制角 α 改变时,感应式晶闸管可控电抗器二次侧等效阻抗 Z_L 也发生改变。

(1)等效阻抗 Z_{AX} 与电抗 X_{AX} 的关系

由于感应式单绕组晶闸管可控电抗器的等效电阻 R_{AX} 远远小于等效电抗 X_{AX},于是可得到主阻抗和主电抗关系如下:

$$Z_{AX}=R_{AX}+jX_{AX}\approx jX_{AX} \tag{2-24}$$

故等效电抗为:

$$X_{AX}\approx Z_{AX}=\frac{k^2\pi Z_L}{\sqrt{\sin^2\alpha+(\pi-\alpha)\sin2\alpha+(\pi-\alpha)^2}} \tag{2-25}$$

(2)主电感 L_{AX} 与控制角 α 的关系

根据主电感与主阻抗的关系,可得到主电感关系式:

$$L_{AX}=\frac{X_{AX}}{\omega}=\frac{k^2\pi Z_L}{\omega\sqrt{\sin^2\alpha+(\pi-\alpha)\sin2\alpha+(\pi-\alpha)^2}} \tag{2-26}$$

4. 单相感应式单绕组晶闸管可控电抗器的总电感、总电抗关系

根据前面的分析,可得到单相感应式晶闸管可控电抗器在调控状态的总电感和总电抗关系表达式如下:

(1)漏电抗关系式

$$X_\sigma=X_{1\sigma}+X'_{1\sigma}=\omega\rho_L\mu_0W_1^2\frac{A_\sigma}{h}+\omega\rho_L\mu_0W_2^2\frac{A_\sigma}{kh} \tag{2-27}$$

(2)总电感关系式

$$L_Z=L_{AX}+L_\sigma$$
$$=\frac{k^2Z_2Z'}{2f(Z_2+Z')\sqrt{\sin^2\alpha+(\pi-\alpha)\sin2\alpha+(\pi-\alpha)^2}}+\rho_L\mu_0W_1^2\frac{A_\sigma}{h}+\rho_L\mu_0W_2^2\frac{A_\sigma}{kh} \tag{2-28}$$

(3)总电抗关系式

$$X_Z=X_{AX}+X_\sigma$$
$$=\frac{k^2\pi Z_2Z'}{(Z_2+Z')\sqrt{\sin^2\alpha+(\pi-\alpha)\sin2\alpha+(\pi-\alpha)^2}}+\omega\rho_L\mu_0W_1^2\frac{A_\sigma}{h}+\omega\rho_LW_2^2\frac{A_\sigma}{kh} \tag{2-29}$$

式(2-29)的物理含义可简述为:单相感应式单绕组晶闸管可控电抗器的总电抗等于主电抗与漏电抗之和。其中,主电抗与一、二次侧绕组匝数比的平方及二次侧单绕组等效阻抗和晶闸管功率变换器等效阻抗并联后的阻抗之积成正比,与控制角 α 成反比;漏电抗包含一次侧绕组产生的漏电抗和二次侧绕组折算到一次侧的等效漏电抗。其中,一次侧绕组漏电抗与一次绕组匝数的平方、等效导磁面积成正比,与线圈高度成反比;二次侧绕组漏电抗与二次侧绕组匝数的平方、等效导磁面积成正比,与线圈高度及一、二次侧

绕组匝数比之积成反比。

2.1.2　单相感应式单绕组 IGBT 可控电抗器拓扑结构与电抗变换原理

单相感应式单绕组 IGBT 可控电抗器拓扑结构包括感应式单绕组电抗变换器和 IGBT 功率变换器两部分。单相感应式单绕组 IGBT 可控电抗器拓扑结构示意图如图2-5所示。

由图 2-5 可知,只要改变 IGBT 功率变换器中 IGBT 的占空比 D,就可以改变感应式单绕组 IGBT 可控电抗器二次侧等效阻抗,从而实现单相感应式单绕组 IGBT 可控电抗器一次侧的等效阻抗可控,也即电抗可控。

分析图 2-5 可知,单相感应式单绕组 IGBT 可控电抗器的工作状态可分为占空比 $D=0$、占空比 $D=1$ 和占空比 $D=0\sim1$(不包括 0 和 1)三种。下面分析每一种工作状态的电抗变换关系。

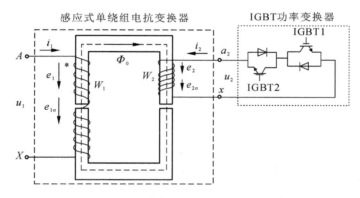

图 2-5　单相感应式单绕组 IGBT 可控电抗器拓扑结构示意图

1. $D=0$ 时 IGBT 功率变换器等效模型及电抗变换

$D=0$ 时 IGBT 功率变换器等效模型与电抗变换器连接示意图如图 2-6 所示。

由图 2-6 可知,当 IGBT 功率变换器完全关断时($D=0$),单相感应式单绕组电抗变换器的二次侧开路($i_2=0$)。此时,单相感应式单绕组 IGBT 可控电抗器类似于单相铁心电抗器,而单相感应式单绕组 IGBT 可控电抗器的一次侧等效阻抗达到最大值。同理,按分析单相铁心电抗器的方法可得到以下系列参数:

等效阻抗

$$Z_{AX}=\frac{U_1}{I_1}=Z_{\max}\approx X_{AX} \tag{2-30}$$

当 IGBT 功率变换器开路时,单相感应式单绕组 IGBT 可控电抗器的磁路关系与单相铁心电抗器相同,而主电抗、漏电抗和总电抗的关系式也与单相铁心电抗器相同,于是有:

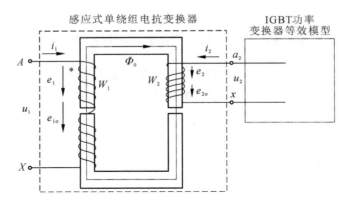

图 2-6　$D=0$ 时 IGBT 功率变换器等效模型与电抗变换器连接示意图

主电抗

$$X_{AX}=\omega L_{AX}=\omega\mu_0 W_1^2\frac{A_c}{N\delta} \tag{2-31}$$

漏电抗

$$X_{AX\sigma}=\omega L_{AX\sigma}=\omega\rho_L\mu_0 W_1^2\frac{A_\sigma}{h} \tag{2-32}$$

由式(2-32)可知,当 $D=0$ 时,二次侧绕组处于开路状态,故漏电抗只由一次侧绕组产生。

总电抗关系式为:

$$X_Z=X_{AX}+X_{AX\sigma}=\omega\mu_0 W_1^2\frac{A_c}{N\delta}+\omega\rho_L\mu_0 W_1^2\frac{A_\sigma}{h} \tag{2-33}$$

式(2-33)说明了 $D=0$ 时单相感应式单绕组 IGBT 可控电抗器的总电抗依然与单相感应式晶闸管可控电抗器在二次侧开路时的总电抗相同。

2. $D=1$ 时 IGBT 功率变换器等效模型及电抗变换

$D=1$ 时 IGBT 功率变换器等效模型与电抗变换器连接示意图如图 2-7 所示。

由图 2-7 可知,当 IGBT 功率变换器完全导通时($D=1$),感应式单绕组电抗变换器的二次侧相当于短路,此时流过二次侧的电流 i_2 达到最大值。

根据电磁感应定律,单相感应式单绕组 IGBT 可控电抗器一次侧电流达到最大值,而一次侧等效阻抗达到最小值,如此可得到单相感应式单绕组 IGBT 可控电抗器的电抗参数关系式如下:

主阻抗

$$Z_{AX}=\frac{U_1}{I_1}=Z_{\min}=X_{\min}=\frac{k^3 Z_2 Z'}{D(Z_2+Z')}=k^3 Z' \tag{2-34}$$

主电抗

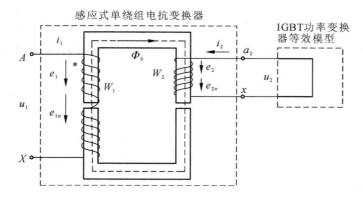

图 2-7 $D=1$ 时 IGBT 功率变换器等效模型与电抗变换器连接示意图

$$X_{AX}=\frac{k^3 Z_2 Z'}{Z_2+Z'}=k^3 Z' \tag{2-35}$$

漏电抗

$$X_\sigma=X_{AX\sigma}+X'_{AX\sigma}=\omega\rho_L\mu_0 W_1^2\frac{A_\sigma}{h}+\omega\rho_L\mu_0 W_2^2\frac{A_\sigma}{kh} \tag{2-36}$$

总电抗

$$X_Z=X_{AX}+X_\sigma=k^3 Z'+\omega\rho_L\mu_0 W_1^2\frac{A_\sigma}{h}+\omega\rho_L\mu_0 W_2^2\frac{A_\sigma}{kh} \tag{2-37}$$

3. $D=0\sim 1$（不包括 0 和 1，下同）时 IGBT 功率变换器等效模型及电抗变换

当 IGBT 功率变换器处于调控状态时的等效模型与电抗变换器连接示意图如图 2-8 所示。

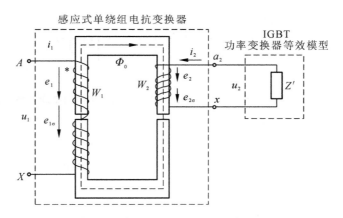

图 2-8 IGBT 功率变换器处于调控状态时的等效模型与电抗变换器连接示意图

由图 2-8 可知，当 IGBT 功率变换器处于调控状态时（$D=0\sim 1$），其感应式单绕组电抗变换器的二次侧工作在开路与短路之间，这时感应式单绕组 IGBT 可控电抗器一次侧等效阻抗大于短路等效阻抗但小于开路等效阻抗，即：

$$Z_{AX} = \frac{U_1}{I_1} = Z_{min} \sim Z_{max} \approx X_{min} \sim X_{max} = \frac{k^3 Z_2 Z'}{Z_2 + Z'} \sim \omega \mu_0 W_1^2 \frac{A_c}{N\delta} \quad (2\text{-}38)$$

式中，Z' 为 IGBT 功率变换器的变换阻抗；Z_2 为感应式电抗变换器的二次绕组等效阻抗；k 为感应式电抗变换器的一次侧绕组与二次侧绕组匝数之比。

分析式(2-38)可知，由于感应式电抗变换器的物理参数（k 和 Z_2）是固定的，因此，只要改变 IGBT 功率变换器的变换阻抗，就可以改变感应式单绕组 IGBT 可控电抗器的等效阻抗。当改变 IGBT 功率变换器的占空比 D 时，感应式电抗变换器二次侧等效阻抗就会发生变化，其二次侧折合到一次侧的等效阻抗也会发生改变，从而改变感应式单绕组 IGBT 可控电抗器的一次侧等效阻抗 Z_{AX}。

下面分析占空比 $D=0\sim1$ 时，单相感应式单绕组 IGBT 可控电抗器等效阻抗变换情况。

设单相感应式单绕组 IGBT 可控电抗器一次侧的输入电压 U_1 为正弦波电压，二次侧绕组接入 IGBT 功率变换器，IGBT 处于调控状态时电压波形如图 2-9 的 U_N（周期为 T）曲线所示，PWM（周期为 T_c，导通时间为 τ，占空比为 D）波形如图 2-9 中的 A 曲线所示，单相感应式单绕组 IGBT 可控电抗器的二次侧电压波形如图 2-9 中的 U_2 曲线所示。

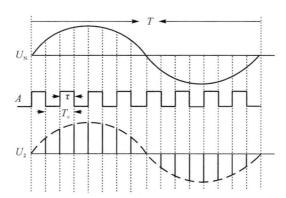

图 2-9 PWM 波形及单相感应式单绕组 IGBT 可控电抗器二次侧电压波形

设 f 为开关函数，并定义：

$$f=1, \text{IGBT1 导通或 IGBT2 反向导通}$$
$$f=0, \text{IGBT1 截止或 IGBT2 反向截止}$$

f 的表达式为

$$f = D + \frac{2}{\pi}\sum_{n=1}^{\infty} \frac{F(D,k)}{n}\cos(n\omega t) \quad (2\text{-}39)$$

式中：$D=\dfrac{\tau}{T_c}$；$\omega=\dfrac{2\pi}{T}$；$k=\dfrac{T}{T_c}$；

$$F(D,k) = \sin(n\omega\tau) + \sin[n\omega(T_c + \tau)] - \sin n\omega T_c + \sin[n\omega(2T_c + \tau)] - \sin 2n\omega T_c$$

$$+ \cdots + \sin[n\omega(\frac{k-2}{2}T_c + \tau)] - \sin\frac{k-2}{2}n\omega T_c$$

$$= \sin\frac{2n\pi}{k}D + \sin(\frac{2n\pi}{k} + \frac{2n\pi}{k}D) - \sin\frac{2n\pi}{k} + \sin(\frac{4n\pi}{k} + \frac{2n\pi}{k}D) - \sin\frac{4n\pi}{k}$$

$$+ \cdots + \sin(\frac{k-2}{2} \times \frac{2n\pi}{k} + \frac{2n\pi}{k}D) - \sin\frac{k-2}{2}\frac{2n\pi}{k} \qquad (2\text{-}40)$$

单相感应式单绕组 IGBT 可控电抗器的二次侧电压：

$$U_2 = f U_{Nm}\sin\omega t \qquad (2\text{-}41)$$

式中，U_{Nm} 为二次侧基波有效值。

将式(2-39)代入式(2-41)得到：

$$U_2 = U_{Nm}\sin\omega t \left[D + \frac{2}{\pi}\sum_{n=1}^{\infty}\frac{F(D,k)}{n}\cos(n\omega t) \right]$$

$$= U_{Nm}D\sin\omega t + \frac{U_{2m}}{\pi}\sum_{n=1}^{\infty}\frac{F(D,k)}{n}\{\sin[(n\omega + \omega)t] - \sin[(n\omega - \omega)t]\} \qquad (2\text{-}42)$$

由式(2-42)可知，U_2 中除基波 $U_{Nm}\sin\omega t$ 外，还包含其他高次谐波。由于 IGBT 调制频率较高，故单相感应式单绕组 IGBT 可控电抗器二次侧绕组高次谐波的影响可以不考虑，主要考虑基波分量，即只考虑 $U_2 = DU_{Nm}\sin\omega t$，则单相感应式单绕组 IGBT 可控电抗器二次侧电流为：

$$i_2 = \frac{DU_{Nm}}{kZ_L}\sin(\omega t - \varphi_1) \qquad (2\text{-}43)$$

式中，φ_1 为基波阻抗角；Z_L 为单相感应式单绕组 IGBT 可控电抗器二次侧基波阻抗值。设 k 为感应式单绕组电抗变换器一次侧与二次侧绕组的匝数比，则可得单相感应式单绕组 IGBT 可控电抗器一次侧电流为：

$$i_1 = \frac{1}{k}i_2 = \frac{DU_{Nm}}{k^2 Z_L}\sin(\omega t - \varphi_1) = I_{1m}\sin(\omega t - \varphi_1) \qquad (2\text{-}44)$$

其中

$$U_{Nm} = U_{2m} = \frac{1}{k}U_{1m} \qquad (2\text{-}45)$$

由式(2-44)和式(2-45)可得：

$$i_1 = \frac{DU_{1m}}{k^3 Z_L}\sin(\omega t - \varphi_1) = I_{1m}\sin(\omega t - \varphi_1) \qquad (2\text{-}46)$$

则单相感应式单绕组 IGBT 可控电抗器一次侧等效阻抗：

$$Z_{AX} = \frac{U_{1m}}{I_{1m}} = \frac{U_{1m}}{\dfrac{DU_{1m}}{k^3 Z_L}} = \frac{k^3 Z_L}{D} = \frac{k^3(Z_2 // Z')}{D} = \frac{k^3 Z_2 Z'}{D(Z_2 + Z')} \qquad (2\text{-}47)$$

由式(2-47)可知，只要改变占空比 D 就可以改变单相感应式单绕组 IGBT 可控电抗器一次侧的等效阻抗 Z_{AX}，从而实现单相感应式单绕组 IGBT 可控电抗器的阻抗变换。

式(2-47)反映了占空比 $D=0\sim1$(不包括 0 和 1)时,单相感应式单绕组 IGBT 可控电抗器的阻抗变换情况。当占空比 D 增大时,单相感应式单绕组 IGBT 可控电抗器一次侧阻抗 Z_{AX} 减小;当占空比 D 减小时,单相感应式单绕组 IGBT 可控电抗器一次侧阻抗 Z_{AX} 增加;当占空比 $D=1$ 时,单相感应式单绕组 IGBT 可控电抗器一次侧阻抗 $Z_{AX}=k^3Z'$;当占空比 $D=0$ 时,单相感应式单绕组 IGBT 可控电抗器一次侧等效阻抗 Z_{AX} 趋近于无穷大。实际上,由于感应式电抗变换器激磁阻抗的限制,Z_{AX} 不可能为无穷大。

4.单相感应式单绕组 IGBT 可控电抗器等效阻抗、主电感、漏电感、总电感关系

等效阻抗(主电抗)关系式为:

$$Z_{AX} \approx X_{AX} = \frac{k^3 Z_2 Z'}{D(Z_2+Z')} = \frac{k^3 Z_L}{D} \tag{2-48}$$

主电感关系式为:

$$L_{AX} = \frac{k^3 Z_L}{\omega D} = \frac{k^3 Z_L}{2\pi f D} = \frac{k^3 Z_2 Z'}{2\pi f D(Z_2+Z')} \tag{2-49}$$

漏电感关系式为:

$$L_{AX\sigma} = \rho_L \mu_0 W_1^2 \frac{A_\sigma}{h} + \rho_L \mu_0 W_2^2 \frac{A_\sigma}{kh} \tag{2-50}$$

总电感关系式为:

$$L_Z = L_{AX} + L_{AX\sigma} = \frac{k^3 Z_2 Z'}{2\pi f D(Z_2+Z')} + \rho_L \mu_0 W_1^2 \frac{A_\sigma}{h} + \rho_L \mu_0 W_2^2 \frac{A_\sigma}{kh} \tag{2-51}$$

式(2-51)的物理含义为:单相感应式单绕组 IGBT 可控电抗器的总电感等于主电感与漏电感之和。其中,主电感与一、二次绕组匝数比的三次方和二次侧单绕组等效阻抗、IGBT 功率变换器等效阻抗并联后的阻抗之积成正比,与占空比 D 及二次侧单绕组等效阻抗、IGBT 功率变换器等效阻抗之和成反比;漏电感包含两部分,即一次侧绕组产生的漏电感和二次侧绕组折算到一次侧的等效漏电感。

算例 2-1 某单相感应式晶闸管可控电抗器的铁心柱由 5 个铁心饼组成,铁心饼直径为 240mm,铁心叠片系数 0.95,铁心柱有效净截面积为 367.3cm²;铁轭有效面积 401.9cm²,铁心柱最大片宽为 0.23m,铁心柱最大厚度为 0.188m,铁心饼高度为 50mm;每个气隙长度为 12mm;一次侧绕组匝数为 208,一次侧线圈高度为 310mm,一次侧线圈幅向厚度为 32.5mm;二次侧绕组匝数为 52,二次侧线圈幅向厚度为 28.3mm,二次侧线圈高度为 268mm;铁心饼左侧边至一次侧线圈右侧边距离为 15mm;一次侧绕组与二次侧绕组间距为 0.02m;电源频率为 50Hz。试求该晶闸管可控电抗器二次侧在空载时的主电抗和漏电抗。

解:根据算例 2-1 给出的已知条件有以下参数关系:

$N=5+1=6$;$\delta=0.012$m;$W_1=208, W_2=52$;$h_1=0.310$m,$h_2=0.268$m;

$S=0.015$m;$B_{H1}=0.0325$m;$B_{H2}=0.0283$m;$B_{12}=0.02$m;$H_B=0.05$m;

$k_{dp}=0.95$;$A_j=0.03673$m²;$A_e=0.04019$m²;$B_M=0.23$m;$\Delta_M=0.188$m

（1）根据已知条件求主电抗

①气隙磁通衍射宽度

$$\varepsilon = \frac{\delta}{\pi}\ln(\frac{\delta + H_B}{\delta}) = 6.27\text{mm} = 6.27 \times 10^{-3}\text{m}$$

②气隙磁通衍射面积

$$A_{c2} = 2\varepsilon(2\varepsilon + b_M + \Delta_M) = 5.4 \times 10^{-3}\text{m}^2$$

③气隙等效导磁面积

$$A_c = A_{c1} + A_{c2} = \frac{A_j}{k_{dp}} + A_{c2} = 0.04406\text{m}^2$$

④主电抗

$$X_{AX} = 8\pi^2 f W_1^2 \frac{A_c}{N\delta} \times 10^{-7} = 10.45\Omega$$

（2）根据已知条件求漏电抗

①线圈等效漏磁面积

$$r_{p1} = r_1 + S + \frac{B_{H1}}{2} = 151.25\text{mm}$$

$$r_{p2} = r_1 + S + B_{12} + B_{H1} + \frac{B_{H2}}{2} = 201.65\text{mm}$$

$$d_{12} = r_{p1} + r_{p2} = 0.3529\text{m}$$

$$A_\sigma = \pi d_{12}(B_{12} + \frac{B_{H1} + B_{H2}}{3} + S) = 0.06128\text{m}^2$$

②洛果夫斯基系数

$$h = \frac{h_1 + h_2}{2} = 0.289\text{m}$$

$$\rho_L = 1 - \frac{2(B_{H1} + B_{12} + B_{H2} + S)}{\pi h} = 0.789$$

③二次侧空载时的漏电抗

二次侧空载时，只有一次侧线圈产生漏电抗，漏电抗为：

$$X_{\sigma 1} = 8\pi^2 f W_1^2 \rho_L \frac{\pi d_{12}}{h}(B_{12} + \frac{B_{H1} + B_{H2}}{3} + S) \times 10^{-7}$$

$$= 2.86\Omega$$

2.2 单相感应式多绕组电力电子可控电抗器原理

为了增大感应式电力电子可控电抗器的容量，适应多场景应用需要，在单相感应式单绕组可控电抗器结构的基础上，将单相感应式单绕组电抗变换器的单个二次侧电抗控制绕组（a_2-x）设计成 N 个二次侧电抗控制绕组（a_{21}-x 至 a_{2n}-x），每个二次侧电抗控制绕组分别接入电力电子功率变换器,并构建单相感应式多绕组(大功率)电力电子可控电抗器。

2.2.1　单相感应式多绕组晶闸管可控电抗器拓扑结构与电抗变换原理

所谓多绕组是指二次侧电抗控制绕组有多个绕组。单相感应式多绕组晶闸管可控电抗器由感应式单绕组晶闸管可控电抗器演变而来,单相感应式多绕组晶闸管可控电抗器由单相感应式多绕组电抗变换器和多个晶闸管功率变换器组成,其拓扑结构如图 2-10 所示。

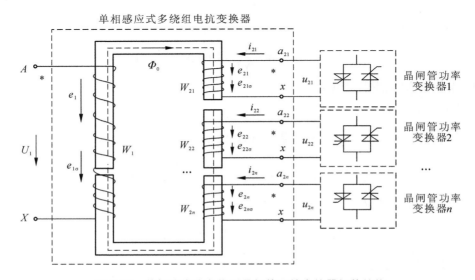

图 2-10　单相感应式多绕组晶闸管可控电抗器拓扑结构

分析图 2-10,可以得到单相感应式多绕组晶闸管可控电抗器在晶闸管功率变换器处于调控状态时二次侧的等效阻抗关系式为:

$$Z_{\mathrm{L}} = Z_{\mathrm{L1}} // Z_{\mathrm{L2}} // \cdots // Z_{\mathrm{L}n} = \frac{1}{n} Z_{\mathrm{L1}} \tag{2-52}$$

$$Z_{\mathrm{L1}} = Z_{\mathrm{L2}} = \cdots = Z_{\mathrm{L}n} = Z_{21} // Z' = Z_{22} // Z' = \cdots = Z_{2n} // Z' \tag{2-53}$$

单相感应式多绕组晶闸管可控电抗器一次侧等效阻抗为:

$$
\begin{aligned}
Z_{\mathrm{AX}} &= \frac{k^2 \pi Z_{\mathrm{L}}}{\sqrt{\sin^2 \alpha + (\pi - \alpha)\sin 2\alpha + (\pi - \alpha)^2}} \\
&= \frac{k^2 \pi Z_{\mathrm{L1}}}{n \sqrt{\sin^2 \alpha + (\pi - \alpha)\sin 2\alpha + (\pi - \alpha)^2}}
\end{aligned}
\tag{2-54}
$$

根据单相感应式单绕组晶闸管可控电抗器的电抗变换分析,可得到以下电抗参数关系:

主电抗

$$X_{AX}=Z_{AX}=\frac{k^2\pi Z_L}{\sqrt{\sin^2\alpha+(\pi-\alpha)\sin2\alpha+(\pi-\alpha)^2}}$$

$$=\frac{k^2\pi Z_{L1}}{n\sqrt{\sin^2\alpha+(\pi-\alpha)\sin2\alpha+(\pi-\alpha)^2}} \qquad(2\text{-}55)$$

主电感

$$L_{AX}=\frac{X_{AX}}{\omega}=\frac{k^2 Z_{L1}}{2fn\sqrt{\sin^2\alpha+(\pi-\alpha)\sin2\alpha+(\pi-\alpha)^2}} \qquad(2\text{-}56)$$

总电感

$$L_Z=L_{AX}+L_\sigma$$
$$=\frac{k^2 Z_{L1}}{2fn\sqrt{\sin^2\alpha+(\pi-\alpha)\sin2\alpha+(\pi-\alpha)^2}}+\rho_L\mu_0 W_1^2\frac{A_\sigma}{h}+\rho_L\mu_0 W_{21}^2\frac{A_\sigma}{khn} \qquad(2\text{-}57)$$

总电抗

$$X_Z=\frac{k^2\pi Z_{L1}}{n\sqrt{\sin^2\alpha+(\pi-\alpha)\sin2\alpha+(\pi-\alpha)^2}}+\omega\rho_L\mu_0 W_1^2\frac{A_\sigma}{h}+\omega\rho_L\mu_0 W_{21}^2\frac{A_\sigma}{khn} \qquad(2\text{-}58)$$

式(2-58)的物理含义为:单相感应式多绕组晶闸管可控电抗器的总电抗等于主电抗与漏电抗之和。其中,主电抗与一、二次侧绕组匝数比的平方和二次侧绕组等效阻抗与晶闸管功率变换器等效阻抗并联后的阻抗之积成正比,与多绕组个数 n 及控制角 α 之积成反比;漏电抗包含两部分,即一次侧漏电抗和二次侧折算到一次侧的漏电抗。

2.2.2　单相感应式多绕组 IGBT 可控电抗器拓扑结构与电抗变换原理

单相感应式多绕组 IGBT 可控电抗器由单相感应式单绕组 IGBT 可控电抗器演变而来。单相感应式多绕组 IGBT 可控电抗器由单相感应式多绕组电抗变换器和多个 IGBT 功率变换器组成。单相感应式多绕组 IGBT 可控电抗器拓扑结构如图 2-11 所示。

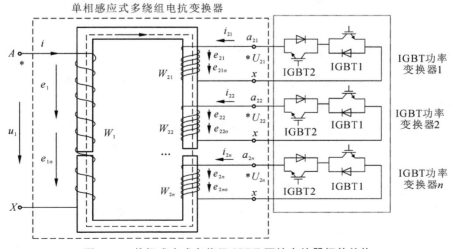

图 2-11　单相感应式多绕组 IGBT 可控电抗器拓扑结构

分析图 2-11,可以得到单相感应式多绕组 IGBT 可控电抗器的等效阻抗关系式为:

$$Z_{AX} = \frac{k^3 (Z_{L1} // Z_{L2} // \cdots // Z_{Ln})}{D} = \frac{k^3 Z_{L1}}{Dn} \tag{2-59}$$

式中,n 为二次侧电抗控制绕组个数;Z_{L1}、Z_{L2}、$\cdots$、Z_{Ln} 为单个绕组二次侧的等效阻抗。

单相感应式多绕组 IGBT 可控电抗器的主电抗等于等效阻抗:

$$X_{AX} = Z_{AX} \tag{2-60}$$

即:

$$X_{AX} = \omega L_{AX} = \frac{k^3 Z_{L1}}{Dn} \tag{2-61}$$

主电感关系式为:

$$L_{AX} = \frac{k^3 (Z_{L1} // Z_{L2} // \cdots // Z_{Ln})}{\omega D(Z_2 + Z')} = \frac{k^3 Z_{L1}}{2\pi f Dn} \tag{2-62}$$

漏电感关系式为:

$$L_\sigma = L_{AX\sigma} + L'_{AX\sigma} = \rho_L \mu_0 W_1^2 \frac{A_\sigma}{h} + \rho_L \mu_0 W_{21}^2 \frac{A_\sigma}{khn} \tag{2-63}$$

总电感关系式为:

$$L_Z = L_{AX} + L_\sigma = \frac{k^3 Z_{L1}}{2\pi f Dn} + \rho_L \mu_0 W_1^2 \frac{A_\sigma}{h} + \rho_L \mu_0 W_{21}^2 \frac{A_\sigma}{khn} \tag{2-64}$$

总电抗关系式为:

$$X_Z = X_{AX} + X_\sigma = \frac{k^3 Z_{L1}}{Dn} + \omega \rho_L \mu_0 W_1^2 \frac{A_\sigma}{h} + \omega \rho_L \mu_0 W_{21}^2 \frac{A_\sigma}{khn} \tag{2-65}$$

式(2-65)的物理意义可简述为单相感应式多绕组 IGBT 可控电抗器的总电抗等于主电抗与漏电抗之和。

2.3　三相感应式单绕组电力电子可控电抗器原理

2.3.1　三相感应式单绕组晶闸管可控电抗器原理

三相感应式单绕组晶闸管可控电抗器由单相感应式单绕组晶闸管可控电抗器演变而来,其结构形式有三相组式和三相心式两种。

三相组式单绕组晶闸管可控电抗器磁路结构示意图如图 2-12 所示。

分析图 2-12,可得到三相组式单绕组晶闸管可控电抗器的特点如下:

(1)各相磁路彼此独立,即各相的主磁通均为独立磁路;

(2)各相磁路几何尺寸完全相同,即各相磁路的磁阻相等;

(3)当一次侧绕组外加三相交流对称电压时,三相主磁通 $\boldsymbol{\Phi}_A$、$\boldsymbol{\Phi}_B$、$\boldsymbol{\Phi}_C$ 是对称的,而三相空载电流也是对称的,各相之间相位互差 $120°$。

从理论上讲,三相组式单绕组晶闸管可控电抗器在带载时三相电抗应该完全对称,即晶闸管功率变换器等效阻抗对称、主电抗对称、漏电抗对称、总电抗（总电感）对称,但是实际上会有所区别,这种区别不会影响实际工程应用。

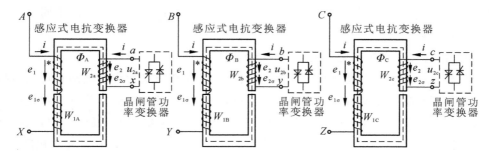

图 2-12　三相组式单绕组晶闸管可控电抗器磁路结构示意图

三相心式单绕组晶闸管可控电抗器磁路结构及可控电抗器电路符号示意图如图 2-13所示。

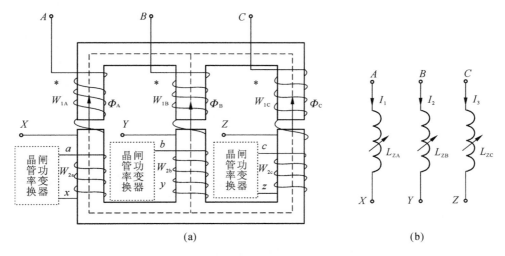

(a)　　　　　　　　　　　(b)

图 2-13　三相心式单绕组晶闸管可控电抗器磁路结构及可控电抗器电路符号示意图

(a)三相心式单绕组晶闸管可控电抗器磁路结构;(b)可控电抗器电路符号

分析图 2-13,可得到三相心式单绕组晶闸管可控电抗器的特点如下:

(1)各相磁路互相关联、不独立,即每相磁通都要借助其余两相的磁路闭合;

(2)各相磁路长度不相等,中间相的磁路长度要小于其他两相的磁路长度,故中间相的磁阻小于其他两相的磁阻;

(3)当外加电压对称时,其三相主磁通也是对称的。

从理论上讲,三相心式单绕组晶闸管可控电抗器在带载时三相电抗应该完全对称,即三相晶闸管功率变换器等效阻抗对称、三相主电抗对称、漏电抗对称、三相总电抗(总电感)对称,但是实际上也会有所区别,由于三相磁路的磁阻不对称,使得三相空载电流也不对称,而中间相的空载电流略小于其他两相的空载电流。空载电流相对于负载来讲是很小的,因此空载电流的不对称对于电抗变换器负载运行的影响极小,可以忽略。

分析图 2-12 和图 2-13,可得到三相感应式单绕组晶闸管可控电抗器有三种工作状态,即晶闸管功率变换器完全关断、完全导通和处于调控状态。以下分析不同情况下电抗器的电抗参数关系。

(1)晶闸管功率变换器完全关断时的电抗变换

与单相感应式单绕组晶闸管可控电抗器相同,三相感应式单绕组晶闸管可控电抗器在二次侧晶闸管功率变换器完全关断时,其各相二次侧绕组的电流为 0,这时单绕组晶闸管可控电抗器二次侧开路。由于三相单绕组晶闸管可控电抗器的磁路关系与三相铁心电抗器相同,故各相的主电抗、漏电抗和总电抗变换关系也与单相电抗变换器相同。

三相中各相单绕组晶闸管可控电抗器的主电抗关系式为:

$$\left. \begin{aligned} X_{AX} &= \omega L_{AX} = \omega \mu_0 W_{1A}^2 \frac{A_c}{N\delta} \\ X_{BY} &= \omega L_{BY} = \omega \mu_0 W_{1B}^2 \frac{A_c}{N\delta} \\ X_{CZ} &= \omega L_{CZ} = \omega \mu_0 W_{1C}^2 \frac{A_c}{N\delta} \end{aligned} \right\} \tag{2-66}$$

漏电抗关系式为:

$$\left. \begin{aligned} X_{1A\sigma} &= \omega L_{1A\sigma} = \omega \rho_L \mu_0 W_{1A}^2 \frac{A_{A\sigma}}{h} \\ X_{1B\sigma} &= \omega L_{1B\sigma} = \omega \rho_L \mu_0 W_{1B}^2 \frac{A_{B\sigma}}{h} \\ X_{1C\sigma} &= \omega L_{1C\sigma} = \omega \rho_L \mu_0 W_{1C}^2 \frac{A_{C\sigma}}{h} \end{aligned} \right\} \tag{2-67}$$

总电抗关系式为:

$$\left. \begin{aligned} X_{ZA} &= X_{AX} + X_{1A\sigma} = \omega \mu_0 W_{1A}^2 \frac{A_c}{N\delta} + \omega \rho_L \mu_0 W_{1A}^2 \frac{A_{A\sigma}}{h} \\ X_{ZB} &= X_{BY} + X_{1B\sigma} = \omega \mu_0 W_{1B}^2 \frac{A_c}{N\delta} + \omega \rho_L \mu_0 W_{1B}^2 \frac{A_{B\sigma}}{h} \\ X_{ZC} &= X_{CZ} + X_{1C\sigma} = \omega \mu_0 W_{1C}^2 \frac{A_c}{N\delta} + \omega \rho_L \mu_0 W_{1C}^2 \frac{A_{C\sigma}}{h} \end{aligned} \right\} \tag{2-68}$$

分析式(2-66)至式(2-68),其物理含义可简述如下:

①三相中各相的主电抗相同,均与频率、一次侧绕组匝数的平方和有效导磁面积之积成正比,与气隙长度成反比;

②三相中各相的漏电抗相同,均与频率、一次侧绕组匝数的平方和有效漏磁面积之积成正比,与线圈高度成反比;

③三相中各相的总电抗相同,均等于各相主电抗与漏电抗之和。

(2)晶闸管功率变换器完全导通时的电抗变换

三相感应式单绕组晶闸管可控电抗器二次侧晶闸管功率变换器完全导通时,三相感应式晶闸管可控电抗器二次侧相当于短路,而流过二次侧绕组的电流达到最大值。这时,三相中各相的电抗变换过程分析与单相感应式单绕组晶闸管可控电抗器相同。三相感应式单绕组晶闸管可控电抗器的主电抗、漏电抗和总电抗的关系如下:

主电抗关系式为:

$$\left.\begin{array}{l} X_{AX} = \dfrac{k^2 Z_{2a} Z'_A}{Z_{2a} + Z'_A} \approx k^2 Z'_A \\[3mm] X_{BY} = \dfrac{k^2 Z_{2b} Z'_B}{Z_{2b} + Z'_B} \approx k^2 Z'_B \\[3mm] X_{CZ} = \dfrac{k^2 Z_{2c} Z'_C}{Z_{2c} + Z'_C} \approx k^2 Z'_C \end{array}\right\} \qquad (2\text{-}69)$$

漏电抗关系式为:

$$\left.\begin{array}{l} X_{A\sigma} = \omega \rho_L \mu_0 W_{1A}^2 \dfrac{A_{A\sigma}}{h} + \omega \rho_L \mu_0 W_{2a}^2 \dfrac{A_{A\sigma}}{kh} \\[3mm] X_{B\sigma} = \omega \rho_L \mu_0 W_{1B}^2 \dfrac{A_{B\sigma}}{h} + \omega \rho_L \mu_0 W_{2b}^2 \dfrac{A_{B\sigma}}{kh} \\[3mm] X_{C\sigma} = \omega \rho_L \mu_0 W_{1C}^2 \dfrac{A_{C\sigma}}{h} + \omega \rho_L \mu_0 W_{2c}^2 \dfrac{A_{C\sigma}}{kh} \end{array}\right\} \qquad (2\text{-}70)$$

总电抗关系式为:

$$\left.\begin{array}{l} X_{ZA} = X_{AX} + X_{A\sigma} = k^2 Z'_A + \omega \rho_L \mu_0 W_{1A}^2 \dfrac{A_{A\sigma}}{h} + \omega \rho_L \mu_0 W_{2a}^2 \dfrac{A_{A\sigma}}{kh} \\[3mm] X_{ZB} = X_{BY} + X_{B\sigma} = k^2 Z'_B + \omega \rho_L \mu_0 W_{1B}^2 \dfrac{A_{B\sigma}}{h} + \omega \rho_L \mu_0 W_{2b}^2 \dfrac{A_{B\sigma}}{kh} \\[3mm] X_{ZC} = X_{CZ} + X_{C\sigma} = k^2 Z'_C + \omega \rho_L \mu_0 W_{1C}^2 \dfrac{A_{C\sigma}}{h} + \omega \rho_L \mu_0 W_{2c}^2 \dfrac{A_{C\sigma}}{kh} \end{array}\right\} \qquad (2\text{-}71)$$

分析式(2-69)至式(2-71),其物理含义如下:

①三相中各相的主电抗相同,均与一、二次侧绕组匝数比的平方和二次侧绕组等效阻抗及晶闸管等效阻抗之积成正比,与二次侧绕组等效阻抗及晶闸管等效阻抗之和成反比;

②三相中各相的漏电抗相同,均为一次侧漏抗与二次侧折算到一次侧的等效漏抗之和;

③三相中各相的总电抗相同,均等于各相的主电抗与漏电抗之和。

(3)晶闸管功率变换器处于调控状态时的电抗变换

三相感应式单绕组晶闸管可控电抗器二次侧晶闸管功率变换器处于调控状态时,流过各相二次侧绕组的电流在最小值与最大值之间变化。这时,三相感应式晶闸管可控电抗器各相二次侧处于开路和短路之间,晶闸管功率变换器受控制角 α 的控制,各相的主电抗、漏电抗和总电抗的关系如下:

主电抗关系式为：

$$\left.\begin{aligned} X_{\mathrm{AX}} &= \frac{k^2 \pi Z_{2\mathrm{a}} Z_{\mathrm{A}}'}{(Z_{2\mathrm{a}} + Z_{\mathrm{A}}') \sqrt{\sin^2\alpha + (\pi-\alpha)\sin2\alpha + (\pi-\alpha)^2}} \\ X_{\mathrm{BY}} &= \frac{k^2 \pi Z_{2\mathrm{b}} Z_{\mathrm{B}}'}{(Z_{2\mathrm{b}} + Z_{\mathrm{B}}') \sqrt{\sin^2\alpha + (\pi-\alpha)\sin2\alpha + (\pi-\alpha)^2}} \\ X_{\mathrm{CZ}} &= \frac{k^2 \pi Z_{2\mathrm{c}} Z_{\mathrm{C}}'}{(Z_{2\mathrm{c}} + Z_{\mathrm{C}}') \sqrt{\sin^2\alpha + (\pi-\alpha)\sin2\alpha + (\pi-\alpha)^2}} \end{aligned}\right\}$$

（2-72）

漏电抗关系式为：

$$\left.\begin{aligned} X_{\mathrm{A}\sigma} &= \omega\rho_{\mathrm{L}}\mu_0 W_{1\mathrm{A}}^2 \frac{A_{\mathrm{A}\sigma}}{h} + \omega\rho_{\mathrm{L}}\mu_0 W_{2\mathrm{a}}^2 \frac{A_{\mathrm{A}\sigma}}{kh} \\ X_{\mathrm{B}\sigma} &= \omega\rho_{\mathrm{L}}\mu_0 W_{1\mathrm{B}}^2 \frac{A_{\mathrm{B}\sigma}}{h} + \omega\rho_{\mathrm{L}}\mu_0 W_{2\mathrm{b}}^2 \frac{A_{\mathrm{B}\sigma}}{kh} \\ X_{\mathrm{C}\sigma} &= \omega\rho_{\mathrm{L}}\mu_0 W_{1\mathrm{C}}^2 \frac{A_{\mathrm{C}\sigma}}{h} + \omega\rho_{\mathrm{L}}\mu_0 W_{2\mathrm{c}}^2 \frac{A_{\mathrm{C}\sigma}}{kh} \end{aligned}\right\}$$

（2-73）

总电抗关系式为：

$$\left.\begin{aligned} X_{\mathrm{ZA}} &= \frac{k^2 \pi Z_{2\mathrm{a}} Z_{\mathrm{A}}'}{(Z_{2\mathrm{a}} + Z_{\mathrm{A}}') \sqrt{\sin^2\alpha + (\pi-\alpha)\sin2\alpha + (\pi-\alpha)^2}} + \omega\rho_{\mathrm{L}}\mu_0 W_{1\mathrm{A}}^2 \frac{A_{\mathrm{A}\sigma}}{h} + \omega\rho_{\mathrm{L}}\mu_0 W_{2\mathrm{a}}^2 \frac{A_{\mathrm{A}\sigma}}{kh} \\ X_{\mathrm{ZB}} &= \frac{k^2 \pi Z_{2\mathrm{b}} Z_{\mathrm{B}}'}{(Z_{2\mathrm{b}} + Z_{\mathrm{B}}') \sqrt{\sin^2\alpha + (\pi-\alpha)\sin2\alpha + (\pi-\alpha)^2}} + \omega\rho_{\mathrm{L}}\mu_0 W_{1\mathrm{B}}^2 \frac{A_{\mathrm{B}\sigma}}{h} + \omega\rho_{\mathrm{L}}\mu_0 W_{2\mathrm{b}}^2 \frac{A_{\mathrm{B}\sigma}}{kh} \\ X_{\mathrm{ZC}} &= \frac{k^2 \pi Z_{2\mathrm{c}} Z_{\mathrm{c}}'}{(Z_{2\mathrm{c}} + Z_{\mathrm{C}}') \sqrt{\sin^2\alpha + (\pi-\alpha)\sin2\alpha + (\pi-\alpha)^2}} + \omega\rho_{\mathrm{L}}\mu_0 W_{1\mathrm{C}}^2 \frac{A_{\mathrm{C}\sigma}}{h} + \omega\rho_{\mathrm{L}}\mu_0 W_{2\mathrm{c}}^2 \frac{A_{\mathrm{C}\sigma}}{kh} \end{aligned}\right\}$$

（2-74）

分析式（2-72）至式（2-74），其物理含义简述如下：

①三相中各相的主电抗相同，均与一、二次侧绕组匝数比的平方和二次侧绕组等效阻抗及晶闸管等效阻抗之积成正比，与二次侧绕组等效阻抗及晶闸管等效阻抗之和以及控制角 α 之积成反比；

②三相中各相的漏电抗相同，均为一次侧漏抗和二次侧折算到一次侧的等效漏抗之和；

③三相中各相的总电抗相同，均等于主电抗与漏电抗之和。

2.3.2　三相感应式单绕组 IGBT 可控电抗器原理

三相组式单绕组 IGBT 可控电抗器磁路结构示意图如图 2-14 所示。

三相心式单绕组 IGBT 可控电抗器磁路结构示意图如图 2-15 所示。

根据图 2-14 和图 2-15 可知，三相感应式单绕组 IGBT 可控电抗器也有三种工作状态，即 IGBT 功率变换器完全关断、完全导通和处于调控状态。以下分析三种不同状态的阻抗（电抗）变化关系。

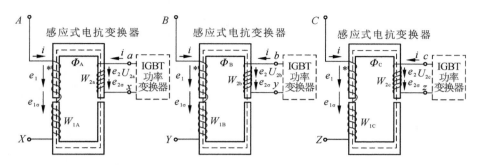

图 2-14　三相组式单绕组 IGBT 可控电抗器磁路结构示意图

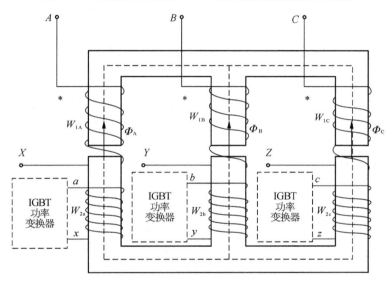

图 2-15　三相心式单绕组 IGBT 可控电抗器磁路结构示意图

(1)IGBT 功率变换器完全关断时的电抗变换

三相感应式单绕组 IGBT 可控电抗器二次侧 IGBT 功率变换器完全关断时,其各相的二次侧电流为 0。这时,IGBT 可控电抗器二次侧开路($D=0$),其各相主电抗、漏电抗和总电抗的关系式与三相铁心电抗器相同,即:

主电抗关系式为:

$$\left. \begin{array}{l} X_{\mathrm{AX}}=\omega L_{\mathrm{AX}}=\omega\mu_0 W_{1\mathrm{A}}^2 \dfrac{A_{\mathrm{c}}}{N\delta} \\[2mm] X_{\mathrm{BY}}=\omega L_{\mathrm{BY}}=\omega\mu_0 W_{1\mathrm{B}}^2 \dfrac{A_{\mathrm{c}}}{N\delta} \\[2mm] X_{\mathrm{CZ}}=\omega L_{\mathrm{CZ}}=\omega\mu_0 W_{1\mathrm{C}}^2 \dfrac{A_{\mathrm{c}}}{N\delta} \end{array} \right\} \tag{2-75}$$

漏电抗关系式为:

$$\left.\begin{aligned} X_{1A\sigma} &= \omega\rho_{L}\mu_0 W_{1A}^2 \frac{A_{A\sigma}}{h} \\ X_{1B\sigma} &= \omega\rho_{L}\mu_0 W_{1B}^2 \frac{A_{B\sigma}}{h} \\ X_{1C\sigma} &= \omega\rho_{L}\mu_0 W_{1C}^2 \frac{A_{C\sigma}}{h} \end{aligned}\right\} \tag{2-76}$$

总电抗关系式为：

$$\left.\begin{aligned} X_{ZA} &= X_{AX} + X_{1A\sigma} = \omega\mu_0 W_{1A}^2 \frac{A_c}{N\delta} + \omega\rho_{L}\mu_0 W_{1A}^2 \frac{A_{A\sigma}}{h} \\ X_{ZB} &= X_{BY} + X_{1B\sigma} = \omega\mu_0 W_{1B}^2 \frac{A_c}{N\delta} + \omega\rho_{L}\mu_0 W_{1B}^2 \frac{A_{B\sigma}}{h} \\ X_{ZC} &= X_{CZ} + X_{1C\sigma} = \omega\mu_0 W_{1C}^2 \frac{A_c}{N\delta} + \omega\rho_{L}\mu_0 W_{1C}^2 \frac{A_{C\sigma}}{h} \end{aligned}\right\} \tag{2-77}$$

（2）IGBT 功率变换器完全导通时的电抗变换

三相感应式单绕组 IGBT 可控电抗器二次侧 IGBT 功率变换器完全导通时，流过各相二次侧的电流为最大值，这时，IGBT 可控电抗器二次侧处于短路状态（$D=1$），其各相主电抗、漏电抗和总电抗的关系如下：

主电抗关系式为：

$$\left.\begin{aligned} X_{AX} &= \frac{k^3 Z_{2a} Z'_A}{Z_{2a} + Z'_A} \approx k^3 Z'_A \\ X_{BY} &= \frac{k^3 Z_{2b} Z'_B}{Z_{2b} + Z'_B} \approx k^3 Z'_B \\ X_{CZ} &= \frac{k^3 Z_{2c} Z'_C}{Z_{2c} + Z'_C} \approx k^3 Z'_C \end{aligned}\right\} \tag{2-78}$$

漏电抗关系式为：

$$\left.\begin{aligned} X_{A\sigma} &= \omega\rho_{L}\mu_0 W_{1A}^2 \frac{A_{A\sigma}}{h} + \omega\rho_{L}\mu_0 W_{2a}^2 \frac{A_{A\sigma}}{kh} \\ X_{B\sigma} &= \omega\rho_{L}\mu_0 W_{1B}^2 \frac{A_{B\sigma}}{h} + \omega\rho_{L}\mu_0 W_{2b}^2 \frac{A_{B\sigma}}{kh} \\ X_{C\sigma} &= \omega\rho_{L}\mu_0 W_{1C}^2 \frac{A_{C\sigma}}{h} + \omega\rho_{L}\mu_0 W_{2c}^2 \frac{A_{C\sigma}}{kh} \end{aligned}\right\} \tag{2-79}$$

总电抗关系式为：

$$\left.\begin{aligned} X_{ZAX} &= k^3 Z'_A + \omega\rho_{L}\mu_0 W_{1A}^2 \frac{A_{A\sigma}}{h} + \omega\rho_{L}\mu_0 W_{2a}^2 \frac{A_{A\sigma}}{kh} \\ X_{ZBY} &= k^3 Z'_B + \omega\rho_{L}\mu_0 W_{1B}^2 \frac{A_{B\sigma}}{h} + \omega\rho_{L}\mu_0 W_{2b}^2 \frac{A_{B\sigma}}{kh} \\ X_{ZCZ} &= k^3 Z'_C + \omega\rho_{L}\mu_0 W_{1C}^2 \frac{A_{C\sigma}}{h} + \omega\rho_{L}\mu_0 W_{2c}^2 \frac{A_{C\sigma}}{kh} \end{aligned}\right\} \tag{2-80}$$

（3）IGBT 功率变换器处于调控状态时的电抗变换

主电抗关系式为:

$$
\left.\begin{array}{l}
X_{AX} = \dfrac{k^3 Z_{2a} Z'_A}{D(Z_{2a}+Z'_A)} \\[3mm]
X_{BY} = \dfrac{k^3 Z_{2b} Z'_B}{D(Z_{2b}+Z'_B)} \\[3mm]
X_{CZ} = \dfrac{k^3 Z_{2c} Z'_C}{D(Z_{2c}+Z'_C)}
\end{array}\right\}
\qquad (2\text{-}81)
$$

主电感关系式为:

$$
\left.\begin{array}{l}
L_{AX} = \dfrac{k^3 Z_{LA}}{\omega D} = \dfrac{k^3 Z_{LA}}{2\pi f D} = \dfrac{k^3 Z_{2a} Z'_A}{2\pi f D(Z_{2a}+Z'_A)} \\[3mm]
L_{BY} = \dfrac{k^3 Z_{LB}}{\omega D} = \dfrac{k^3 Z_{LB}}{2\pi f D} = \dfrac{k^3 Z_{2b} Z'_B}{2\pi f D(Z_{2b}+Z'_B)} \\[3mm]
L_{CZ} = \dfrac{k^3 Z_{LC}}{\omega D} = \dfrac{k^3 Z_{LC}}{2\pi f D} = \dfrac{k^3 Z_{2c} Z'_C}{2\pi f D(Z_{2c}+Z'_C)}
\end{array}\right\}
\qquad (2\text{-}82)
$$

总电感关系式为:

$$
\left.\begin{array}{l}
L_{ZAX} = \dfrac{k^3 Z_{2a} Z'_A}{2\pi f D(Z_{2a}+Z'_A)} + \rho_L \mu_0 W_{1A}^2 \dfrac{A_{A\sigma}}{h} + \rho_L \mu_0 W_{2a}^2 \dfrac{A_{A\sigma}}{kh} \\[3mm]
L_{ZBY} = \dfrac{k^3 Z_{2b} Z'_B}{2\pi f D(Z_{2b}+Z'_B)} + \rho_L \mu_0 W_{1B}^2 \dfrac{A_{B\sigma}}{h} + \rho_L \mu_0 W_{2b}^2 \dfrac{A_{B\sigma}}{kh} \\[3mm]
L_{ZCZ} = \dfrac{k^3 Z_{2c} Z'_C}{2\pi f D(Z_{2c}+Z'_C)} + \rho_L \mu_0 W_{1C}^2 \dfrac{A_{C\sigma}}{h} + \rho_L \mu_0 W_{2c}^2 \dfrac{A_{C\sigma}}{kh}
\end{array}\right\}
\qquad (2\text{-}83)
$$

算例 2-2　某三相感应式晶闸管可控电抗器的铁心柱由 5 个铁芯饼组成,铁心饼直径 $D=240\mathrm{mm}$,铁心叠片系数 $k_{dp}=0.95$,铁心柱净截面积 $A_j=367.3\mathrm{cm}^2$;铁轭有效面积 $A_e=401.9\mathrm{cm}^2$,铁心柱最大片宽 $B_M=0.230\mathrm{m}$,铁心柱最大厚度 $\Delta_M=0.188\mathrm{m}$,铁心饼厚度 $H_B=50\mathrm{mm}$;每个气隙长度 $\delta=12\mathrm{mm}$;$S=15\mathrm{mm}$;一次侧绕组匝数 $W_1=208$,一次侧线圈高度 $h_1=310\mathrm{mm}$,一次侧线圈幅向厚度 $B_{H1}=32.5\mathrm{mm}$;二次侧绕组匝数 $W_2=52$,二次侧线圈幅向厚度 $B_{H2}=28.3\mathrm{mm}$,二次侧线圈高度 $h_2=268\mathrm{mm}$;$B_{12}=0.02\mathrm{m}$;电源频率 $f=50\mathrm{Hz}$。试求该电抗器二次侧在空载时各相的主电抗、漏电抗以及带载时各相的漏电抗。

解:根据算例 2-2 给出的已知条件有以下参数关系:

$N=5+1=6$;

$h=\dfrac{h_1+h_2}{2}=0.289\mathrm{m}$;

$r_{p1}=r+S+\dfrac{B_{H1}}{2}=151.25\mathrm{mm}$;

$r_{p2}=r+S+B_{12}+B_{H1}+\dfrac{B_{H2}}{2}=201.65\mathrm{mm}$;

$d_{12}=r_{p1}+r_{p2}=0.3529\mathrm{m}$;

(1)根据已知条件求二次侧空载时各相的主电抗

气隙磁通衍射宽度：

$$\varepsilon = \frac{\delta}{\pi}\ln(\frac{\delta+H_B}{\delta}) = 6.27\text{mm} = 6.27\times10^{-3}\text{m}$$

气隙磁通衍射面积

$$A_{c2} = 2\varepsilon(2\varepsilon+b_M+\Delta_M) = 5.4\times10^{-3}\text{m}^2$$

气隙等效导磁面积

$$A_c = A_{c1}+A_{c2} = \frac{A_j}{k_{dp}}+A_{c2} = 0.04406\text{m}^2$$

二次侧空载时各相主电抗为：

$$X_{AX} = 8\pi^2 fW_1^2\frac{A_c}{N\delta}\times10^{-7} = 10.45\Omega$$

$$X_{BY} = 8\pi^2 fW_1^2\frac{A_c}{N\delta}\times10^{-7} = 10.45\Omega$$

$$X_{CZ} = 8\pi^2 fW_1^2\frac{A_c}{N\delta}\times10^{-7} = 10.45\Omega$$

（2）根据已知条件求二次侧空载时各相的漏电抗

各相线圈等效漏磁面积

$$A_\sigma = \pi d_{12}(B_{12}+\frac{B_{H1}+B_{H2}}{3}+S) = 0.06128\text{m}^2$$

洛果夫斯基系数

$$\rho_L = 1-\frac{2(B_{H1}+B_{12}+B_{H2}+S)}{\pi h} = 0.789$$

二次侧空载时各相一次侧线圈漏电抗：

$$X_{AX\sigma} = X_{BY\sigma} = X_{CZ\sigma} = 8\pi^2 fW_1^2\rho_L\frac{\pi d_{12}}{h}(B_{12}+\frac{B_{H1}+B_{H2}}{3}+S)\times10^{-7} = 2.86\Omega$$

（3）根据已知条件求二次侧带载时各相的漏电抗

各相一次侧线圈漏电抗

$$X_{1AX\sigma} = X_{1BY\sigma} = X_{1CZ\sigma} = 8\pi^2 fW_1^2\rho_L\frac{\pi d_{12}}{h}(B_{12}+\frac{B_{H1}+B_{H2}}{3}+S)\times10^{-7} = 2.86\Omega$$

各相二次侧线圈漏电抗

$$X_{2ax\sigma} = X_{2by\sigma} = X_{2cz\sigma} = 8\pi^2 fW_2^2\rho_L\frac{\pi d_{12}}{kh}\times(B_{12}+\frac{B_{H1}+B_{H2}}{3}+S)\times10^{-7} = 0.045\Omega$$

各相总漏电抗为

$$X_{AX\sigma} = X_{BY\sigma} = X_{CZ\sigma} = X_{1AX\sigma}+X_{2ax\sigma} = 2.91\Omega$$

2.4　三相感应式多绕组电力电子可控电抗器电抗变换原理

为了扩大三相可控电抗器容量，以满足三相大功率电动机起动或电力谐波/滤波及其他应用需要,作者在单相多绕组电力电子可控电抗器的基础上,构建了三相多绕组电力电子可控电抗器。三相感应式多绕组电力电子可控电抗器同样有三相组式和三相心式两种结构形式。三相组式多绕组电力电子可控电抗器由三个单相多绕组电力电子可控电抗器构成,其原理也与单相多绕组电力电子可控电抗器相同,只是每相之间相位相差120°。

2.4.1　三相感应式多绕组晶闸管可控电抗器电抗变换原理

三相感应式多绕组晶闸管可控电抗器由单相感应式多绕组晶闸管可控电抗器演变而来,其结构形式有三相组式和三相心式两种。三相组式多绕组晶闸管可控电抗器磁路结构及原理示意图如图 2-16 所示。

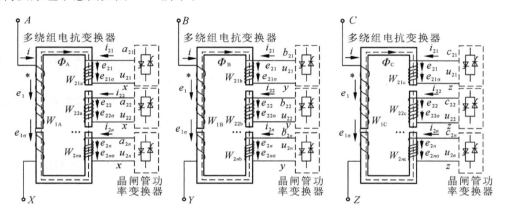

图 2-16　三相组式多绕组晶闸管可控电抗器磁路结构及原理示意图

三相感应式多绕组晶闸管可控电抗器也有三种工作状态,即晶闸管功率变换器完全关断、完全导通和处于调控状态。以下仅分析晶闸管功率变换器在调控状态时的电抗参数关系。

三相感应式多绕组晶闸管可控电抗器在二次侧晶闸管功率变换器处于调控状态时,其三相晶闸管可控电抗器二次侧相当于在开路与短路之间变化;这时,三相晶闸管可控电抗器一次侧绕组的电抗也在开路等效阻抗与短路等效阻抗之间变化。

一般来说三相感应式多绕组晶闸管可控电抗器是对称的,故其晶闸管功率变换器在调控状态时的电抗变换关系可以参考单相感应式多绕组晶闸管可控电抗器。

三相感应式多绕组晶闸管可控电抗器二次侧等效阻抗关系式为:

$$\left.\begin{array}{l} Z_{LA} = Z_{LA1} // Z_{LA2} // \cdots // Z_{LAn} \\ Z_{LB} = Z_{LB1} // Z_{LB2} // \cdots // Z_{LBn} \\ Z_{LC} = Z_{LC1} // Z_{LC2} // \cdots // Z_{LCn} \end{array}\right\} \tag{2-84}$$

主电抗关系式为:

$$\left.\begin{array}{l} Z_{AX}=\dfrac{k^2\pi Z_{LA}}{\sqrt{\sin^2\alpha+(\pi-\alpha)\sin2\alpha+(\pi-\alpha)^2}}=\dfrac{k^2\pi Z_{LA1}}{n\ \sqrt{\sin^2\alpha+(\pi-\alpha)\sin2\alpha+(\pi-\alpha)^2}} \\[4mm] Z_{BY}=\dfrac{k^2\pi Z_{LB}}{\sqrt{\sin^2\alpha+(\pi-\alpha)\sin2\alpha+(\pi-\alpha)^2}}=\dfrac{k^2\pi Z_{LB1}}{n\ \sqrt{\sin^2\alpha+(\pi-\alpha)\sin2\alpha+(\pi-\alpha)^2}} \\[4mm] Z_{CZ}=\dfrac{k^2\pi Z_{LC}}{\sqrt{\sin^2\alpha+(\pi-\alpha)\sin2\alpha+(\pi-\alpha)^2}}=\dfrac{k^2\pi Z_{LC1}}{n\ \sqrt{\sin^2\alpha+(\pi-\alpha)\sin2\alpha+(\pi-\alpha)^2}} \end{array}\right\} \quad (2\text{-}85)$$

漏电抗关系式为：

$$\left.\begin{array}{l} X_{A\sigma}=\omega\rho_L\mu_0 W_{1A}^2\dfrac{A_{A\sigma}}{h}+\omega\rho_L\mu_0 W_{2a}^2\dfrac{A_{A\sigma}}{khn} \\[3mm] X_{B\sigma}=\omega\rho_L\mu_0 W_{1B}^2\dfrac{A_{B\sigma}}{h}+\omega\rho_L\mu_0 W_{2b}^2\dfrac{A_{B\sigma}}{khn} \\[3mm] X_{C\sigma}=\omega\rho_L\mu_0 W_{1C}^2\dfrac{A_{C\sigma}}{h}+\omega\rho_L\mu_0 W_{2c}^2\dfrac{A_{C\sigma}}{khn} \end{array}\right\} \quad (2\text{-}86)$$

分析式(2-85)和式(2-86)可知：三相感应式多绕组晶闸管可控电抗器的各相等效阻抗 Z_{AX}、Z_{BY}、Z_{CZ}（主阻抗）与一、二次侧绕组匝数的平方和 n 个单绕组晶闸管可控电抗器等效阻抗并联后的阻抗之积成正比，与控制角 α 成反比。三相感应式多绕组晶闸管可控电抗器的每相漏电抗有两部分，一部分是一次侧绕组产生的漏电抗，另一部分是二次侧绕组折算到一次侧的漏电抗。

由于二次侧采用多绕组结构，故可实现增大感应式电力电子可控电抗器的功率（容量）的目的。

主电感关系式为：

$$\left.\begin{array}{l} L_{AX}=\dfrac{k^2 Z_{LA}}{2f\ \sqrt{\sin^2\alpha+(\pi-\alpha)\sin2\alpha+(\pi-\alpha)^2}}=\dfrac{k^2 Z_{LA1}}{2fn\ \sqrt{\sin^2\alpha+(\pi-\alpha)\sin2\alpha+(\pi-\alpha)^2}} \\[4mm] L_{BY}=\dfrac{k^2 Z_{LB}}{2f\ \sqrt{\sin^2\alpha+(\pi-\alpha)\sin2\alpha+(\pi-\alpha)^2}}=\dfrac{k^2 Z_{LB1}}{2fn\ \sqrt{\sin^2\alpha+(\pi-\alpha)\sin2\alpha+(\pi-\alpha)^2}} \\[4mm] L_{CZ}=\dfrac{k^2 Z_{LC}}{2f\ \sqrt{\sin^2\alpha+(\pi-\alpha)\sin2\alpha+(\pi-\alpha)^2}}=\dfrac{k^2 Z_{LC1}}{2fn\ \sqrt{\sin^2\alpha+(\pi-\alpha)\sin2\alpha+(\pi-\alpha)^2}} \end{array}\right\} \quad (2\text{-}87)$$

总电感关系式为：

$$\left.\begin{array}{l} L_{ZA}=\dfrac{k^2 Z_{LA1}}{2fn\ \sqrt{\sin^2\alpha+(\pi-\alpha)\sin2\alpha+(\pi-\alpha)^2}}+\rho_L\mu_0 W_{1A}^2\dfrac{A_{A\sigma}}{h}+\rho_L\mu_0 W_{2a}^2\dfrac{A_{A\sigma}}{khn} \\[4mm] L_{ZB}=\dfrac{k^2 Z_{LB1}}{2fn\ \sqrt{\sin^2\alpha+(\pi-\alpha)\sin2\alpha+(\pi-\alpha)^2}}+\rho_L\mu_0 W_{1B}^2\dfrac{A_{B\sigma}}{h}+\rho_L\mu_0 W_{2b}^2\dfrac{A_{B\sigma}}{khn} \\[4mm] L_{ZC}=\dfrac{k^2 Z_{LC1}}{2fn\ \sqrt{\sin^2\alpha+(\pi-\alpha)\sin2\alpha+(\pi-\alpha)^2}}+\rho_L\mu_0 W_{1C}^2\dfrac{A_{C\sigma}}{h}+\rho_L\mu_0 W_{2c}^2\dfrac{A_{C\sigma}}{khn} \end{array}\right\} \quad (2\text{-}88)$$

式(2-88)的物理含义：三相感应式多绕组晶闸管可控电抗器各相的总电感等于主电感与漏电感之和。式中，$W_{2a}=W_{21a}$，$W_{2b}=W_{21b}$，$W_{2c}=W_{21c}$（后同）。

2.4.2 三相感应式多绕组 IGBT 可控电抗器电抗变换原理

三相感应式多绕组 IGBT 可控电抗器由单相感应式多绕组 IGBT 可控电抗器演变而来，其结构形式有三相组式和三相心式两种。

三相组式多绕组 IGBT 可控电抗器磁路结构示意图如图 2-17 所示。

三相感应式多绕组 IGBT 可控电抗器有三种工作状态，即 IGBT 功率变换器完全关断、完全导通和处于调控状态。以下仅分析 IGBT 功率变换器处于调控状态时的电抗参数关系。

三相感应式多绕组 IGBT 可控电抗器在 IGBT 功率变换器处于调控状态时，其三相 IGBT 可控电抗器二次侧相当于在开路与短路之间变化。这时，三相 IGBT 可控电抗器一次侧绕组的电抗也在开路等效阻抗与短路等效阻抗之间变化。

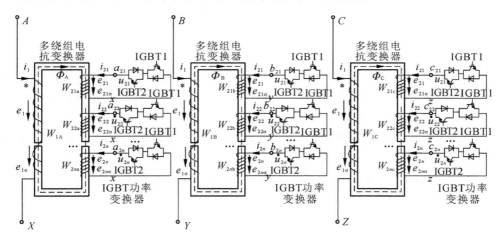

图 2-17　三相组式多绕组 IGBT 可控电抗器磁路结构示意图

三相感应式多绕组 IGBT 可控电抗器各相主电抗关系式为：

$$\left.\begin{aligned} X_{AX} &= \frac{k^3 Z_{21a} Z'_A}{Dn(Z_{21a} + Z'_A)} \\ X_{BY} &= \frac{k^3 Z_{21b} Z'_B}{Dn(Z_{21b} + Z'_B)} \\ X_{CZ} &= \frac{k^3 Z_{21c} Z'_C}{Dn(Z_{21c} + Z'_C)} \end{aligned}\right\} \tag{2-89}$$

主电感关系式为：

$$\left.\begin{aligned} L_{AX} &= \frac{k^3 Z_{LA1}}{\omega Dn} = \frac{k^3 Z_{21a} Z'_A}{2\pi f Dn(Z_{21a} + Z'_A)} \\ L_{BY} &= \frac{k^3 Z_{LB1}}{\omega Dn} = \frac{k^3 Z_{21b} Z'_B}{2\pi f Dn(Z_{21b} + Z'_B)} \\ L_{CZ} &= \frac{k^3 Z_{LC1}}{\omega Dn} = \frac{k^3 Z_{21c} Z'_C}{2\pi f Dn(Z_{21c} + Z'_C)} \end{aligned}\right\} \tag{2-90}$$

总电感关系式为：

$$
\left.
\begin{aligned}
L_{ZAX} &= \frac{k^3 Z_{21a} Z'_A}{2\pi f D n(Z_{21a}+Z'_A)} + \rho_L\mu_0 W_{1A}^2 \frac{A_{A\sigma}}{h} + \rho_L\mu_0 W_{2a}^2 \frac{A_{A\sigma}}{khn} \\
L_{ZBY} &= \frac{k^3 Z_{21b} Z'_B}{2\pi f D n(Z_{21b}+Z'_B)} + \rho_L\mu_0 W_{1B}^2 \frac{A_{B\sigma}}{h} + \rho_L\mu_0 W_{2b}^2 \frac{A_{B\sigma}}{khn} \\
L_{ZCZ} &= \frac{k^3 Z_{21c} Z'_C}{2\pi f D n(Z_{21c}+Z'_C)} + \rho_L\mu_0 W_{1C}^2 \frac{A_{C\sigma}}{h} + \rho_L\mu_0 W_{2c}^2 \frac{A_{C\sigma}}{khn}
\end{aligned}
\right\}
\tag{2-91}
$$

总电抗关系式为：

$$
\left.
\begin{aligned}
X_{ZAX} &= \frac{k^3 Z_{21a} Z'_A}{D n(Z_{21a}+Z'_A)} + \omega\rho_L\mu_0 W_{1A}^2 \frac{A_{A\sigma}}{h} + \omega\rho_L\mu_0 W_{2a}^2 \frac{A_{A\sigma}}{khn} \\
X_{ZBY} &= \frac{k^3 Z_{21b} Z'_B}{D n(Z_{21b}+Z'_B)} + \omega\rho_L\mu_0 W_{1B}^2 \frac{A_{B\sigma}}{h} + \omega\rho_L\mu_0 W_{2b}^2 \frac{A_{B\sigma}}{khn} \\
X_{ZCZ} &= \frac{k^3 Z_{21c} Z'_C}{D n(Z_{21c}+Z'_C)} + \omega\rho_L\mu_0 W_{1C}^2 \frac{A_{C\sigma}}{h} + \omega\rho_L\mu_0 W_{2c}^2 \frac{A_{C\sigma}}{khn}
\end{aligned}
\right\}
\tag{2-92}
$$

分析式(2-89)至式(2-92)，可知：

①三相中各相的主电抗相同，均与一、二次侧绕组匝数比的三次方、二次侧绕组等效阻抗及晶闸管等效阻抗之积成正比，与频率、二次侧绕组等效阻抗及晶闸管等效阻抗之和以及占空比之积成反比；

②三相中各相的漏电抗相同，均为一次侧漏抗和二次侧折算到一次侧的等效漏抗之和；

③三相中各相的总电抗相同，均等于各相主电抗与漏电抗之和。

2.5　本章小结

感应式电力电子可控电抗器是一个带铁心的非线性电路，由感应式电抗变换器和电力电子功率变换器等构成。通过控制晶闸管(或 IGBT)的控制角 α(或占空比 D)，改变感应式电抗变换器二次侧电抗控制绕组的电抗值，从而达到改变一次侧等效电抗的目的。

本章系统论述了单相感应式单绕组(多绕组)晶闸管(或 IGBT)可控电抗器和三相感应式单绕组(多绕组)晶闸管(或 IGBT)可控电抗器的拓扑结构和电抗变换原理，并根据晶闸管(或 IGBT)可控电抗器的不同工作状态，导出了电抗变换数学模型及电抗参数关系式。

习题二

一、简答题

1.1　试述感应式电力电子可控电抗器的结构。

1.2　感应式电力电子可控电抗器有哪些结构形式?

1.3　感应式电力电子可控电抗器由哪些部分组成?

1.4　电力电子功率变换器在感应式电力电子可控电抗器中起什么作用?

1.5　电力电子功率变换器由哪些器件组成? 它们各有什么特点?

1.6　晶闸管是什么器件? 采用什么控制方式?

1.7　IGBT 是什么器件? 采用什么控制方式?

1.8　晶闸管功率变换器开路时,感应式电力电子可控电抗器的主电抗与哪些参数有关?

1.9　晶闸管功率变换器开路时,感应式电力电子可控电抗器的二次侧是什么状态? 其漏电抗与哪些参数有关?

1.10　晶闸管功率变换器完全导通时,感应式电力电子可控电抗器的二次侧是什么状态? 其等效阻抗是最大还是最小?

二、判断题(对的打√,错的打×)

2.1　感应式晶闸管可控电抗器的工作状态是既不完全关断也不完全导通　　（　　）

2.2　感应式晶闸管可控电抗器是通过改变晶闸管的占空比实现阻抗(电抗)控制的

（　　）

2.3　感应式 IGBT 可控电抗器是通过改变 IGBT 的控制角实现阻抗(电抗)控制的

（　　）

2.4　晶闸管功率变换器的等效阻抗只与控制角有关　　　　　　　　　　（　　）

2.5　IGBT 功率变换器的等效阻抗只与占空比有关　　　　　　　　　　（　　）

2.6　晶闸管功率变换器处于调控状态时,其感应式晶闸管可控电抗器一次侧等效阻抗大于短路阻抗而小于开路阻抗　　　　　　　　　　　　　　　　　　（　　）

2.7　晶闸管功率变换器处于调控状态时,其感应式晶闸管可控电抗器的总电抗等于主电抗　　　　　　　　　　　　　　　　　　　　　　　　　　　　　（　　）

2.8　晶闸管功率变换器处于调控状态时,其感应式晶闸管可控电抗器的总电抗等于主电抗与漏电抗之和　　　　　　　　　　　　　　　　　　　　　　　（　　）

2.9　晶闸管功率变换器处于调控状态时,其感应式晶闸管可控电抗器的主电抗只与一、二次侧绕组匝数比的平方成正比　　　　　　　　　　　　　　　　（　　）

2.10　晶闸管功率变换器处于调控状态时,其感应式晶闸管可控电抗器的漏电抗只与一次侧绕组匝数的平方成正比　　　　　　　　　　　　　　　　　（　　）

三、计算题

3.1　已知某单相感应式晶闸管可控电抗器由 5 个铁心饼组成,铁心饼半径为 110mm,铁心饼厚度为 50mm,$S=0.015$mm,每个气隙长度为 12mm;一次侧绕组匝数为 208,线圈高度为 310mm,线圈幅向厚度为 78mm;二次侧绕组匝数为 52,线圈高度为

262mm;线圈幅向厚度为 29mm;两线圈间隔为 20mm;铁心柱净截面积为 318.6cm^2;$k_{dp}=0.95$;电源频率为 50Hz。试求该晶闸管可控电抗器二次侧单绕组在空载时的主电抗和漏电抗。

3.2 已知某单相感应式晶闸管可控电抗器参数与题 3.1 相同,试求该晶闸管可控电抗器二次侧单绕组在带载时的漏电抗。

3.3 已知某单相感应式 IGBT 可控电抗器由 6 个铁心饼组成,铁心饼半径为 115mm,铁心饼厚度为 50mm,$S=0.015$mm,每个气隙长度为 12mm;一次侧绕组匝数为 249,线圈高度为 330mm,线圈幅向厚度为 78mm;二次侧绕组匝数为 83,线圈高度为 205mm,线圈幅向厚度为 29mm;铁心柱净截面积为 345.5cm^2;两线圈间隔为 20mm;$k_{dp}=0.95$;电源频率为 50Hz。试求该 IGBT 可控电抗器二次侧单绕组在空载时的主电抗。

3.4 已知某单相感应式 IGBT 可控电抗器参数与题 3.1 相同,试求该 IGBT 可控电抗器二次侧单绕组在带载时的漏电抗。

3.5 某三相感应式晶闸管可控电抗器由 5 个铁心饼组成,铁心饼半径为 120mm,铁心饼厚度为 50mm,$S=0.015$mm,每个气隙长度为 12mm;一次侧绕组匝数为 208,线圈高度为 300mm,线圈幅向厚度为 76mm;二次侧绕组匝数为 52,线圈高度为 262mm,线圈幅向厚度为 28mm;两线圈间隔为 20mm;铁心柱净截面积为 367.3cm^2;$k_{dp}=0.95$;电源频率为 50Hz。试求该电抗器二次侧在空载时各相的主电抗。

3.6 某三相感应式晶闸管可控电抗器参数与题 3.5 相同,试求该电抗器二次侧在带载时各相的漏电抗。

3.7 某三相感应式晶闸管可控电抗器为组式结构,其中每相由 5 个铁心饼组成,铁心饼半径为 110mm,铁心饼厚度为 50mm,$S=0.015$mm,每个气隙长度为 12mm;一次侧绕组匝数为 249,线圈高度为 310mm,幅向厚度为 56mm;二次侧绕组匝数为 83,线圈高度为 205mm,幅向厚度为 26mm;铁心柱净截面积为 318.6cm^2;两线圈间隔为 20mm;$k_{dp}=0.95$;电源频率为 50Hz。试求该电抗器二次侧在带载时各相的漏电抗。

3 感应式电力电子可控电抗器谐波模型

感应式电力电子可控电抗器作为一种电力电子装置,需要考虑本体的谐波影响。根据《电能质量 公用电网谐波》(GB/T 14549—1993)中的规定,对于标准电压为 10kV、短路容量为 100MVA 的公用电网,公共连接点的全部用户向该点注入的谐波电流分量(方均根值)不应超过规定的允许值。本章主要论述感应式电力电子可控电抗器谐波的特征及抑制方案、谐波阻抗模型与谐波电流模型。

3.1 感应式单绕组电力电子可控电抗器谐波含量及特征

电力电子功率变换器是感应式电力电子可控电抗器的核心组件之一。电力电子功率变换器是由电力电子器件(晶闸管或 IGBT)构成的非线性电路,该非线性电路产生的电力谐波(谐波源)通过感应式电力电子可控电抗器的二次侧绕组耦合到一次侧绕组,并形成一次侧等效谐波。如何消除或减小该等效谐波对用电设备和电网的影响,是设计和应用感应式电力电子可控电抗器时需要考虑的问题。

3.1.1 感应式单绕组电力电子可控电抗器谐波含量

感应式电力电子可控电抗器的功率变换器由电力电子器件晶闸管或 IGBT 组成。由于晶闸管属于半控器件,IGBT 属于全控器件,因此由两种不同电力电子器件分别组成的功率变换器的谐波分量与谐波特征也会有所不同。

1. 感应式晶闸管可控电抗器谐波含量

分析图 2-1 可知,在晶闸管处于调控状态时,流过单相感应式单绕组晶闸管可控电抗器二次侧的电流不是完全的正弦波,其波形含有少量的低次谐波分量。

流过感应式单绕组晶闸管可控电抗器二次侧的电流 i_2 可用傅里叶级数表示为:

$$i_2(\omega t) = \sum_{n=1,3,5}^{\infty} (a_n \cos n\omega t + b_n \sin n\omega t) \tag{3-1}$$

式中,a_1、b_1、a_n、b_n 分别为:

$$a_1 = \frac{\sqrt{2}U_2}{2\pi Z_L}(\cos 2\alpha - 1) \tag{3-2}$$

$$b_1 = \frac{\sqrt{2}U_2}{2\pi Z_L}[\sin 2\alpha + 2(\pi - \alpha)] \tag{3-3}$$

$$a_n = \frac{\sqrt{2}U_2}{2\pi Z_L}\left\{\frac{1}{n+1}[\cos(n+1)\alpha - 1] - \frac{1}{n-1}[\cos(n-1)\alpha - 1]\right\}(n=3,5,7,\cdots) \tag{3-4}$$

$$b_n = \frac{\sqrt{2}U_2}{2\pi Z_L}\left\{\frac{1}{n+1}\left[\sin(n+1)\alpha - \frac{1}{n-1}\sin(n-1)\alpha\right]\right\} \quad (n=3,5,7\cdots) \tag{3-5}$$

流过感应式单绕组晶闸管可控电抗器二次侧的基波电流为：

$$
\begin{aligned}
I_{20} &= \frac{1}{\sqrt{2}}\sqrt{a_1^2+b_1^2} = \frac{1}{\sqrt{2}}\sqrt{(\frac{\sqrt{2}U_2}{2\pi Z_L})^2(\cos 2\alpha -1)^2 + (\frac{\sqrt{2}U_2}{2\pi Z_L})^2[\sin 2\alpha + 2(\pi-\alpha)]^2} \\
&= \frac{1}{\sqrt{2}}\frac{\sqrt{2}U_2}{2\pi Z_L}\sqrt{(\cos 2\alpha -1)^2 + [\sin 2\alpha + 2(\pi-\alpha)]^2} \\
&= \frac{U_2}{2\pi Z_L}\sqrt{(\cos^2\alpha -1)^2 + [\sin 2\alpha + 2(\pi-\alpha)]^2}
\end{aligned}
\tag{3-6}
$$

流过感应式单绕组晶闸管可控电抗器二次侧的谐波电流为：

$$
\begin{aligned}
I_{2nh} &= \frac{1}{\sqrt{2}}\sqrt{a_n^2+b_n^2} \\
&= \frac{U_2}{2\pi Z_L}\sqrt{\left\{\left[\frac{1}{n+1}\cos(n+1)\alpha -1\right] - \frac{1}{n-1}\left[\cos(n-1)\alpha -1\right]\right\}^2} \\
&\quad + \frac{U_2}{2\pi Z_L}\sqrt{\left\{\left[\frac{1}{n+1}\sin(n+1)\alpha\right] - \frac{1}{n-1}\left[\sin(n-1)\alpha\right]\right\}^2}
\end{aligned}
\tag{3-7}
$$

流过感应式单绕组晶闸管可控电抗器一次侧的谐波电流为：

$$
\begin{aligned}
I_{1nh} &= \frac{1}{k}I_{2nh} = \frac{1}{k\sqrt{2}}\sqrt{a_n^2+b_n^2} \\
&= \frac{1}{k}\frac{U_2}{2\pi Z_L}\sqrt{\left\{\left[\frac{1}{n+1}\cos(n+1)\alpha -1\right] - \frac{1}{n-1}\left[\cos(n-1)\alpha -1\right]\right\}^2} \\
&\quad + \frac{1}{k}\frac{U_2}{2\pi Z_L}\sqrt{\left\{\left[\frac{1}{n+1}\sin(n+1)\alpha\right] - \frac{1}{n-1}\left[\sin(n-1)\alpha\right]\right\}^2}
\end{aligned}
\tag{3-8}
$$

单相（三相）感应式晶闸管可控电抗器的谐波含量由功率变换器容量决定，且谐波电流大小与晶闸管控制角 α 有关。

2. 感应式 IGBT 可控电抗器谐波含量

分析图 2-5 可知，在 IGBT 处于调控状态时，流过感应式单绕组 IGBT 可控电抗器二次侧的电流不是正弦波，其波形含有少量的高次谐波分量。

单相感应式 IGBT 可控电抗器可以简化为 IGBT 功率变换器等效阻抗与二次侧绕组等效阻抗 Z_2 并联的等效电路，其并联阻抗为 Z_L。

流过感应式单绕组 IGBT 可控电抗器二次侧的电流为：

$$i_2 = \frac{DU_{2m}}{Z_L}\sin\omega t + \frac{U_{2m}}{\pi Z_L}\sum_{n=1}^{\infty}\frac{F(D,k)}{n}\{\sin[(n\omega+\omega)t] - \sin[(n\omega-\omega)t]\} \tag{3-9}$$

流过感应式单绕组 IGBT 可控电抗器二次侧的基波电流为：

$$I_{20} = \frac{1}{\sqrt{2}}\frac{DU_{2m}}{Z_L}\sin\omega t \tag{3-10}$$

流过感应式单绕组 IGBT 可控电抗器二次侧的谐波电流为：

$$I_{2nh} = \frac{U_{2m}}{\sqrt{2}\pi Z_L} \sum_{n=1}^{\infty} \frac{F(D,k)}{n} \{ \sin[(n\omega + \omega)t] - \sin[(n\omega - \omega)t] \} \tag{3-11}$$

流过感应式单绕组 IGBT 可控电抗器一次侧的谐波电流为：

$$I_{1nh} = \frac{1}{k} I_{2nh} = \frac{U_{2m}}{\sqrt{2}\pi k Z_L} \sum_{n=1}^{\infty} \frac{F(D,k)}{n} \{ \sin[(n\omega + \omega)t] - \sin[(n\omega - \omega)t] \} \tag{3-12}$$

单相(三相)感应式 IGBT 可控电抗器的谐波含量由功率变换器容量决定,且谐波电流大小与 IGBT 的占空比 D 有关。

3.1.2　感应式单绕组电力电子可控电抗器的谐波特征

1.总谐波畸变率和第 h 次谐波电流含有率

(1)总谐波畸变率

总谐波畸变率一般用百分数表示,通常用 THD_u 和 THD_i 表示电压总谐波畸变率和电流总谐波畸变率。

$$THD_u = \frac{1}{V_1} \sqrt{\sum_{h=2}^{\infty} V_h^2} \tag{3-13}$$

$$THD_i = \frac{1}{I_1} \sqrt{\sum_{h=2}^{\infty} I_h^2} \tag{3-14}$$

式中,V_1、I_1 分别为基波电压、基波电流有效值;V_h、I_h 分别为第 h 次谐波电压、谐波电流有效值。

总谐波畸变率反映了谐波含量与基波分量的偏差大小,例如当输出为理想正弦波时,其值为零。虽然总谐波畸变率能反映总的谐波含量,但是它不能表明每次谐波分量对负载的影响程度。

(2)第 h 次谐波电流含有率

$$HRI_h = \frac{I_h}{I_1} \times 100\% \tag{3-15}$$

式中,I_h 为第 h 次谐波电流有效值。

谐波电流含有率直观反映了该次谐波幅值占基波幅值的百分比,能够直接反映出谐波的危害程度。

2.感应式单绕组晶闸管可控电抗器谐波特征

设感应式单绕组晶闸管可控电抗器一次侧绕组的基波电流幅值为 I_{1-1}、二次谐波电流幅值为 I_{1-2}、三次谐波电流幅值为 I_{1-3},依次类推,而感应式单绕组晶闸管可控电抗器二次侧绕组的三次谐波电流幅值为 I_{2-3},根据式(3-6)至式(3-8)可得到基波电流和谐波电流特征曲线,如图 3-1 所示。

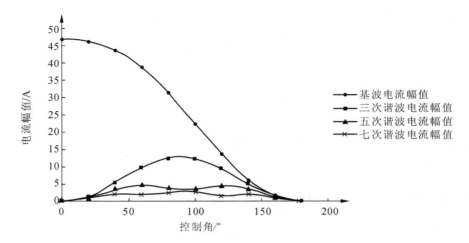

图 3-1 感应式单绕组晶闸管可控电抗器基波电流和谐波电流特征曲线

根据图 3-1 可以得到以下结论：

（1）图 3-1 中二次谐波电流幅值、四次谐波电流幅值和六次谐波电流幅值都近似于零（图中未画出），因此，可以得出感应式单绕组晶闸管可控电抗器产生的谐波电流中偶次谐波电流含量为零的结论，这与傅里叶变换分析的结果相一致。

（2）随着晶闸管控制角 α 从 0°增加到 180°，感应式单绕组晶闸管可控电抗器的基波电流也逐渐减小，基波电流幅值和低次谐波电流的幅值越来越接近，电流总谐波畸变率也越来越大，此时电流的波形与标准的正弦波差异也越来越大。

（3）高次谐波电流幅值越来越小，低次谐波电流幅值相对较大。说明感应式单绕组晶闸管可控电抗器中的电流谐波污染以低次谐波电流占主导，高次谐波电流的污染较少，并且谐波的次数越低，谐波电流含有率越高。

3.感应式单绕组 IGBT 可控电抗器谐波特征

同理，根据感应式单绕组 IGBT 可控电抗器一次侧绕组的基波电流、各次谐波电流幅值与占空比 D 的关系以及式（3-10）至（3-12），可以得到如图 3-2 所示的基波电流和谐波电流特征曲线。

根据图 3-2 可以得到以下结论：

（1）随着占空比 D 的增大，基波电流幅值逐渐变大，电流总谐波畸变率也逐渐减小，电流波形越接近标准的正弦波。

（2）低次谐波电流幅值很小，近似于零，这说明感应式单绕组 IGBT 可控电抗器低次谐波污染小。

（3）感应式单绕组 IGBT 可控电抗器主要产生高次谐波电流污染，低次谐波电流污染较小，这一点与感应式单绕组晶闸管可控电抗器的谐波电流特征恰好相反。

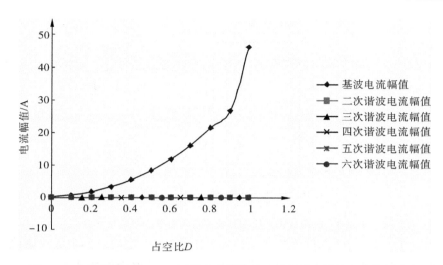

图 3-2　感应式单绕组 IGBT 可控电抗器基波电流及低次谐波电流特征曲线

3.2　感应式电力电子可控电抗器的谐波抑制方案

抑制感应式电力电子可控电抗器的谐波主要有以下两种方案：

方案一：直接安装谐波抑制装置，通过谐波抑制装置抑制感应式电力电子可控电抗器本身产生的谐波。

常用的谐波抑制装置主要有无源滤波器和有源滤波器。将无源滤波器并联接在电网与接地之间时，它对特定的某次谐波电流呈低阻抗，吸收谐波电流，从而使流入配电网中的谐波电流相应减小，实现滤波目的。有源滤波器可以产生一个与谐波电流大小相等、方向相反的补偿电流，使得电网侧的电流只包含基波分量。有源滤波器克服了无源滤波器只能滤除特定的某次谐波的缺点，可以实现动态跟踪补偿，但是其成本高、控制技术复杂，适合小谐波电流的抑制。

方案二：对感应式电力电子可控电抗器结构进行改进，在感应式电力电子可控电抗器的结构中嵌入本体滤波器或改变功率变换器的拓扑结构，达到减小谐波含量的目的。

电力谐波滤波技术和原理不是本书的主要研究内容，故在此只给出感应式电力电子可控电抗器谐波抑制方案。

3.2.1　感应式晶闸管可控电抗器谐波抑制方案

感应式晶闸管可控电抗器中的谐波电流以低次谐波电流为主，高次谐波电流可以忽略不计。

1. 感应式单绕组晶闸管可控电抗器谐波抑制方案

感应式单绕组晶闸管可控电抗器谐波抑制方案如图 3-3 所示。

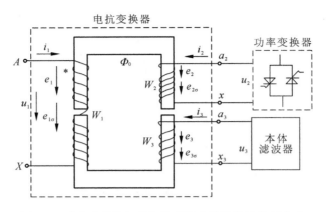

图 3-3 感应式单绕组晶闸管可控电抗器谐波抑制方案

在图 3-3 中,只有一个晶闸管功率变换器在工作,且产生的谐波为低次谐波,谐波量较小,故可以考虑用小容量的本体滤波器对单相(三相)功率变换器产生的低次谐波进行滤波。

2.感应式多绕组晶闸管可控电抗器谐波抑制方案

感应式多绕组晶闸管可控电抗器谐波抑制方案如图 3-4 所示。

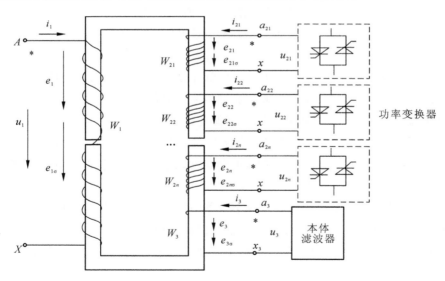

图 3-4 感应式多绕组晶闸管可控电抗器谐波抑制方案

在图 3-4 中,有多个晶闸管功率变换器在工作,且产生的谐波为低次谐波,谐波量会大些,故可以考虑用稍大容量的本体滤波器对单相(三相)功率变换器产生的低次谐波进行滤波。

3.2.2 感应式 IGBT 可控电抗器谐波抑制方案

1. 感应式单绕组 IGBT 可控电抗器谐波抑制方案

感应式单绕组 IGBT 可控电抗器谐波抑制方案如图 3-5 所示。

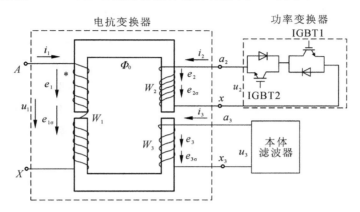

图 3-5 感应式单绕组 IGBT 可控电抗器谐波抑制方案

在图 3-5 中，不考虑低次谐波，故可通过本体滤波器对感应式单绕组 IGBT 功率变换器产生的高次谐波进行滤波。

2. 感应式多绕组 IGBT 可控电抗器谐波抑制方案

感应式多绕组 IGBT 可控电抗器谐波抑制方案如图 3-6 所示。

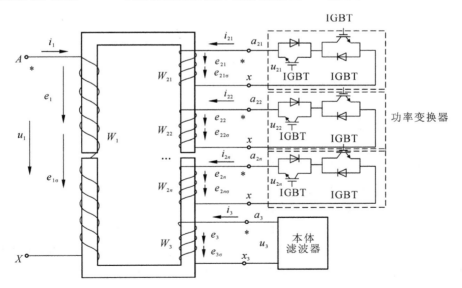

图 3-6 感应式多绕组 IGBT 可控电抗器谐波抑制方案

同理，不考虑低次谐波，可以通过稍大容量的本体滤波器对感应式多绕组 IGBT 功率变换器产生的高次谐波进行滤波。

3.3　感应式电力电子可控电抗器的谐波阻抗模型和谐波电流模型

3.3.1　感应式单绕组电力电子可控电抗器谐波阻抗模型

为了得到谐波阻抗模型,首先,推导等效基波阻抗模型;其次,推导漏阻抗模型;最后,根据基波阻抗模型和漏阻抗模型的推导结论得到谐波阻抗模型。

1.单相感应式单绕组电力电子可控电抗器等效基波阻抗模型

由图 3-3 和图 3-5 可知,单相感应式单绕组电力电子可控电抗器共有三个绕组,即一次侧电抗绕组、二次侧电抗控制绕组和本体滤波器绕组,故其匝数变比关系有三个:

$$
\left.
\begin{aligned}
k_{12} &= \frac{W_1}{W_2} \approx \frac{U_1}{U_2} \\
k_{13} &= \frac{W_1}{W_3} \approx \frac{U_1}{U_3} \\
k_{23} &= \frac{W_2}{W_3} \approx \frac{U_2}{U_3}
\end{aligned}
\right\}
\tag{3-16}
$$

因主磁通是由三个线圈的合成磁动势产生的,故磁动势平衡方程式为:

$$
W_1 \boldsymbol{I}_1 + W_2 \boldsymbol{I}_2 + W_3 \boldsymbol{I}_3 = W_1 \boldsymbol{I}_0
\tag{3-17}
$$

将二次侧电抗控制绕组和本体滤波器绕组电流折算到一次侧电抗绕组则有:

$$
\left.
\begin{aligned}
\boldsymbol{I}_2' &= \boldsymbol{I}_2 \frac{W_2}{W_1} = \frac{\boldsymbol{I}_2}{k_{12}} \\
\boldsymbol{I}_3' &= \boldsymbol{I}_3 \frac{W_3}{W_1} = \frac{\boldsymbol{I}_3}{k_{13}}
\end{aligned}
\right\}
\tag{3-18}
$$

根据基尔霍夫电流定律,可得到:

$$
\boldsymbol{I}_1 + \boldsymbol{I}_2' + \boldsymbol{I}_3' = \boldsymbol{I}_0
\tag{3-19}
$$

若忽略激磁电流时,则可得:

$$
\boldsymbol{I}_1 + \boldsymbol{I}_2' + \boldsymbol{I}_3' = 0
\tag{3-20}
$$

根据基尔霍夫电压定律,可写出电压平衡方程式:

$$
\left.
\begin{aligned}
\boldsymbol{U}_1 &= \boldsymbol{I}_1 r_1 + \mathrm{j}\,\boldsymbol{I}_1 X_{11} + \mathrm{j}\,\boldsymbol{I}_2 X_{21} + \mathrm{j}\,\boldsymbol{I}_3 X_{31} - \boldsymbol{E}_1 \\
-\boldsymbol{U}_2 &= \boldsymbol{I}_2 r_2 + \mathrm{j}\,\boldsymbol{I}_2 X_{22} + \mathrm{j}\,\boldsymbol{I}_1 X_{12} + \mathrm{j}\,\boldsymbol{I}_3 X_{32} - \boldsymbol{E}_2 \\
-\boldsymbol{U}_3 &= \boldsymbol{I}_3 r_3 + \mathrm{j}\,\boldsymbol{I}_3 X_{33} + \mathrm{j}\,\boldsymbol{I}_1 X_{13} + \mathrm{j}\,\boldsymbol{I}_2 X_{23} - \boldsymbol{E}_3
\end{aligned}
\right\}
\tag{3-21}
$$

式中,r_1、r_2、r_3 分别为一次侧电抗绕组、二次侧电抗控制绕组和本体滤波器绕组的电阻。

式(3-21)为电压实际值表达式,采用折算值有:

$$
\left.
\begin{aligned}
\boldsymbol{E}_2' &= \boldsymbol{E}_2 \frac{W_1}{W_2} = k_{12} \boldsymbol{E}_2 \\
\boldsymbol{E}_3' &= \boldsymbol{E}_3 \frac{W_1}{W_3} = k_{13} \boldsymbol{E}_3
\end{aligned}
\right\}
\tag{3-22}
$$

故有：

$$\boldsymbol{E}_1 = \boldsymbol{E}_2' = \boldsymbol{E}_3' = \boldsymbol{E} \qquad (3\text{-}23)$$

同理有：

$$\left.\begin{aligned} \boldsymbol{U}_2' &= k_{12}\boldsymbol{U}_2 \\ \boldsymbol{U}_3' &= k_{13}\boldsymbol{U}_3 \end{aligned}\right\} \qquad (3\text{-}24)$$

二次侧电抗控制绕组和本体滤波器绕组电阻的折算值为：

$$\left.\begin{aligned} r_2' &= k_{12}^2 r_2 \\ r_3' &= k_{13}^2 r_3 \end{aligned}\right\} \qquad (3\text{-}25)$$

如果将二次侧电抗控制绕组和本体滤波器绕组电抗折算到一次侧电抗绕组时,则有以下关系：

$$\left.\begin{aligned} X_{22}' &= k_{12}^2 X_{22} \\ X_{33}' &= k_{13}^2 X_{33} \\ X_{12}' &= k_{12} X_{12} \\ X_{13}' &= k_{13} X_{13} \\ X_{23}' &= k_{12} k_{13} X_{23} \end{aligned}\right\} \qquad (3\text{-}26)$$

将各折算值代入式(3-21)则有：

$$\left.\begin{aligned} \boldsymbol{U}_1 &= \boldsymbol{I}_1 r_1 + \mathrm{j}\,\boldsymbol{I}_1 X_{11} + \mathrm{j}\,\boldsymbol{I}_2' X_{21}' + \mathrm{j}\,\boldsymbol{I}_3' X_{31}' - \boldsymbol{E} \\ -\boldsymbol{U}_2' &= \boldsymbol{I}_2' r_2' + \mathrm{j}\,\boldsymbol{I}_2 X_{22}' + \mathrm{j}\,\boldsymbol{I}_1 X_{12}' + \mathrm{j}\,\boldsymbol{I}_3' X_{32}' - \boldsymbol{E} \\ -\boldsymbol{U}_3' &= \boldsymbol{I}_3' r_3' + \mathrm{j}\,\boldsymbol{I}_3' X_{33}' + \mathrm{j}\,\boldsymbol{I}_1 X_{13}' + \mathrm{j}\,\boldsymbol{I}_2' X_{23}' - \boldsymbol{E} \end{aligned}\right\} \qquad (3\text{-}27)$$

综上,可得到单相感应式单绕组电力电子可控电抗器等效电路,如图 3-7 所示。

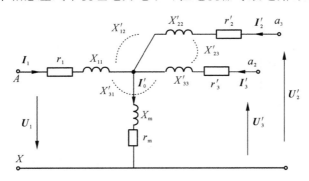

图 3-7　单相感应式单绕组电力电子可控电抗器等效电路

如果忽略激磁电流 $\boldsymbol{I}_0$,则单相感应式单绕组电力电子可控电抗器的等效电路可简化为如图 3-8 所示。

图 3-8(a)为有互感的星形接法,图 3-8(b)为无互感的星形接法。分析图 3-8(b)可得到电抗 X_{aN}、X_{bN}、X_{cN} 的表达式如下：

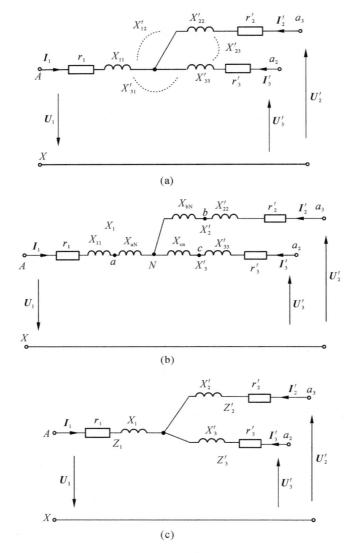

图 3-8　单相感应式单绕组电力电子可控电抗器的简化等效电路

(a)有互感等效电路；(b)无互感等效电路；(c)简化等效电路

$$\left.\begin{array}{l} X_{aN} = X_{23}' - X_{31}' - X_{12}' \\ X_{bN} = X_{31}' - X_{12}' - X_{23}' \\ X_{cN} = X_{12}' - X_{23}' - X_{31}' \end{array}\right\} \qquad (3-28)$$

分析图 3-8(c)，可得到电抗 X_1、X_2'、X_3' 的表达式如下：

$$\left.\begin{array}{l} X_1 = X_{11} + X_{aN} = X_{11} + X_{23}' - X_{31}' - X_{12}' \\ X_2' = X_{22}' + X_{bN} = X_{22}' + X_{31}' - X_{12}' - X_{23}' \\ X_3' = X_{33}' + X_{cN} = X_{33}' + X_{12}' - X_{23}' - X_{31}' \end{array}\right\} \qquad (3-29)$$

分析图 3-8 所示的简化等效电路，可得到对应的各支路的基波阻抗（电抗）表达式为：

$$
\left.\begin{array}{l}
Z_1 = r_1 + \mathrm{j}x_1 \\
Z_2' = r_2' + \mathrm{j}x_2' \\
Z_3' = r_3' + \mathrm{j}x_3'
\end{array}\right\} \tag{3-30}
$$

等效电抗表达式为：

$$
\left.\begin{array}{l}
x_{12} = x_1 + x_2' \\
x_{13} = x_1 + x_3' \\
x_{23}' = x_2' + x_3'
\end{array}\right\} \tag{3-31}
$$

等效电阻表达式为：

$$
\left.\begin{array}{l}
r_{12} = r_1 + r_2' \\
r_{13} = r_1 + r_3' \\
r_{23}' = r_2' + r_3'
\end{array}\right\} \tag{3-32}
$$

根据式(3-21)和式(3-27)可得到以下关系式：

$$
\left.\begin{array}{l}
\boldsymbol{U}_1 = -\boldsymbol{U}_2' - \boldsymbol{I}_2' Z_2' + \boldsymbol{I}_1 Z_1 \\
\boldsymbol{U}_1 = -\boldsymbol{U}_3' - \boldsymbol{I}_3 Z_3' + \boldsymbol{I}_1 Z_1 \\
\boldsymbol{U}_1 - \boldsymbol{I}_1 Z_1 = -(\boldsymbol{U}_2' + \boldsymbol{I}_2' Z_2') = -(\boldsymbol{U}_3' + \boldsymbol{I}_3' Z_3')
\end{array}\right\} \tag{3-33}
$$

将 $\boldsymbol{I}_1 = -\boldsymbol{I}_2' + (-\boldsymbol{I}_3')$ 代入式(3-33)则可得：

$$
\begin{aligned}
\boldsymbol{U}_1 &= -\boldsymbol{U}_2' - \boldsymbol{I}_2' Z_2' - (\boldsymbol{I}_2' + \boldsymbol{I}_3') Z_1 \\
&= -\boldsymbol{U}_2' - \boldsymbol{I}_3' Z_1 - \boldsymbol{I}_2'(Z_1 + Z_2')
\end{aligned} \tag{3-34}
$$

$$
\boldsymbol{U}_1 = -\boldsymbol{U}_2' - \boldsymbol{I}_3' Z_1 - \boldsymbol{I}_2' Z_{12} \tag{3-35}
$$

式中，Z_{12} 为一次侧电抗绕组和二次侧电抗控制绕组之间的阻抗。

$$
\boldsymbol{U}_1 = -\boldsymbol{U}_3' - \boldsymbol{I}_2' Z_1 - \boldsymbol{I}_3' Z_{13} \tag{3-36}
$$

式中，Z_{13} 为一次侧电抗绕组和二次侧本体滤波器绕组之间的阻抗。

式(3-35)可改写为：

$$
\boldsymbol{U}_2' = -\boldsymbol{U}_1 - \boldsymbol{I}_2' Z_{12} - \boldsymbol{I}_3' Z_1 \tag{3-37}
$$

式(3-36)可改写为：

$$
\boldsymbol{U}_3' = -\boldsymbol{U}_1 - \boldsymbol{I}_3' Z_{13} - \boldsymbol{I}_2' Z_1 \tag{3-38}
$$

设 Z_{23} 为二次侧电抗控制绕组和本体滤波器绕组之间的阻抗，则有：

$$
\left.\begin{array}{l}
Z_{12} = Z_{21} = Z_1 + Z_2' \\
Z_{13} = Z_{31} = Z_1 + Z_3' \\
Z_{23}' = Z_{32}' = Z_2' + Z_3'
\end{array}\right\} \tag{3-39}
$$

求解式(3-32)，可得到单相感应式电力电子可控电抗器的等效电阻模型为：

$$
\left.\begin{array}{l}
r_1 = \dfrac{1}{2}(r_{12} + r_{13} - r_{23}') \\[2mm]
r_2' = \dfrac{1}{2}(r_{21} + r_{23}' - r_{13}) \\[2mm]
r_3' = \dfrac{1}{2}(r_{31} + r_{23}' - r_{12})
\end{array}\right\} \tag{3-40}
$$

求解式(3-39)，可得到单相感应式电力电子可控电抗器的等效基波阻抗模型为：

$$\left. \begin{array}{l} Z_1 = \dfrac{1}{2}(Z_{12} + Z_{13} - Z'_{23}) \\[2mm] Z'_2 = \dfrac{1}{2}(Z_{21} + Z'_{23} - Z_{13}) \\[2mm] Z'_3 = \dfrac{1}{2}(Z_{31} + Z'_{23} - Z_{12}) \end{array} \right\} \tag{3-41}$$

2. 单相感应式单绕组电力电子可控电抗器的等效漏阻抗模型

分析图 3-8 所示的简化等效电路，可得到单相感应式单绕组电力电子可控电抗器的漏电抗模型：

$$\left. \begin{array}{l} X_{12\sigma} = X_{1\sigma} + X'_{2\sigma} \\ X_{13\sigma} = X_{1\sigma} + X'_{3\sigma} \\ X'_{23\sigma} = X'_{2\sigma} + X'_{3\sigma} \end{array} \right\} \tag{3-42}$$

求解式(3-42)，可得到单相感应式单绕组电力电子可控电抗器的等效漏电抗模型为：

$$\left. \begin{array}{l} X_{1\sigma} = \dfrac{1}{2}(X_{12\sigma} + X_{13\sigma} - X'_{23\sigma}) \\[2mm] X'_{2\sigma} = \dfrac{1}{2}(X_{21\sigma} + X'_{23\sigma} - X_{13\sigma}) \\[2mm] X'_{3\sigma} = \dfrac{1}{2}(X_{31\sigma} + X'_{23\sigma} - X_{12\sigma}) \end{array} \right\} \tag{3-43}$$

根据式(3-40)和式(3-43)，可得到单相感应式单绕组电力电子可控电抗器的等效漏阻抗模型：

$$\left. \begin{array}{l} Z_{1\sigma} = \dfrac{1}{2}(Z_{12\sigma} + Z_{13\sigma} - Z'_{23\sigma}) \\[2mm] Z'_{2\sigma} = \dfrac{1}{2}(Z_{21\sigma} + Z'_{23\sigma} - Z_{13\sigma}) \\[2mm] Z'_{3\sigma} = \dfrac{1}{2}(Z_{31\sigma} + Z'_{23\sigma} - Z_{12\sigma}) \end{array} \right\} \tag{3-44}$$

式中，$Z_{1\sigma}$ 为单相感应式单绕组电力电子可控电抗器一次侧电抗绕组的等效漏阻抗；$Z'_{2\sigma}$ 为二次侧电抗控制绕组的等效漏阻抗；$Z'_{3\sigma}$ 为二次侧本体滤波器绕组的等效漏阻抗；$Z_{12\sigma}$、$Z_{13\sigma}$、$Z'_{23\sigma}$ 分别为一次侧电抗绕组与二次侧电抗控制绕组、一次侧电抗绕组与二次侧本体滤波器绕组以及二次侧电抗控制绕组与二次侧本体滤波器绕组之间的漏阻抗。

3. 三相感应式单绕组电力电子可控电抗器漏阻抗模型

由于三相感应式单绕组电力电子可控电抗器是由三个单相感应式单绕组电力电子可控电抗器组合而成的，故根据单相感应式单绕组电力电子可控电抗器等效漏阻抗的推导结果，可以得到三相感应式单绕组电力电子可控电抗器等效漏阻抗。

A 相漏阻抗关系式为：

$$\left.\begin{array}{l} Z_{1A\sigma} = \dfrac{1}{2}(Z_{12A\sigma} + Z_{13A\sigma} - Z'_{23A\sigma}) \\[2mm] Z'_{2A\sigma} = \dfrac{1}{2}(Z_{21A\sigma} + Z'_{23A\sigma} - Z_{13A\sigma}) \\[2mm] Z'_{3A\sigma} = \dfrac{1}{2}(Z_{31A\sigma} + Z'_{23A\sigma} - Z_{12A\sigma}) \end{array}\right\} \tag{3-45}$$

式中，$Z_{1A\sigma}$ 为 A 相感应式单绕组电力电子可控电抗器一次侧电抗绕组的等效漏阻抗；$Z'_{2A\sigma}$ 为二次侧电抗控制绕组的等效漏阻抗；$Z'_{3A\sigma}$ 为二次侧本体滤波器绕组的等效漏阻抗；$Z_{12A\sigma}$、$Z_{13A\sigma}$、$Z'_{23A\sigma}$ 分别为一次侧电抗绕组与二次侧电抗控制绕组、一次侧电抗绕组与二次侧本体滤波器绕组以及二次侧电抗控制绕组与二次侧本体滤波器绕组之间的漏阻抗。B 相、C 相漏阻抗关系式中各物理量意义类同。

B 相漏阻抗关系式为：

$$\left.\begin{array}{l} Z_{1B\sigma} = \dfrac{1}{2}(Z_{12B\sigma} + Z_{13B\sigma} - Z'_{23B\sigma}) \\[2mm] Z'_{2B\sigma} = \dfrac{1}{2}(Z_{21B\sigma} + Z'_{23B\sigma} - Z_{13B\sigma}) \\[2mm] Z'_{3B\sigma} = \dfrac{1}{2}(Z_{31B\sigma} + Z'_{23B\sigma} - Z_{12B\sigma}) \end{array}\right\} \tag{3-46}$$

C 相漏阻抗关系式为：

$$\left.\begin{array}{l} Z_{1C\sigma} = \dfrac{1}{2}(Z_{12C\sigma} + Z_{13C\sigma} - Z'_{23C\sigma}) \\[2mm] Z'_{2C\sigma} = \dfrac{1}{2}(Z_{21C\sigma} + Z'_{23C\sigma} - Z_{13C\sigma}) \\[2mm] Z'_{3C\sigma} = \dfrac{1}{2}(Z_{31C\sigma} + Z'_{23C\sigma} - Z_{12C\sigma}) \end{array}\right\} \tag{3-47}$$

4. 单相感应式单绕组电力电子可控电抗器谐波阻抗模型

对图 3-3 和图 3-5 进行简化，可以得到单相感应式单绕组电力电子可控电抗器的等效电路及谐波阻抗模型，如图 3-9 所示。

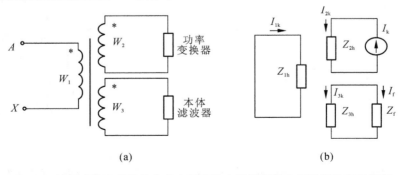

(a) (b)

图 3-9 单相感应式单绕组电力电子可控电抗器等效电路及谐波阻抗模型

(a)等效电路；(b)等效谐波阻抗模型

图 3-9(b)中,电力电子功率变换器产生的谐波电流以电流源 I_k($I_k=I_{2k}$)代替。

设 I_{1k} 和 I_{3k} 分别表示功率变换器的电流源(I_k)通过感应式单绕组电力电子可控电抗器的二次侧电抗控制绕组与一次侧电抗绕组、二次侧本体滤波器绕组的耦合而产生的谐波电流;I_f 和 Z_f 分别表示本体滤波器吸收的谐波电流和等效阻抗;W_1、W_2 和 W_3 分别表示一次侧电抗绕组、二次侧电抗控制绕组和二次侧本体滤波器绕组的匝数;Z_{1h}、Z_{2h} 和 Z_{3h} 分别表示一次侧电抗绕组、二次侧电抗控制绕组和二次侧本体滤波器绕组的等效谐波阻抗。

根据单相感应式单绕组电力电子可控电抗器等效漏阻抗模型的分析及推导,可以得到单相感应式单绕组电力电子可控电抗器等效谐波阻抗模型为:

$$\left.\begin{aligned} Z_{1h} &= \frac{1}{2}(Z_{12h}+Z_{13h}-Z'_{23h}) \\ Z'_{2h} &= Z_{2h} = \frac{1}{2}(Z_{21h}+Z'_{23h}-Z_{13h}) \\ Z'_{3h} &= Z_{3h} = \frac{1}{2}(Z_{31h}+Z'_{23h}-Z_{12h}) \end{aligned}\right\} \quad (3-48)$$

5.三相感应式单绕组电力电子可控电抗器谐波阻抗模型

三相感应式单绕组电力电子可控电抗器由三个单相感应式单绕组电力电子可控电抗器组合而成。

三相感应式单绕组电力电子可控电抗器的等效电路及谐波阻抗模型如图 3-10 所示。

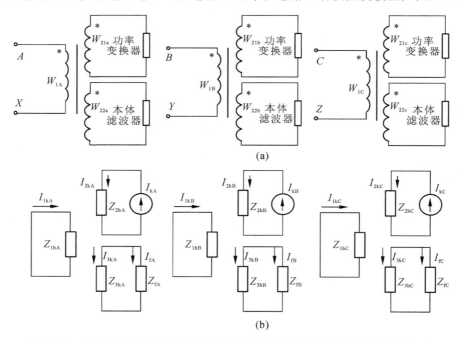

图 3-10 三相感应式单绕组电力电子可控电抗器的等效电路及谐波阻抗模型

(a)等效电路;(b)等效谐波阻抗模型

同理,可得到三相感应式单绕组电力电子可控电抗器等效谐波阻抗。

A 相等效谐波阻抗关系式为:

$$\left.\begin{array}{l} Z_{1hA}=\dfrac{1}{2}(Z_{12hA}+Z_{13hA}-Z'_{23hA}) \\[2mm] Z'_{2hA}=Z_{2hA}=\dfrac{1}{2}(Z_{21hA}+Z'_{23hA}-Z_{13hA}) \\[2mm] Z'_{3hA}=Z_{3hA}=\dfrac{1}{2}(Z_{31hA}+Z'_{23hA}-Z_{12hA}) \end{array}\right\} \tag{3-49}$$

式中,Z_{1hA} 为 A 相感应式单绕组电力电子可控电抗器一次侧电抗绕组的等效谐波阻抗;Z'_{2hA} 为二次侧电抗控制绕组的等效谐波阻抗;Z'_{3hA} 为二次侧本体滤波器绕组的等效谐波阻抗;Z_{12hA}、Z_{13hA}、Z'_{23hA} 分别为一次侧电抗绕组与二次侧电抗控制绕组、一次侧电抗绕组与二次侧本体滤波器绕组以及二次侧电抗控制绕组与二次侧本体滤波器绕组之间的谐波阻抗。B 相、C 相等效谐波阻抗关系式中各物理量意义类同。

B 相等效谐波阻抗关系式为:

$$\left.\begin{array}{l} Z_{1hB}=\dfrac{1}{2}(Z_{12hB}+Z_{13hB}-Z'_{23hB}) \\[2mm] Z'_{2hB}=Z_{2hB}=\dfrac{1}{2}(Z_{21hB}+Z'_{23hB}-Z_{13hB}) \\[2mm] Z'_{3hB}=Z_{3hB}=\dfrac{1}{2}(Z_{31hB}+Z'_{23hB}-Z_{12hB}) \end{array}\right\} \tag{3-50}$$

C 相等效谐波阻抗关系式为:

$$\left.\begin{array}{l} Z_{1hC}=\dfrac{1}{2}(Z_{12hC}+Z_{13hC}-Z'_{23hC}) \\[2mm] Z'_{2hC}=Z_{2hC}=\dfrac{1}{2}(Z_{21hC}+Z'_{23hC}-Z_{13hC}) \\[2mm] Z'_{3hC}=Z_{3hC}=\dfrac{1}{2}(Z_{31hC}+Z'_{23hC}-Z_{12hC}) \end{array}\right\} \tag{3-51}$$

3.3.2　感应式多绕组电力电子可控电抗器谐波阻抗模型

1.单相感应式多绕组电力电子可控电抗器谐波阻抗模型

对图 3-4 和图 3-6 进行简化,可以得到单相感应式多绕组电力电子可控电抗器的等效电路及谐波阻抗模型,如图 3-11 所示。设单相感应式多绕组电力电子可控电抗器的 n 个二次侧电抗控制绕组的等效谐波阻抗分别为 Z_{2h}、Z_{3h}、$\cdots$、Z_{nh},本体滤波器绕组的等效谐波阻抗为 $Z_{(n+1)h}$。

图 3-11(b)中,I_{2k}、I_{3k}、$\cdots$、I_{nk} 分别表示功率变换器 21、功率变换器 22、$\cdots$、功率变换器 $2n$ 通过二次侧电抗控制绕组与一次侧电抗绕组和二次侧本体滤波器绕组的耦合而产生的谐波电流;I_f 是本体滤波器吸收的谐波电流。

同理,可得到单相感应式多绕组电力电子可控电抗器一次侧电抗绕组和二次侧电抗

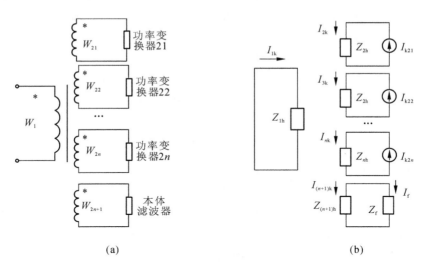

图 3-11　单相感应式多绕组电力电子可控电抗器等效电路及谐波阻抗模型

(a)等效电路；(b)等效谐波阻抗模型

控制绕组的等效谐波阻抗分别为：

$$
\left.
\begin{aligned}
Z_{1h} &= \frac{1}{2}(Z_{12h} + Z_{13h} - Z'_{23h}) \\
Z'_{2h} &= Z_{2h} = \frac{1}{2}(Z_{21h} + Z'_{23h} - Z_{13h}) \\
Z'_{3h} &= Z_{3h} = \frac{1}{2}(Z_{31h} + Z'_{23h} - Z_{12h}) \\
&\cdots \\
Z'_{nh} &= Z_{nh} = \frac{1}{2}(Z_{n1h} + Z'_{2nh} - Z_{1(n-1)h})
\end{aligned}
\right\}
\tag{3-52}
$$

式中，Z_{1h} 为单相感应式多绕组电力电子可控电抗器一次侧电抗绕组的等效谐波阻抗；Z'_{2h}、Z'_{3h}、$\cdots$、Z'_{nh} 为二次侧电抗控制绕组的等效谐波阻抗；Z_{n1h} 为二次侧电抗控制绕组与一次侧电抗绕组之间的谐波阻抗；Z'_{2nh} 为各二次侧电抗控制绕组之间的谐波阻抗。

式(3-52)反映了单相感应式多绕组电力电子可控电抗器的等效谐波阻抗关系。

2.三相感应式多绕组电力电子可控电抗器谐波阻抗模型

三相感应式多绕组电力电子可控电抗器由三个单相感应式多绕组电力电子可控电抗器组成，其等效电路及谐波阻抗模型如图 3-12 所示。

同理，根据单相感应式多绕组电力电子可控电抗器谐波模型推导过程，可得到三相感应式多绕组电力电子可控电抗器等效谐波阻抗。

A 相等效谐波阻抗关系式为：

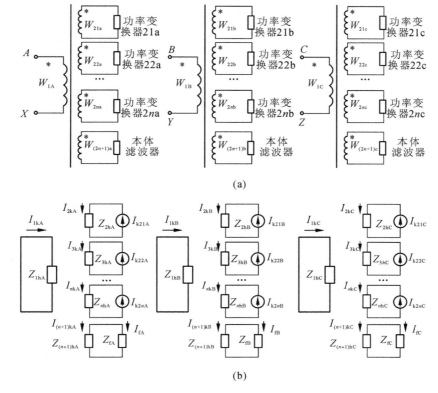

图 3-12 三相感应式多绕组电力电子可控电抗器等效电路及谐波阻抗模型

(a)等效电路;(b)等效谐波阻抗模型

$$Z_{1hA} = \frac{1}{2}(Z_{12hA} + Z_{13hA} - Z'_{23hA})$$

$$Z'_{2hA} = Z_{2hA} = \frac{1}{2}(Z_{21hA} + Z'_{23hA} - Z_{13hA})$$

$$Z'_{3hA} = Z_{3hA} = \frac{1}{2}(Z_{31hA} + Z'_{23hA} - Z_{12hA}) \qquad (3\text{-}53)$$

$$\cdots$$

$$Z'_{nhA} = Z_{nhA} = \frac{1}{2}(Z_{n1hA} + Z'_{2nhA} - Z_{1(n-1)hA})$$

式中,Z_{1hA} 为 A 相感应式多绕组电力电子可控电抗器一次侧电抗绕组的等效谐波阻抗;Z'_{2hA}、Z'_{3hA}、$\cdots$、Z'_{nhA} 为二次侧电抗控制绕组的等效谐波阻抗;Z_{n1hA} 为二次侧电抗控制绕组与一次侧电抗绕组之间的谐波阻抗;Z'_{2nhA} 为各二次侧电抗控制绕组之间的谐波阻抗。B 相、C 相等效谐波阻抗关系式中各物理量意义类同。

B 相等效谐波阻抗关系式为:

$$Z_{1hB} = \frac{1}{2}(Z_{12hB} + Z_{13hB} - Z'_{23hB})$$

$$Z'_{2hB} = Z_{2hB} = \frac{1}{2}(Z_{21hB} + Z'_{23hB} - Z_{13hB})$$

$$Z'_{3hB} = Z_{3hB} = \frac{1}{2}(Z_{31hB} + Z'_{23hB} - Z_{12hB}) \qquad (3\text{-}54)$$

$$\cdots$$

$$Z'_{nhB} = Z_{nhB} = \frac{1}{2}(Z_{n1hB} + Z'_{2nhB} - Z_{1(n-1)hB})$$

C 相等效谐波阻抗关系式为：

$$Z_{1hC} = \frac{1}{2}(Z_{12hC} + Z_{13hC} - Z'_{23hC})$$

$$Z'_{2hC} = Z_{2hC} = \frac{1}{2}(Z_{21hC} + Z'_{23hC} - Z_{13hC})$$

$$Z'_{3hC} = Z_{3hC} = \frac{1}{2}(Z_{31hC} + Z'_{23hC} - Z_{12hC}) \qquad (3\text{-}55)$$

$$\cdots$$

$$Z'_{nhC} = Z_{nhC} = \frac{1}{2}(Z_{n1hC} + Z'_{2nhC} - Z_{1(n-1)hC})$$

式(3-53)至式(3-55)，反映了三相感应式多绕组电力电子可控电抗器各相等效谐波阻抗关系。

3.3.3　感应式电力电子可控电抗器谐波电流模型

1. 单相感应式单绕组电力电子可控电抗器谐波电流模型

由图 3-9(b)，可以得到单相感应式单绕组电力电子可控电抗器的谐波等效电路，如图 3-13 所示。

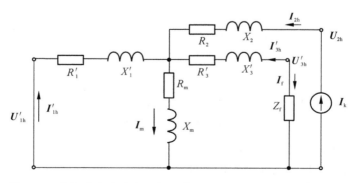

图 3-13　单相感应式单绕组电力电子可控电抗器的谐波等效电路

由图 3-13 可得谐波电流关系式：

$$\left.\begin{array}{l} \boldsymbol{I}_{2h}=I_k \\ \boldsymbol{I}_{3h}=-I_f \end{array}\right\} \tag{3-56}$$

谐波电压关系式:

$$\left.\begin{array}{l} \boldsymbol{U}_{1h}=0 \\ \boldsymbol{U}_{3h}=U_f=Z_f\times\boldsymbol{I}_f \end{array}\right\} \tag{3-57}$$

对谐波电流和电压进行折算,于是有:

$$\left.\begin{array}{l} \boldsymbol{I}'_{1h}=\dfrac{W_1}{W_2}\times\boldsymbol{I}_{1h} \\[2mm] \boldsymbol{U}'_{1h}=\dfrac{W_2}{W_1}\times\boldsymbol{U}_{1h} \\[2mm] \boldsymbol{I}'_{3h}=\dfrac{W_3}{W_2}\times\boldsymbol{I}_{3h}=-\dfrac{W_3}{W_2}\times\boldsymbol{I}_f \\[2mm] \boldsymbol{U}'_{3h}=\dfrac{W_2}{W_3}\times\boldsymbol{U}_{3h}=\dfrac{W_2}{W_3}\times\boldsymbol{U}_f \end{array}\right\} \tag{3-58}$$

因感应式电力电子可控电抗器激磁阻抗较大,故激磁电流可以忽略不计,根据电路原理中的基尔霍夫电流定律,可以列出谐波电流的磁动势平衡方程式:

$$\boldsymbol{I}_{2h}+\boldsymbol{I}'_{1h}+\boldsymbol{I}'_{3h}=0 \tag{3-59}$$

根据电机学原理分析,可得到以下电压平衡方程式:

$$\left.\begin{array}{l} \boldsymbol{U}_{2h}-\boldsymbol{U}'_{1h}=-\boldsymbol{I}'_{1h}\times Z_{21h}-\boldsymbol{I}'_{3h}\times Z_{2h} \\ \boldsymbol{U}_{2h}-\boldsymbol{U}'_{3h}=-\boldsymbol{I}'_{3h}\times Z_{23h}-\boldsymbol{I}'_{1h}\times Z_{2h} \end{array}\right\} \tag{3-60}$$

将式(3-58)中的$\boldsymbol{I}'_{1h}$和$\boldsymbol{I}'_{3h}$代入式(3-60)可得:

$$\left.\begin{array}{l} \boldsymbol{U}_{2h}=\dfrac{W_2}{W_1}\times\boldsymbol{U}_{1h}-\dfrac{W_1}{W_2}\times\boldsymbol{I}_{1h}\times Z_{21h}-\dfrac{W_3}{W_2}\times\boldsymbol{I}_{3h}\times Z_{2h} \\[2mm] \boldsymbol{U}_{2h}=\dfrac{W_2}{W_3}\times\boldsymbol{U}_{3h}-\dfrac{W_3}{W_2}\times\boldsymbol{I}_{3h}\times Z_{23h}-\dfrac{W_1}{W_2}\times\boldsymbol{I}_{1h}\times Z_{2h} \end{array}\right\} \tag{3-61}$$

解该联立方程可得:

$$\dfrac{W_2}{W_3}\times\boldsymbol{U}_{3h}+(\dfrac{W_3}{W_2}\times Z_{2h}-\dfrac{W_3}{W_2}\times Z_{23h})\times\boldsymbol{I}_{3h}+(\dfrac{W_1}{W_2}\times Z_{21h}-\dfrac{W_1}{W_2}\times Z_{2h})\times\boldsymbol{I}_{1h}=0 \tag{3-62}$$

将式(3-61)代入式(3-62),可得:

$$\left[\dfrac{W_3}{W_2}(Z_{2h}-Z_{23h})-\dfrac{W_2}{W_3}\times Z_f\right]\times\boldsymbol{I}_{3h}+\dfrac{W_1}{W_2}(Z_{21h}-Z_{2h})\times\boldsymbol{I}_{1h}=0 \tag{3-63}$$

由式(3-63)可得:

$$\boldsymbol{I}_{3h}=-\dfrac{\dfrac{W_1}{W_2}(Z_{2h}-Z_{21h})}{\dfrac{W_3}{W_2}(Z_{2h}-Z_{23h})-\dfrac{W_2}{W_3}\times Z_f}\times\boldsymbol{I}_{1h} \tag{3-64}$$

将式(3-56)和式(3-64)代入式(3-59),化简可得:

$$\boldsymbol{I}_{2h} = -\frac{W_1}{W_2}(1+\frac{W_1}{W_2}\times\frac{Z_{1h}}{Z_{3h}+Z_f})\times\boldsymbol{I}_{1h} \qquad (3\text{-}65)$$

将式(3-56)代入式(3-65),化简可得:

$$\boldsymbol{I}_{1h} = -\frac{W_1 W_2(Z_{3h}+Z_f)}{W_1^2(Z_{3h}+Z_f)+W_2^2\times Z_{1h}}\times\boldsymbol{I}_k \qquad (3\text{-}66)$$

式(3-66)为单相感应式单绕组电力电子可控电抗器谐波电流模型,该模型反映了单相感应式单绕组电力电子可控电抗器二次侧绕组接入电力电子功率变换器(由晶闸管或IGBT组成)后产生的谐波源(谐波电流)对于一次侧绕组电流传导的影响。谐波源 $\boldsymbol{I}_k$ 越大,则单相感应式单绕组电力电子可控电抗器一次绕组的谐波电流就越大。

由式(3-66)可知,对于 h 次谐波电流,要想让单相感应式单绕组电力电子可控电抗器一次侧绕组中的谐波电流为零,则必须让式(3-66)的分子为零,即:

$$Z_{3h}+Z_f = 0 \qquad (3\text{-}67)$$

为了保证滤波效果,一般做法是使滤波器绕组的基波等效阻抗 Z_3 为零,并使以下关系式得到满足:

$$\left.\begin{array}{r} Z_3 = 0 \\ Z_{3h} = hZ_3 = 0 \end{array}\right\} \qquad (3\text{-}68)$$

若本体滤波器采用 L-C 滤波器,则应该满足以下关系式:

$$Z_{fh} = Z_{3h} = (hX_L - \frac{X_c}{h}) = 0 \qquad (3\text{-}69)$$

式(3-69)是单相 L-C 滤波器的全调谐设计原则关系式,以下通过算例了解 L-C 滤波器设计方法。

算例 3-1 某单相感应式单绕组电力电子可控电抗器的本体滤波器拟采用 L-C 滤波器。已知交流电源频率为 50Hz,滤波绕组交流电压为 220V,预选滤波电容器的容量为 5kVar/400V 和 2.5kVar/400V,需要滤除 2.5A 的 7 次谐波电流。试设计滤波器参数。

解:由题意可知: $f_1 = 50\text{Hz}$, $f_7 = 350\text{Hz}$, $I_7 = 2.5\text{A}$, $Q_{C1} = 5\text{kVar}/400\text{V}$, $Q_{C2} = 2.5\text{kVar}/400\text{V}$。

根据式(3-69)给出的全调谐设计原则有:

$$X_L = \frac{1}{h^2}X_c = 0.0204X_c$$

(1)当滤波电容器的容量为 5kVar/400V 时,求滤波电感参数

① 根据给出的电容器容量和电压值,求电容量

$$X_c = \frac{U_e^2}{Q_{C5}} = 32\Omega; C_5 = \frac{10^6}{\omega X_c} = 99.47\mu\text{F}$$

②两种方法求电感量

a. 根据 X_L 与 X_c 的关系求电感量

$$X_L = \frac{1}{h^2}X_c = 0.0204X_c = 0.653\Omega$$

于是有：

$$L_7 = \frac{X_L}{\omega} = \frac{X_L}{2\pi f_1} = 2.079\text{mH}/5\text{A}$$

b. 根据电容量求电感量

$$L_7 = \frac{10^9}{f_7^2 \times (2\pi)^2 \times C_5} = 2.079\text{mH}/5\text{A}$$

可见两种方法求得的电感参数是一致的。

（2）当滤波电容器的容量为 2.5kVar/400V 时，求滤波电感参数

① 根据给出的电容器容量和电压值，求电容量

$$X_c = \frac{U_e^2}{Q_{C2.5}} = 64\Omega \; ; \; C_{2.5} = \frac{10^6}{\omega X_c} = 49.74\mu\text{F}$$

② 两种方法求电感量

a. 根据 X_L 与 X_c 的关系求电感量

$$X_L = \frac{1}{h^2} X_c = 0.0204 X_c = 1.306\Omega$$

于是有：

$$L_7 = \frac{X_L}{\omega} = \frac{X_L}{2\pi f_1} = 4.16\text{mH}/5\text{A}$$

b. 根据电容量求电感量

$$L_7 = \frac{10^9}{f_7^2 \times (2\pi)^2 \times C_{2.5}} = 4.16\text{mH}/5\text{A}$$

通过以上算例分析，可得到 L-C 滤波器电路如图 3-14 所示。

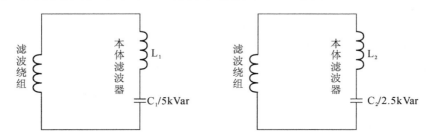

图 3-14　L-C 滤波器电路

2. 三相感应式单绕组电力电子可控电抗器谐波电流模型

依据单相感应式单绕组电力电子可控电抗器谐波电流模型的推导过程，可得到三相感应式单绕组电力电子可控电抗器谐波电流模型。

A 相谐波电流模型为：

$$\boldsymbol{I}_{1hA} = -\frac{W_{1A}W_{2a}(Z_{3hA} + Z_{fA})}{W_{1A}^2(Z_{3hA} + Z_{fA}) + W_{2a}^2 \times Z_{1hA}} \times \boldsymbol{I}_{kA} \tag{3-70}$$

B 相谐波电流模型为：

$$\boldsymbol{I}_{1hB} = -\frac{W_{1B}W_{2b}(Z_{3hB}+Z_{fB})}{W_{1B}^2(Z_{3hB}+Z_{fB})+W_{2b}^2\times Z_{1hB}}\times\boldsymbol{I}_{kB} \tag{3-71}$$

C 相谐波电流模型为：

$$\boldsymbol{I}_{1hC} = -\frac{W_{1C}W_{2c}(Z_{3hC}+Z_{fC})}{W_{1C}^2(Z_{3hC}+Z_{fC})+W_{2c}^2\times Z_{1hC}}\times\boldsymbol{I}_{kC} \tag{3-72}$$

3. 单相感应式多绕组电力电子可控电抗器谐波电流模型

根据单相感应式单绕组电力电子可控电抗器谐波电流推导过程，可得到：

(1) 单相双电抗控制绕组电力电子可控电抗器谐波电流关系式

$$\boldsymbol{I}_{1h-1} = -\frac{W_1W_2W_3(Z_{4h}+Z_f)}{W_1^2(Z_{4h}+Z_f)+W_3^2\times Z_{1h}}\times\boldsymbol{I}_{k2} \tag{3-73}$$

(2) 单相三电抗控制绕组电力电子可控电抗器谐波电流关系式

$$\boldsymbol{I}_{1h-2} = -\frac{W_1W_2W_3W_4(Z_{5h}+Z_f)}{W_1^2(Z_{5h}+Z_f)+W_4^2\times Z_{1h}}\times\boldsymbol{I}_{k3} \tag{3-74}$$

(3) 单相 n 电抗控制绕组（多绕组）电力电子可控电抗器谐波电流关系式

$$\boldsymbol{I}_{1h-3} = -\frac{W_1W_2\cdots W_{n+1}(Z_{(n+2)h}+Z_f)}{W_1^2(Z_{(n+2)h}+Z_f)+W_{n+1}^2\times Z_{1h}}\times\boldsymbol{I}_{kn} \tag{3-75}$$

由式(3-73)至式(3-75)可知：二次侧的谐波源越大则反映到一次侧的谐波电流值就越大，反之二次侧的谐波源越小则反映到一次侧的谐波电流值就越小。

4. 三相感应式多绕组电力电子可控电抗器谐波电流模型

根据单相感应式多绕组电力电子可控电抗器谐波电流模型，可得到三相感应式多绕组电力电子可控电抗器谐波电流模型。

A 相谐波电流模型：

$$\boldsymbol{I}_{1Ah} = -\frac{W_{1A}W_{2a}W_{3a}\cdots W_{(n+1)a}(Z_{(n+2)Ah}+Z_{fA})}{W_{1A}^2(Z_{(n+2)Ah}+Z_{fA})+W_{(n+1)a}^2\times Z_{1Ah}}\times\boldsymbol{I}_{knA} \tag{3-76}$$

B 相谐波电流模型：

$$\boldsymbol{I}_{1Bh} = -\frac{W_{1B}W_{2b}W_{3b}\cdots W_{(n+1)b}(Z_{(n+2)Bh}+Z_{fB})}{W_{1B}^2(Z_{(n+2)Bh}+Z_{fB})+W_{(n+1)b}^2\times Z_{1Bh}}\times\boldsymbol{I}_{knB} \tag{3-77}$$

C 相谐波电流模型：

$$\boldsymbol{I}_{1Ch} = -\frac{W_{1C}W_{2c}W_{3c}\cdots W_{(n+1)c}(Z_{(n+2)Ch}+Z_{fC})}{W_{1C}^2(Z_{(n+2)Ch}+Z_{fC})+W_{(n+1)c}^2\times Z_{1Ch}}\times\boldsymbol{I}_{knC} \tag{3-78}$$

由式(3-76)至式(3-78)可知：各相二次侧的谐波源越大则反映到一次侧的谐波电流值就越大，反之各相二次侧的谐波源越小则反映到一次侧的谐波电流值就越小。

3.4　本章小结

本章系统论述了电力电子功率变换器产生的谐波含量以及感应式电力电子可控电抗器产生的谐波特点及滤波方案，推导出单相感应式电力电子可控电抗器的谐波阻抗模型和电流模型以及三相感应式电力电子可控电抗器的谐波阻抗模型和电流模型,为全调谐设计单相(三相)感应式电力电子可控电抗器的本体滤波参数给出了理论依据。

习题三

一、简答题

1.1　试述感应式晶闸管可控电抗器的谐波特征。

1.2　试述感应式 IGBT 可控电抗器的谐波特征。

1.3　试述感应式电力电子可控电抗器的谐波抑制方案。

1.4　试述无源滤波器滤波方案。

1.5　试述有源滤波器滤波方案。

1.6　试述本体滤波器滤波方案。

1.7　感应式电力电子可控电抗器的谐波源是怎样产生的?

1.8　试述晶闸管功率变换器产生的谐波源特征。

1.9　试述 IGBT 功率变换器产生的谐波源特征。

1.10　试述感应式电力电子可控电抗器一次侧谐波电流模型的物理意义。

二、判断题（对的打√,错的打×）

2.1　晶闸管功率变换器产生的谐波主要是低次谐波　　　　　　　　（　　）

2.2　IGBT 功率变换器产生的谐波主要是高次谐波　　　　　　　　（　　）

2.3　无源滤波器是利用 LC 谐振原理,使其滤波之路呈现低阻抗,将谐波电流导向旁路　　　　　　　　　　　　　　　　　　　　　　　　　　　　（　　）

2.4　有源滤波器产生相位与谐波源相反的补偿谐波　　　　　　　　（　　）

2.5　感应式晶闸管可控电抗器的谐波含量由 IGBT 功率变换器决定　（　　）

2.6　感应式 IGBT 可控电抗器的谐波含量由晶闸管功率变换器决定　（　　）

2.7　感应式晶闸管可控电抗器产生的谐波电流中偶次谐波电流含量为零　（　　）

2.8　感应式 IGBT 可控电抗器低次谐波电流幅值近似于零　　　　　（　　）

2.9　谐波源越大则反映到感应式电力电子可控电抗器一次侧绕组的谐波电流也越大　　　　　　　　　　　　　　　　　　　　　　　　　　　　　（　　）

2.10　谐波电流模型反映了谐波源对感应式电力电子可控电抗器一次侧绕组电流传导的影响　　　　　　　　　　　　　　　　　　　　　　　　　　　（　　）

三、计算题

3.1　某单相感应式电力电子可控电抗器的本体滤波器拟采用无源滤波器,试设计 L-C 滤波器参数,以滤除可控电抗器产生的 10A 的 5 次谐波电流。已知:电源频率为 50Hz,单相电容器的容量为 10kVar/525V。

　　3.2　某单相感应式电力电子可控电抗器的本体滤波器拟采用无源滤波器，试设计 L-C滤波器参数，以滤除可控电抗器产生的 6A 的 7 次谐波电流和 3A 的 9 次谐波电流。已知：电源频率为 50Hz，单相电容器的容量为 10kVar/525V。

　　3.3　某三相感应式电力电子可控电抗器（组式结构）的本体滤波器拟采用无源滤波器，试设计 L-C 滤波器参数，以滤除可控电抗器产生的 3A 的 5 次谐波电流。已知：电源频率为 50Hz，三相电容器的容量为 5kVar/525V。

　　3.4　已知某变频器的基波电流为 100A，其产生的 5 次谐波电流为 20A、7 次谐波电流为 8A、9 次谐波电流为 4A，其余谐波电流可以忽略不计。试求：(1)电流总谐波畸变率；(2)第 5 次、7 次、9 次谐波电流含有率。

4 感应式电力电子可控电抗器变流原理

感应式电力电子可控电抗器的电抗阻抗变换是由电力电子功率变换器实现的,而晶闸管(或 IGBT)功率变换器变流是感应式电力电子可控电抗器变流的重要内容。本章主要论述晶闸管交流调压变流、晶闸管功率变换器变流和感应式晶闸管可控电抗器交流调压变流等基本原理。

4.1 晶闸管交流调压变流原理

晶闸管交流调压变流包括单相晶闸管交流调压变流和三相晶闸管交流调压变流。单相晶闸管交流调压变流常用于小功率负载调压控制,同时广泛应用于工业与民用电气控制等场合;三相晶闸管交流调压变流广泛应用于感应电动机调压调速和软起动、工业加热以及电焊、电镀、电解、交流侧调压等领域。

4.1.1 单相晶闸管交流调压电路及变流原理

1.带阻性负载的单相晶闸管交流调压电路变流原理

带阻性负载的单相晶闸管交流调压电路由一对反并联的晶闸管(V_1、V_2)和阻性负载 R_L 串联组成,单相晶闸管交流调压电路及变流波形如图 4-1 所示。

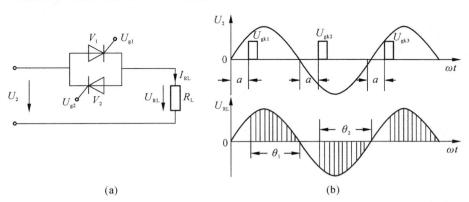

(a)   (b)

图 4-1 带阻性负载的单相晶闸管交流调压电路及变流波形

(a)交流调压电路;(b)交流调压变流波形

以反并联晶闸管组成的单相交流调压电路为例进行变流分析,如果在外接电源 U_2 的正半周 α 时刻触发晶闸管 V_1、负半周 α 时刻触发晶闸管 V_2,那么输出电压 U_{RL} 波形即为图 4-1(b)所示正、负半周包络线阴影所示波形。

图 4-1 所示的带阻性负载的单相晶闸管交流调压电路的电压有效值、电流有效值、晶闸管电流有效值、功率因数与控制角 α 的关系如下：

（1）负载上交流电压有效值 U_{RL} 与控制角 α 的关系

$$U_{\mathrm{RL}} = \sqrt{\frac{1}{\pi}\int_{\alpha}^{\pi}(\sqrt{2}U_2\sin\omega t)^2\mathrm{d}(\omega t)} = U_2\sqrt{\frac{1}{2\pi}\sin2\alpha + \frac{\pi-\alpha}{\pi}} \tag{4-1}$$

（2）负载上交流电流有效值 I_{RL} 与控制角 α 的关系

$$I_{\mathrm{RL}} = \frac{U_{\mathrm{RL}}}{R_{\mathrm{L}}} = \frac{U_2\sqrt{\frac{1}{2\pi}\sin2\alpha + \frac{\pi-\alpha}{\pi}}}{R_{\mathrm{L}}} = \frac{U_2}{R_{\mathrm{L}}}\sqrt{\frac{1}{2\pi}\sin2\alpha + \frac{\pi-\alpha}{\pi}} \tag{4-2}$$

（3）流过晶闸管的电流有效值 I_{SCR} 与控制角 α 的关系

$$I_{\mathrm{SCR}} = \sqrt{\frac{1}{2\pi}\int_{\alpha}^{\pi}\left(\frac{\sqrt{2}U_2\sin\omega t}{R_{\mathrm{L}}}\right)^2\mathrm{d}(\omega t)} = \frac{U_2}{R_{\mathrm{L}}}\sqrt{\frac{1}{2}\left(1 - \frac{\alpha}{\pi} + \frac{\sin2\alpha}{2\pi}\right)} \tag{4-3}$$

（4）功率因数与控制角 α 的关系

$$\cos\varphi = \frac{U_{\mathrm{RL}}I_{\mathrm{RL}}}{U_2 I_{\mathrm{RL}}} = \sqrt{\frac{1}{2\pi}\sin2\alpha + \frac{\pi-\alpha}{\pi}} \tag{4-4}$$

（5）单相晶闸管交流调压电路的移相范围

由图 4-1 和式（4-1）至式（4-4）可知，晶闸管控制角 α 的移相范围为 $0\sim\pi$。

①当 $\alpha=0$ 时，相当于晶闸管完全导通，其输出电压为最大值，即 $U_{\mathrm{RL}}=U_2$；

②当 α 逐渐增加时，U_{RL} 逐渐减小，当 $\alpha=\pi$ 时，$U_{\mathrm{RL}}=0$；

③当 $\alpha=0$ 时，功率因数等于 1，随着 α 增加，输入电流滞后于电压并发生畸变，而功率因数也逐渐减小。

算例 4-1 某单相晶闸管交流调压电路，输入电压为 220V，电源频率 $f=50\mathrm{Hz}$，带阻性负载 $R=20\Omega$，当控制角 $\alpha=0$ 时和控制角 $\alpha=\pi$ 时，试求负载电压有效值、负载电流有效值、流过晶闸管的电流有效值和功率因数。

解：（1）控制角 $\alpha=0$

根据式（4-1），可得到负载电压有效值为：

$$U_{\mathrm{R}} = U_2\sqrt{\frac{1}{2\pi}\sin2\alpha + \frac{\pi-\alpha}{\pi}} = 220\mathrm{V}$$

根据式（4-2），可得到负载电流有效值为：

$$I_{\mathrm{R}} = \frac{U_{\mathrm{R}}}{R} = \frac{U_2}{R}\sqrt{\frac{1}{2\pi}\sin2\alpha + \frac{\pi-\alpha}{\pi}} = \frac{U_2}{R} = 11\mathrm{A}$$

根据式（4-3），可得到流过晶闸管的电流有效值为：

$$I_{\mathrm{SCR}} = \frac{U_2}{R}\sqrt{\frac{1}{2}\left(1 - \frac{\alpha}{\pi} + \frac{\sin2\alpha}{2\pi}\right)} = \frac{\sqrt{2}}{2}\frac{U_2}{R} = 7.78\mathrm{A}$$

根据式（4-4），可得到功率因数为：

$$\cos\varphi = \sqrt{\frac{1}{2\pi}\sin2\alpha + \frac{\pi-\alpha}{\pi}} = 1$$

（2）控制角 $\alpha = \pi$

同理可得到：

$$U_R = U_2 \sqrt{\frac{1}{2\pi}\sin 2\alpha + \frac{\pi - \alpha}{\pi}} = 0\text{V}$$

$$I_R = \frac{U_R}{R} = \frac{U_2}{R}\sqrt{\frac{1}{2\pi}\sin 2\alpha + \frac{\pi - \alpha}{\pi}} = 0\text{A}$$

$$I_{SCR} = \frac{U_2}{R}\sqrt{\frac{1}{2}(1 - \frac{\alpha}{\pi} + \frac{\sin 2\alpha}{2\pi})} = 0\text{A}$$

$$\cos\varphi = \sqrt{\frac{1}{2\pi}\sin 2\alpha + \frac{\pi - \alpha}{\pi}} = 0$$

2. 带阻感性负载的单相晶闸管交流调压电路变流原理

带阻感性负载的单相晶闸管交流调压电路由一对特性相同的反并联晶闸管（V_1、V_2）和电感 L 与电阻 R_L 串联组成，带阻感性负载的单相晶闸管交流调压电路及变流波形如图 4-2 所示。

由图 4-2 可知，当电源电压反向过零时，由于负载电感产生感应电动势阻止电流变化，因此电流不能立即为零，此时晶闸管导通角的大小不但与控制角 α 有关，还与负载阻抗角 ϕ 有关。当控制角 α 为零时，U_{gk1} 触发 V_1 管导通，这时流过 V_1 管的电流 i_1 有两个分量，即稳定分量 i_B 和自由分量 i_s。

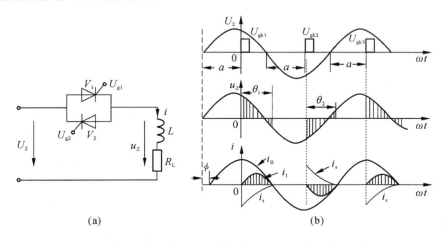

图 4-2　带阻感性负载的单相晶闸管交流调压电路及变流波形

(a)交流调压电路；(b)交流调压变流波形

（1）稳定分量 i_B

$$i_B = \frac{\sqrt{2}U_2}{Z}\sin(\omega t + \alpha - \phi) \qquad (4\text{-}5)$$

式中，

$$Z = \sqrt{R_L^2 + (\omega L)^2}\,;\varphi = \arctan\frac{\omega L}{R_L}$$

（2）自由分量 i_s

$$i_s = -\frac{\sqrt{2}U_2}{Z}\sin(\alpha-\phi)e^{-\frac{t}{\tau}} = -\frac{\sqrt{2}U_2}{Z}\sin(\alpha-\phi)e^{-\frac{\omega t}{\tan\phi}} \quad (4-6)$$

式中，τ 为自由分量衰减时间常数，$\tau=\dfrac{L}{R_L}$。

（3）流过负载 Z 的电流

$$i_1 = i_B + i_s = \frac{\sqrt{2}U_2}{Z}\left[\sin(\omega t+\alpha-\phi) - \sin(\alpha-\varphi)e^{-\frac{\omega t}{\tan\phi}}\right] \quad (4-7)$$

当 $\alpha>\phi$ 时，随着电源电压下降过零进入负半周，电路中的电感储存的能量释放完，当电流降到零时，V_1 管关断。

如果在 $\omega t=0$ 时触发晶闸管，在 $\omega t=\theta$ 时关断晶闸管，那么有：

$$\sin(\theta+\alpha-\phi) = \sin(\alpha-\phi)e^{-\frac{\theta}{\tan\phi}} \quad (4-8)$$

当负载阻抗角 ϕ 取值不同时，θ 与 α 的关系曲线如图 4-3 所示。

当 V_2 管导通时，以上关系完全相同，只是 i_1 的极性相反，其相位相差 $180°$。

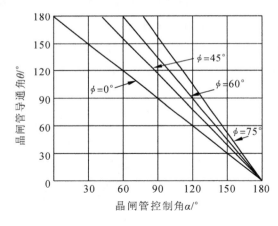

图 4-3　不同负载阻抗角 ϕ 晶闸管导通角 θ 与控制角 α 的关系曲线

由图 4-3 可知，当 $\alpha>\phi$，$\theta<180°$ 时，R_L-L 感性负载电路处于电流断续状态；当 $\alpha=\phi$，$\theta=180°$ 时，电路处于电流临界连续状态；当 $\alpha<\phi$，$\theta=180°$ 时，电路就不再起调压作用了。

（4）负载电压有效值 U_{RL}

$$U_{RL} = \sqrt{\frac{1}{\pi}\int_{\alpha}^{\alpha+\theta}(\sqrt{2}U_2\sin\omega t)^2 d(\omega t)} = U_2\sqrt{\frac{\theta}{\pi}+\frac{1}{2\pi}[\sin 2\alpha - \sin(2\alpha+2\theta)]} \quad (4-9)$$

（5）流过晶闸管的电流有效值 I_{SCR}

$$I_{SCR} = \sqrt{\frac{1}{2\pi}\int_{\alpha}^{\alpha+\theta}\left\{\frac{\sqrt{2}U_2}{Z}\left[\sin(\omega t-\phi)-\sin(\alpha-\phi)e^{\frac{-\omega t}{\tan\phi}}\right]\right\}^2 d(\omega t)}$$

$$\qquad\qquad\qquad\qquad\qquad\qquad\qquad\qquad\qquad\qquad (4-10)$$

$$= \frac{U_2}{\sqrt{2\pi}Z}\sqrt{\theta - \frac{\sin\theta\cos(2\alpha+\phi+\theta)}{\cos\phi}}$$

（6）负载电流有效值 I_Z

$$I_Z = \sqrt{2}I_{SCR} = \frac{\sqrt{2}U_2}{\sqrt{2\pi}Z}\sqrt{\theta - \frac{\sin\theta\cos(2\alpha+\phi+\theta)}{\cos\phi}} \qquad (4\text{-}11)$$

根据以上分析可以得出以下结论：

①当 $\alpha>\phi$，晶闸管 V_1 的导通角 $\theta<180°$，这时正、负半周电流断续；控制角 α 越大，导通角 θ 就越小，而电流波形断续就越严重。

②当 $\alpha=\phi$，电流自由分量 $i_s=0$，$\theta=180°$，$i=i_B$，这时正、负半周电流处于临界连续状态，相当于晶闸管失去控制，而负载上获得最大功率，电流波形滞后电源电压波形 ϕ 角。

③当 $\alpha<\phi$，晶闸管 V_1 的导通角 $\theta>180°$，而 U_{gk2} 脉冲出现时，V_1 管的电流还没有到零，V_2 管受反压不能触发导通；待 V_1 管电流变为零关断，V_2 管开始受正压时，U_{gk2} 脉冲已消失，故 V_2 管无法导通。在第三个半周 U_{gk1} 脉冲又触发 V_1 管，于是负载上只有正半波，而电流出现很大的直流分量致使电路不能正常工作。因此，在单相晶闸管交流调压电路带阻感性负载时，晶闸管不能采用窄脉冲触发，而应该采用宽脉冲或脉冲列触发。

3.单相晶闸管交流调压电路变流特征

（1）单相晶闸管交流调压电路带阻性负载时，负载电流波形与单相桥式可控整流交流侧的电流变流波形一致，改变晶闸管控制角 α 就可以改变负载电压有效值，从而达到交流调压的目的，因此单相交流调压的触发电路完全可以采用单相桥式可控整流触发电路；带阻性负载时，晶闸管的移相范围为 $0°\sim180°$。

（2）单相晶闸管交流调压电路带阻感性负载时，晶闸管不能采用窄脉冲触发，否则当 $\alpha<\phi$ 时其中一只晶闸管无法导通；由于电路中的电流会出现直流分量，这样会使晶闸管在正、负半周导通不对称，从而烧毁熔断器或晶闸管等器件。为了避免这种现象，应该采用宽脉冲或脉冲列触发晶闸管。

（3）单相晶闸管交流调压电路带阻感性负载时，最小控制角等于负载功率因数角，即 $\alpha_{min}=\phi$，所以晶闸管的移相范围为 $\phi\sim180°$。

算例 4-2　某单相晶闸管交流调压电路，输入电压为 380V，频率为 50Hz，带阻感性负载，其中，电阻 $R=4\Omega$，感抗 $X_L=3\Omega$，试求晶闸管控制角 $\alpha=\pi/6$ 和 $\alpha=\pi/3$ 时负载的电流有效值，以及流过晶闸管的电流有效值和功率因数。

解：根据题意，可得到阻感性负载阻抗和阻抗角为：

$$Z = \sqrt{R^2+X_L^2} = 5\Omega$$

$$\phi = \arctan\frac{X_L}{R} = 0.644 = 36.9°$$

因此控制角的变化范围为：

$$36.9° \leqslant \alpha < 180°$$

$(1)\alpha=\pi/6$

因为 $\phi>\alpha$，故晶闸管全开放，电路不起调压作用，而负载上的电压为正弦波，此时，负载上的电流最大、功率最大，于是可得到负载电流有效值、流过晶闸管电流有效值、负载功率和功率因数如下：

负载电流有效值

$$I_{R}=\sqrt{2}I_{SCR}=\frac{U}{Z}=\frac{380\text{V}}{5\Omega}=76\text{A}$$

流过晶闸管的电流有效值

$$I_{SCR}=\frac{\sqrt{2}}{2}I_{R}=\frac{\sqrt{2}}{2}\times76\text{A}=53.74\text{A}$$

负载功率：

$$P_{L}=I_{L}^{2}R=23104\text{W}$$

功率因数：

$$\cos\varphi=\frac{P_{L}}{S}=\frac{23104\text{W}}{380\text{V}\times76\text{A}}=0.8$$

$(2)\alpha=\pi/3$

根据式(4-8)，可得到：

$$\sin(\frac{\pi}{3}+\theta-0.644)=\sin(\frac{\pi}{3}-0.644)\text{e}^{-\frac{\theta}{\tan\phi}}$$

于是可得到晶闸管的导通角为：

$$\theta=2.727=156.2°$$

由式(4-10)，可得到流过晶闸管的电流有效值为：

$$I_{SCR}=\frac{U_{2}}{\sqrt{2\pi}Z}\sqrt{\theta-\frac{\sin\theta\cos(2\alpha+\varphi+\theta)}{\cos\varphi}}=46.81\text{A}$$

负载电流有效值为：

$$I_{R}=\sqrt{2}I_{SCR}=\sqrt{2}\times46.81\text{A}=66.2\text{A}$$

负载功率为：

$$P_{R}=I_{R}^{2}R=17530\text{W}$$

功率因数为：

$$\cos\varphi=\frac{17530\text{W}}{380\text{V}\times66.2\text{A}}=0.70$$

4.1.2　三相晶闸管交流调压电路及变流原理

以下以带阻性负载星形连接的三相晶闸管交流调压电路变流为例进行分析。带阻性负载星形连接的三相晶闸管交流调压电路由三个单相晶闸管交流调压电路组合而成，其阻性负载连接成星形,带阻性负载星形连接的三相晶闸管交流调压电路如图 4-4 所示。

图 4-4 所示星形连接电路分为三相三线和三相四线两种。

三相四线星形连接电路相当于三个单相交流调压电路的组合,只是三相之间互差120°,而前面论述的单相交流调压电路的工作原理及其分析方法对其完全适用。但是,需要注意的是当单相交流调压电路组成三相交流调压电路之后,由于三相交流调压电路中 3 的整数倍次谐波同相位,不能在各相中流动,因此中线电流会接近或超过各相电流的有效值,我们在选择中线线径和变压器时需要考虑这一点。

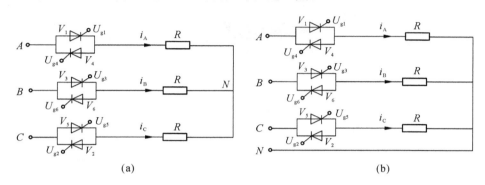

图 4-4　带阻性负载星形连接的三相晶闸管交流调压电路

(a)三相三线星形连接电路;(b)三相四线星形连接电路

三相三线星形连接电路任何一相在晶闸管导通时,必须和另一相构成闭合回路,而电流流过闭合回路时,会有两只晶闸管导通,因此需要采用双脉冲或宽脉冲触发。三相触发脉冲在相位上依次差120°,而同一相的两只反并联晶闸管触发脉冲相差180°,触发脉冲顺序为 V_1 至 V_6,依次差60°。

以下针对图 4-4(a)三相三线星形连接电路,分析控制角 $\alpha=0°$、控制角 $\alpha=60°$ 和控制角 $\alpha=120°$ 三种情况下带阻性负载的三相交流调压电路变流原理及波形。

1.控制角 $\alpha=0°$ 时三相交流调压电路变流原理及波形

当控制角 $\alpha=0°$ 时,各相电压电流变流波形如图 4-5 所示。

$\alpha=0°$ 即在每相电压过零处给晶闸管施加触发脉冲,这时可把每只晶闸管看成一只二极管,流过三相正、反方向晶闸管的电流均畅通,相当于一般的三相交流电路。而流过各相的电流为:

$$i_A = i_B = i_C = \frac{u_{AN}}{R} = \frac{u_{BN}}{R} = \frac{u_{CN}}{R} \tag{4-12}$$

这时晶闸管的导通顺序为 V_1、V_2、V_3、V_4、V_5、V_6,脉冲间隔为60°,除了换流点外,任何时刻均有 3 只晶闸管导通。即:晶闸管 V_1、V_5、V_6;晶闸管 V_1、V_2、V_6;晶闸管 V_1、V_2、V_3;晶闸管 V_2、V_3、V_4;晶闸管 V_3、V_4、V_5;晶闸管 V_4、V_5、V_6。

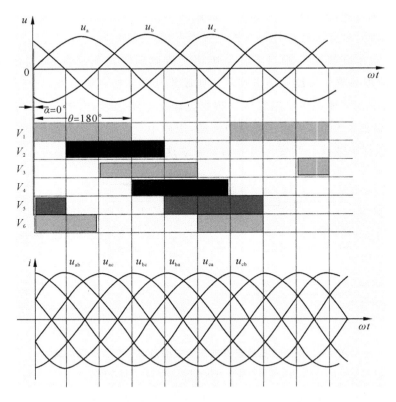

图 4-5　晶闸管控制角 $\alpha=0°$ 时各相电压电流变流波形

2.控制角 $\alpha=60°$ 时三相交流调压电路变流原理及波形

当控制角 $\alpha=60°$ 时,A 相电流变流波形如图 4-6 所示。

由图 4-6,可得出变流关系如下:

(1)若在 ωt_1 时刻晶闸管 V_1 被触发导通,则 V_1 管与 V_6 管构成电流回路,此时在线电压 u_{ab} 的作用下,A 相电流为:

$$i_a = \frac{u_{ab}}{2R} \tag{4-13}$$

(2)在 ωt_2 时刻晶闸管 V_2 被触发导通,此时负载电压为 u_{ab},而 B 相电流为:

$$i_b = \frac{u_{ac}}{2R} \tag{4-14}$$

(3)在 ωt_3 时刻晶闸管 V_3 被触发导通,V_1 管关断,V_4 管未导通,故 $i_a=0$。

(4)在 ωt_4 时刻 V_4 管被触发导通,i_a 在 u_{ab} 的作用下,经过 V_3 管、V_4 管构成回路。

(5)在 ωt_5 时刻,u_{ac} 经 V_4 管、V_5 管构成回路,i_a 电流波形如图 4-6 中的包络线所示。

控制角 $\alpha=60°$ 时,在任何时刻都有两只晶闸管导通。即:晶闸管 V_5、V_6;晶闸管 V_1、V_6;晶闸管 V_1、V_2;晶闸管 V_2、V_3;晶闸管 V_3、V_4;晶闸管 V_4、V_5。同理,可得到 B 相和 C 相电流变流波形。

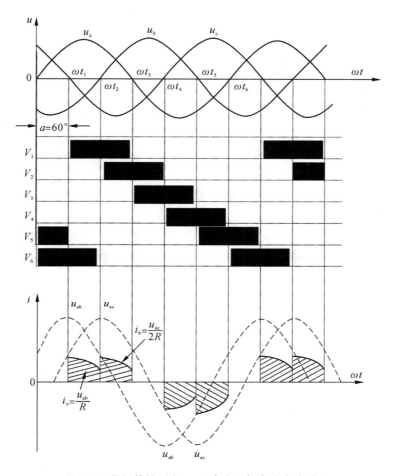

图 4-6　晶闸管控制角 $\alpha=60°$ 时 A 相电流变流波形

3. 控制角 $\alpha=120°$ 时三相交流调压电路变流原理及波形

当控制角 $\alpha=120°$ 时，A 相电流变流波形如图 4-7 所示。

根据图 4-7 可得出变流关系如下：

（1）当 ωt_2 时刻晶闸管 V_1 被触发导通，V_1 管与 V_6 管构成电流回路，当导通到 ωt_3 时刻时，由于 U_{ab} 电压过零反向，迫使 V_1 管关断，故 V_1 管先导通 $30°$。

（2）当 ωt_3 时刻晶闸管 V_2 被触发导通，由于采用脉宽大于 $60°$ 的宽脉冲或脉冲列触发，故 V_1 管仍有脉冲触发，此时在线电压 U_{ab} 的作用下，电流经 V_1 管、V_2 管构成回路，使 V_1 管又重新导通 $30°$。

（3）当控制角 α 增大到 $150°$ 时，$i_a=0$，因此晶闸管三相交流电路在带阻性负载时，其电路的移相范围为 $0°\sim150°$，而导通角 $\theta=180°-\alpha$。

（4）当控制角 $\alpha=120°$ 时，在任何时刻都有两只晶闸管导通，即晶闸管 V_4、V_5；晶闸管 V_5、V_6；晶闸管 V_1、V_6；晶闸管 V_1、V_2；晶闸管 V_2、V_3；晶闸管 V_3、V_4；晶闸管 V_4、V_5。同

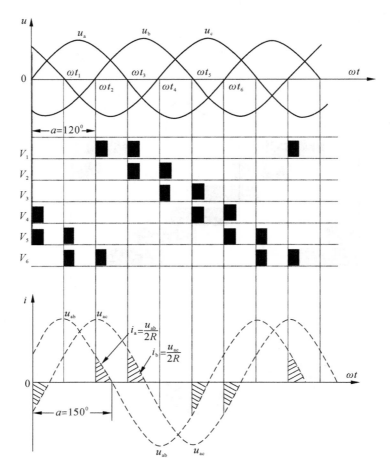

图 4-7　晶闸管控制角 $\alpha=120°$ 时 A 相电流变流波形

理,可得到 i_b 和 i_c 电流变流波形。

三相晶闸管交流电路的负载连接方法可以是星形连接也可以是三角形连接,对于对称的三相负载,由于线电流的波形正负半周对称,故只有奇次谐波,而偶次谐波为零。

4.三相星形交流调压电路变流特征

(1)改变三相交流调压电路中反并联晶闸管的控制角 α,就能很方便地实现三相电路的交流调压。当晶闸管交流调压电路接感性负载或通过变压器接阻性负载时,必须防止因正、负半周导通不对称而造成输出交流电压中出现直流分量,该直流分量会引起设备的过电流或损坏。

(2)三相晶闸管交流调压电路的负载是感性负载时,将控制角 α 调小到等于负载功率因数角 ϕ,则晶闸管处于全导通状态;进一步减小控制角 α 时,若触发脉冲为窄脉冲就会使晶闸管的电流波形不对称,造成熔断器或晶闸管等器件烧坏。因此,晶闸管必须采用宽脉冲或脉冲列触发。

4.2 电力电子功率变换器变流原理

电力电子功率变换器是感应式电力电子可控电抗器的核心组件。电力电子功率变换器类似于晶闸管交流调压电路,所不同的是晶闸管交流调压电路的输出直接与负载(阻性或感性)相接并向负载供电;而电力电子功率变换器的输出不用连接负载,其输入/输出直接连接在感应式电抗变换器二次侧电抗控制绕组的两端。本节论述单相和三相晶闸管功率变换器的变流原理。

4.2.1 单相晶闸管功率变换器变流原理

单相晶闸管功率变换器如图 4-8 虚线框所示。

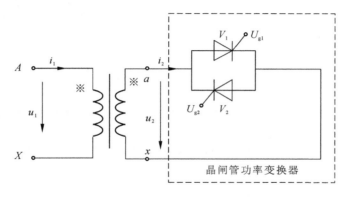

图 4-8 单相晶闸管功率变换器

由图 4-8 可知,晶闸管功率变换器由两只特性相同的晶闸管反并联组成,与感应式电抗变换器的二次侧电抗控制绕组(a-x)连接并构成感应式晶闸管可控电抗器。与单相晶闸管调压电路不同的是,单相晶闸管功率变换器的输出不接负载,而是直接与感应式电抗变换器的二次侧绕组连接,单相晶闸管功率变换器的工作原理与单相变压器二次侧短路原理相同。

单相晶闸管功率变换器变流状态包括完全关断、完全导通和可控变流三种,三种状态的变流原理如下:

1.晶闸管功率变换器完全关断时的变流原理

当晶闸管功率变换器完全关断时,其变流等效电路与感应式电抗变换器连接电路如图 4-9 所示。

当晶闸管功率变换器处于完全关断状态时,相当于感应式电抗变换器二次侧电抗控制绕组开路。此时,感应式电抗变换器的二次侧绕组中无电流流过,故电流 i_2 为 0;根据电磁感应原理,感应式电抗变换器的一次侧绕组相当于传统的铁心电抗器绕组,而流过一次侧绕组的电流由一次侧等效阻抗(电抗)决定,其结果是一次侧等效阻抗最大,而流过一次侧绕组的电流最小。

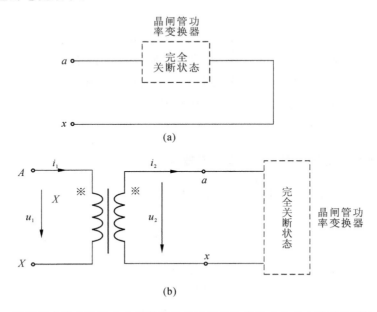

(a)

(b)

图 4-9　晶闸管功率变换器完全关断时的变流等效电路与感应式电抗变换器连接电路

(a)变流等效电路;(b)与感应式电抗变换器连接电路

晶闸管功率变换器完全关断时的变流波形如图 4-10 所示。

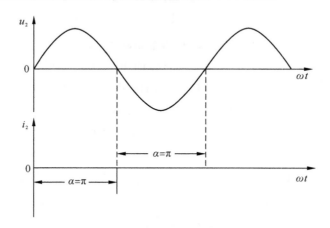

图 4-10　晶闸管功率变换器完全关断时的变流波形

当晶闸管功率变换器完全关断时,晶闸管控制角 α 为 π,即导通角 $\theta=0°$,此时感应式电抗变换器二次侧绕组电压为正弦波,而流过二次侧绕组的电流 i_2 为 0,即电流 i_2 与横坐标轴重合。晶闸管功率变换器完全关断时,流过晶闸管的电流有效值、感应式电抗变换器二次侧功率和功率因数全部为零,其关系式如下:

流过晶闸管的电流有效值为:

$$I_{\mathrm{SCR}} = \frac{U_2}{\sqrt{2}\pi Z_2}\sqrt{\theta - \frac{\sin\theta\cos(2\alpha+\phi+\theta)}{\cos\phi}}$$
$$= 0 \tag{4-15}$$

感应式电抗变换器二次侧功率为：

$$P_{\mathrm{in}} = I_2^2 Z_2 = (\sqrt{2}\,I_{\mathrm{SCR}})^2 Z_2 = 0 \tag{4-16}$$

式中，Z_2 为感应式电抗变换器二次侧等效阻抗。

功率因数为：

$$\cos\phi = \frac{P}{S} = \frac{U_{\mathrm{RL}}I_{\mathrm{RL}}}{U_2 I_{\mathrm{RL}}} = \frac{U_{\mathrm{RL}}}{U_{\mathrm{L}}} = \sqrt{\frac{\theta}{\pi} + \frac{1}{2\pi}\big[\sin2\alpha - \sin(2\alpha+2\theta)\big]} = 0 \tag{4-17}$$

2. 晶闸管功率变换器完全导通时的变流原理

当晶闸管功率变换器完全导通时，其等效电路和与感应式电抗变换器连接电路如图 4-11 所示。

由图 4-11 可知，晶闸管功率变换器完全导通时晶闸管功率变换器的输入端完全短接，即相当于感应式电抗变换器的二次侧绕组对外短路，其等效电路呈现短路状态。此时，流过感应式电抗变换器二次侧绕组的电流 i_2 达到最大值。根据电磁感应原理，流过电抗变换器一次侧绕组的电流由折算到一次侧的短路阻抗（电抗）决定，其结果是一次侧等效阻抗最小，而流过一次侧的电流最大。

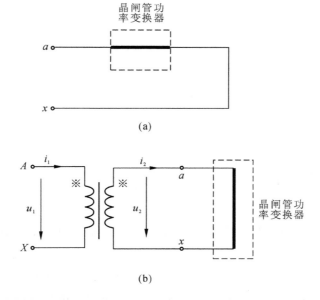

图 4-11　晶闸管功率变换器完全导通时的变流等效电路和与感应式电抗变换器连接电路

(a)变流等效电路；(b)与感应式阻抗变换器连接电路

晶闸管功率变换器完全导通时的变流波形如图 4-12 所示。

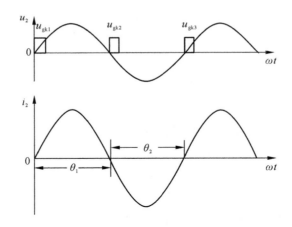

图 4-12　晶闸管功率变换器完全导通时的变流波形

由图 4-12 可知,晶闸管功率变换器完全导通时,晶闸管控制角 α 为 0°,而导通角 $\theta=$ 180°,感应式电抗变换器二次侧电抗控制绕组流过的电流 i_2 达到最大值。此时,流过二次侧电抗控制绕组的电流波形与电压波形同相位。

流过晶闸管的电流有效值、感应式电抗变换器二次侧功率和功率因数满足以下关系:

流过晶闸管的电流有效值

$$I_{SCR} = \frac{U_2}{\sqrt{2\pi}Z_2}\sqrt{\theta} \qquad (4\text{-}18)$$

感应式电抗变换器二次侧功率

$$P_{in} = I_2^2 Z_2 = \frac{U_2^2}{Z_2} \qquad (4\text{-}19)$$

功率因数

$$\cos\phi = \frac{P}{S} = \frac{U_{RL}I_{RL}}{U_2 I_{RL}} = \frac{U_{R2}}{U_2} = \sqrt{\frac{\theta}{\pi}} = 1 \qquad (4\text{-}20)$$

3. 晶闸管功率变换器处于可控变流状态时的变流原理

晶闸管功率变换器处于可控变流状态时的变流等效电路和感应式电抗变换器连接电路如图 4-13 所示。

由图 4-13 可知,当晶闸管功率变换器处于可控变流状态时,晶闸管功率变换器可等效成一个可控阻抗。因感应式电抗变换器与晶闸管功率变换器直接相连,故流过二次侧电抗控制绕组的电流 i_2 介于绕组短路电流和绕组开路电流之间值,即流过二次侧绕组的电流处于最小值与最大值之间,根据电磁感应原理,感应式电抗变换器的一次侧绕组电流 i_1 也介于最小值与最大值之间。

晶闸管处于可控变流状态时的变流波形如图 4-14 所示。

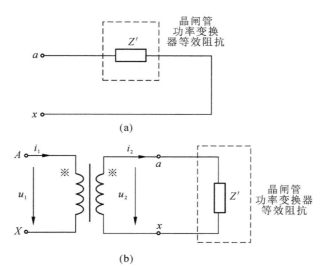

图 4-13　晶闸管功率变换器处于可控变流状态时的变流等效电路和感应式电抗变换器连接电路

（a）变流等效电路；（b）与感应式电抗变换器连接电路

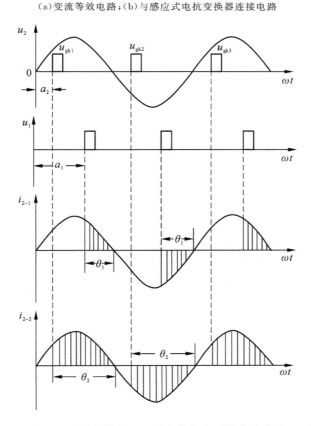

图 4-14　晶闸管处于可控变流状态时的变流波形

分析图 4-14，可得到流过晶闸管的电流有效值、负载电流有效值、感应式电抗变换器二次侧功率和功率因数的关系如下：

流过晶闸管的电流有效值

$$I_{\text{SCR}} = \frac{U_2}{\sqrt{2\pi}Z_2} \sqrt{\theta - \frac{\sin\theta\cos(2\alpha + \phi + \theta)}{\cos\phi}} \qquad (4\text{-}21)$$

负载电流的有效值

$$I_{\text{FZ}} = \sqrt{2}I_{\text{SCR}} = \frac{\sqrt{2}U_2}{\sqrt{2\pi}Z_2} \sqrt{\theta - \frac{\sin\theta\cos(2\alpha + \phi + \theta)}{\cos\phi}} \qquad (4\text{-}22)$$

感应式电抗变换器二次侧功率

$$P_{\text{in}} = I_2^2 Z_2 = I_{\text{Rt}}^2 Z_2 = \left(\frac{\sqrt{2}U_2}{\sqrt{2\pi}Z_2} \sqrt{\theta - \frac{\sin\theta\cos(2\alpha + \phi + \theta)}{\cos\phi}} \right)^2 Z_2$$

$$= \frac{U_2^2}{\pi Z_2} \left[\theta - \frac{\sin\theta\cos(2\alpha + \phi + \theta)}{\cos\phi} \right] \qquad (4\text{-}23)$$

功率因数

$$\cos\phi = \frac{P}{S} = \frac{U_{\text{RL}}I_{\text{FZ}}}{U_2 I_{\text{FZ}}} = \frac{U_{\text{RL}}}{U_2} = \sqrt{\frac{\theta}{\pi} + \frac{1}{2\pi}\left[\sin2\alpha - \sin(2\alpha + 2\theta) \right]} \qquad (4\text{-}24)$$

感应式电抗变换器二次侧绕阻与晶闸管功率变换器连接等效电路如图 4-15 所示。

图 4-15 中，Z_2 为感应式阻抗变换器二次侧电抗控制绕组的等效阻抗，Z' 为晶闸管功率变换器的等效阻抗。

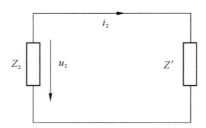

图 4-15 感应式电抗变换器二次侧绕组与晶闸管功率变换器连接等效电路

晶闸管功率变换器等效阻抗 Z' 的关系如下：

（1）根据傅里叶变换，可得到晶闸管变流器变流而产生的 a_1 和 b_1 关系：

$$a_1 = \frac{\sqrt{2}U_2}{2\pi Z_2}(\cos2\alpha - 1) \qquad (4\text{-}25)$$

$$b_1 = \frac{\sqrt{2}U_2}{2\pi Z_2 s}\left[\sin^2\alpha + 2(\pi - \alpha) \right] \qquad (4\text{-}26)$$

（2）电流有效值关系

$$I_2 = \frac{1}{\sqrt{2}}\sqrt{a_1^2 + b_1^2} = \frac{U_2}{\pi Z_2}\sqrt{\sin_\alpha^2 + (\pi - \alpha)\sin2\alpha + (\pi - \alpha)^2} \qquad (4\text{-}27)$$

（3）晶闸管功率变换器等效阻抗

$$Z' = \frac{U_2}{I_2} = \frac{\pi Z_2}{\sqrt{\sin^2\alpha + (\pi-\alpha)\sin2\alpha + (\pi-\alpha)^2}} \quad\quad (4\text{-}28)$$

式(4-28)表明了晶闸管功率变换器等效阻抗 Z' 与控制角 α 的关系。

根据式(4-25)至式(4-28),可得到以下结论:

①当晶闸管的控制角 $\alpha = 0°$ 时,晶闸管导通角最大,而晶闸管功率变换器近似于短路。

晶闸管功率变换器等效阻抗为:

$$Z' \approx 0 \quad\quad (4\text{-}29)$$

感应式晶闸管可控电抗器的二次侧等效阻抗为:

$$Z_L = Z'//Z_2 = Z_{Lmin}(最小值) \quad\quad (4\text{-}30)$$

感应式晶闸管可控电抗器的一次侧等效阻抗(主电抗)为:

$$Z_{AX} = Z_{AXmin}(最小值) \quad\quad (4\text{-}31)$$

②当晶闸管的控制角 $\alpha = 180°$ 时,晶闸管导通角为零,而晶闸管功率变换器近似于开路。

晶闸管功率变换器等效阻抗为:

$$Z' = \frac{\pi Z_2}{\sqrt{\sin^2\alpha + (\pi-\alpha)\sin2\alpha + (\pi-\alpha)^2}} \to \infty \quad\quad (4\text{-}32)$$

受物理约束条件限制,晶闸管功率变换器的等效阻抗不可能为无穷大,实际上感应式晶闸管可控电抗器的二次侧等效阻抗为:

$$Z_L = Z'//Z_2 \approx Z_2 \quad\quad (4\text{-}33)$$

感应式晶闸管可控电抗器一次侧等效阻抗为:

$$Z_{AX} \approx k^2 Z_2 \quad\quad (4\text{-}34)$$

③当晶闸管的控制角 $\alpha = \phi - 180°$ 时,晶闸管功率变换器等效阻抗 Z'、感应式晶闸管可控电抗器二次侧等效阻抗 Z_L 和感应式晶闸管可控电抗器一次侧等效阻抗 Z_{AX} 关系,可以参考式(4-25)至式(4-28)。

由以上分析可知,当晶闸管的控制角 α 改变时,晶闸管功率变换器等效阻抗 Z'、感应式阻抗变换器器的二次侧等效阻抗 Z_L 和感应式晶闸管可控电抗器的一次侧等效阻抗 Z_{AX} 也会随之改变,故感应式晶闸管可控电抗器也是一个阻抗(电抗)可控的电抗器。

4.2.2　三相晶闸管功率变换器变流原理

三相晶闸管功率变换器由三个单相晶闸管功率变换器构成,三相相互错开 120°工作,前面所述的单相晶闸管功率变换器变流原理及分析方法,同样适应于三相。三相晶闸管功率变换器的电路如图 4-16 的虚线框所示。三相功率变换器有三种工作状态,即完全关断(开路)、完全导通(短路)和可控状态。以下分析不同状态下的三相功率变换器电路及变流波形。

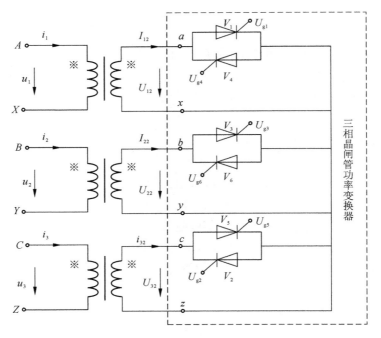

图 4-16　三相晶闸管功率变换器电路

1. 三相晶闸管功率变换器完全关断(开路)时的变流原理

三相晶闸管功率变换器完全关断时的变流波形如图 4-17 所示。

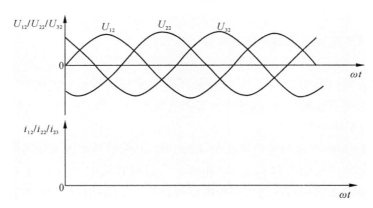

图 4-17　三相晶闸管功率变换器完全关断时的变流波形

　　由图 4-17 可知,三相晶闸管功率变换器在晶闸管完全关断时,每相晶闸管的导通角 $\theta=0°$,这时,每相的二次侧绕组相当于开路,而晶闸管电流有效值、感应式电抗变换器二次侧电流、感应式电抗变换器二次侧功率和功率因数全部为零,其关系式如下:

　　流过晶闸管的电流有效值

$$I_{SCR} = I_{SCR1} = I_{SCR2} = I_{SCR3} = I_{SCR4} = I_{SCR5} = I_{SCR6}$$

$$= \frac{U_2}{\sqrt{2\pi}Z_2} \sqrt{\theta - \frac{\sin\theta\cos(2\alpha + \phi + \theta)}{\cos\phi}} \tag{4-35}$$

$$= 0$$

感应式电抗变换器二次侧电流

$$I_2 = \sqrt{2}I_{SCR} = 0 \tag{4-36}$$

感应式电抗变换器二次侧功率

$$P_{in} = P_{in12} = P_{in22} = P_{in32} = I_2^2 Z_2 = (\sqrt{2}I_{SCR})^2 Z_2 = 0 \tag{4-37}$$

功率因数

$$\cos\phi = \cos\phi_{12} = \cos\phi_{22} = \cos\phi_{32}$$

$$= \sqrt{\frac{\theta}{\pi} + \frac{1}{2\pi}[\sin 2\alpha - \sin(2\alpha + 2\theta)]} = 0 \tag{4-38}$$

2. 三相晶闸管功率变换器完全导通(短路)时的变流原理

三相晶闸管功率变换器完全导通时的线电流变流波形可以参见图 4-15。

当三相晶闸管功率变换器完全导通时,每相晶闸管的导通角 $\theta = 180°$,这时,每相的二次侧绕组相当于短路,而晶闸管电流有效值、感应式电抗变换器二次侧电流、感应式电抗变换器二次侧功率和功率因数关系式如下:

各相变流波形依次互差 120°,各相输入电压幅值相等,电流有效值相等,即:

$$I_2 = I_{12} = I_{22} = I_{32} = \sqrt{2}I_{SCR} \tag{4-39}$$

流过晶闸管的电流有效值为:

$$I_{SCR} = I_{SCR1} = I_{SCR2} = I_{SCR3} = I_{SCR4} = I_{SCR5} = I_{SCR6}$$

$$= \frac{U_2}{\sqrt{2\pi}Z_2} \sqrt{\theta - \frac{\sin\theta\cos(2\alpha + \phi + \theta)}{\cos\phi}} \tag{4-40}$$

感应式电抗变换器二次侧功率为:

$$P_{in} = P_{in12} = P_{in22} = P_{in32} = U_2 I_2 = U_2 \sqrt{2}I_{SCR} = \frac{U_2^2}{Z_2} \tag{4-41}$$

功率因数为:

$$\cos\phi = \cos\phi_1 = \cos\phi_2 = \cos\phi_3$$

$$= \frac{P}{S} = \frac{U_{FZ}}{U_2} = \sqrt{\frac{\theta}{\pi} + \frac{1}{2\pi}[\sin 2\alpha - \sin(2\alpha + 2\theta)]} = 1 \tag{4-42}$$

3. 三相晶闸管功率变换器处于可控状态时的变流原理

三相晶闸管功率变换器处于可控状态时的变流波形可参见图 4-6 和图 4-7。

当晶闸管功率变换器处于可控状态时,每相晶闸管的控制角 α 逐渐减小,而导通角则逐渐增大,这时三相感应式电抗变换器的二次侧绕组的等效阻抗逐渐变小,而流过二

次侧绕组的电流 i_2 逐渐增大,最终致使一次侧绕组的等效阻抗变小,而电流 i_1 增大。

三相晶闸管功率变换器处于可控状态时,各相晶闸管电流有效值和感应式电抗变换器二次侧电流、功率及功率因数关系式如下:

晶闸管电流有效值

$$I_{SCR} = I_{SCR1} = I_{SCR2} = I_{SCR3} = I_{SCR4} = I_{SCR5} = I_{SCR6}$$

$$= \frac{U_2}{\sqrt{2\pi}Z_2}\sqrt{\theta - \frac{\sin\theta\cos(2\alpha + \phi + \theta)}{\cos\phi}} \tag{4-43}$$

感应式电抗变换器二次侧电流

$$I_2 = \sqrt{2}I_{SCR} \tag{4-44}$$

感应式电抗变换器二次侧功率

$$P_{in} = P_{in12} = P_{in22} = P_{in32} = I_2^2 Z_2$$

$$= \frac{U_2^2}{\pi Z_2}\left[\theta - \frac{\sin\theta\cos(2\alpha + \phi + \theta)}{\cos\phi}\right] \tag{4-45}$$

功率因数

$$\cos\phi = \cos\phi_1 = \cos\phi_2 = \cos\phi_3$$

$$= \frac{P}{S} = \frac{U_{RL}I_{RL}}{U_2 I_{RL}} = \frac{U_{RL}}{U_2} = \sqrt{\frac{\theta}{\pi} + \frac{1}{2\pi}\left[\sin 2\alpha - \sin(2\alpha + 2\theta)\right]} \tag{4-46}$$

三相晶闸管功率变换器变流原理与单相晶闸管功率变换器变流原理相同,由单相晶闸管功率变换器组成的三相晶闸管功率变换器在空间上每相互差 120°。当晶闸管的控制角 α 改变时,三相晶闸管功率变换器的等效阻抗、感应式晶闸管可控电抗器二次侧等效阻抗和感应式晶闸管可控电抗器一次侧等效阻抗也随之改变,且幅值相同,相位互差 120°。

三相晶闸管功率变换器相当于一个三相可控的等效阻抗(电抗),故三相感应式晶闸管可控电抗器也是一个可控的电抗器。

4.3　感应式晶闸管可控电抗器交流调压变流原理

感应式晶闸管可控电抗器作为一个新型电力电子电抗器,可以用于电力系统的无功补偿、谐波抑制、故障电流限流、交流调压以及高压变流电动机软起动等场景。

4.3.1　单相感应式单绕组晶闸管可控电抗器调压变流原理

1. 单相感应式单绕组晶闸管可控电抗器端电压调压

单相感应式单绕组晶闸管可控电抗器电路符号如图 4-18 所示。

图 4-18 单相感应式单绕组晶闸管可控电抗器电路符号

由图 4-18 可知,单相感应式单绕组晶闸管可控电抗器等效电路相当于一个可控电抗器。可控电抗器的等效主电感为 L_{AX}、等效主电抗为 X_{AX}、等效漏电抗为 $X_{AX\sigma}$、等效总电抗为 X_Z。根据单相感应式单绕组晶闸管可控电抗器的电抗变换关系,单相感应式单绕组晶闸管可控电抗器主电感关系式为:

$$L_{AX} = \frac{k^2 \pi Z_L}{\omega \sqrt{\sin^2\alpha + (\pi-\alpha)\sin 2\alpha + (\pi-\alpha)^2}}$$
$$= \frac{k^2 Z_2 Z'}{2f(Z_2+Z')\sqrt{\sin^2\alpha + (\pi-\alpha)\sin 2\alpha + (\pi-\alpha)^2}} \tag{4-47}$$

主电抗为:

$$X_{AX} = \frac{k^2 \pi Z_L}{\sqrt{\sin^2\alpha + (\pi-\alpha)\sin 2\alpha + (\pi-\alpha)^2}}$$
$$= \frac{k^2 \pi Z_2 Z'}{(Z_2+Z')\sqrt{\sin^2\alpha + (\pi-\alpha)\sin 2\alpha + (\pi-\alpha)^2}} \tag{4-48}$$

漏电抗为:

$$X_{AX\sigma} = \mu_0 \rho_L \frac{A_\sigma}{h}\left(W_1^2 + \frac{W_2^2}{k}\right) \tag{4-49}$$

当单相感应式单绕组晶闸管可控电抗器外加正弦波电压并流过电流 i_1 时,单相感应式单绕组晶闸管可控电抗器的端电压会发生变化。

由式(4-48)和式(4-49)可知,感应式晶闸管可控电抗器除了主电抗外还包含有漏电抗,故在考虑整个单相感应式单绕组晶闸管可控电抗器端电压调压关系时还应该包括漏电抗产生的电压降。即:

$$U_{AX} = j(X_{AX} + X_{AX\sigma})I_1 = j\left[\frac{k^2 \pi Z_L}{\sqrt{\sin^2\alpha + (\pi-\alpha)\sin 2\alpha + (\pi-\alpha)^2}} + \mu_0\rho_L\frac{A_\sigma}{h}\left(W_1^2 + \frac{W_2^2}{k}\right)\right]I_1$$
$$= j\left[\frac{k^2 \pi Z_2 Z'}{(Z_2+Z')\sqrt{\sin^2\alpha + (\pi-\alpha)\sin 2\alpha + (\pi-\alpha)^2}} + \mu_0\rho_L\frac{A_\sigma}{h}\left(W_1^2 + \frac{W_2^2}{k}\right)\right]I_1$$

$$\tag{4-50}$$

由单相感应式单绕组晶闸管可控电抗器阻抗变换关系可知,一般漏电抗产生的压降远远小于主电抗产生的压降,故在工程上认为感应式晶闸管可控电抗器的端电压近似于主电抗引起的压降(后同)。单相感应式单绕组晶闸管可控电抗器端电压为:

$$U_{AX} = j(X_{AX} + X_{AX\sigma})I_1 = j\Big[\frac{k^2\pi Z_L}{\sqrt{\sin^2\alpha + (\pi-\alpha)\sin2\alpha + (\pi-\alpha)^2}} + \mu_0\rho_L\frac{A_\sigma}{h}(W_1^2 + \frac{W_2^2}{k})\Big]I_1$$

$$= j\Big[\frac{k^2\pi Z_2 Z'}{(Z_2 + Z')\sqrt{\sin^2\alpha + (\pi-\alpha)\sin2\alpha + (\pi-\alpha)^2}} + \mu_0\rho_L\frac{A_\sigma}{h}(W_1^2 + \frac{W_2^2}{k})\Big]I_1$$

$$\approx jX_{AX}I_1 = j\frac{k^2\pi Z_L}{\sqrt{\sin^2\alpha + (\pi-\alpha)\sin2\alpha + (\pi-\alpha)^2}}I_1$$

$$\tag{4-51}$$

式(4-51)表明当改变晶闸管控制角 α 的大小时,就可以改变单相感应式单绕组晶闸管可控电抗器的端电压。

2.单相感应式单绕组晶闸管可控电抗器串电阻调压

由感应式单绕组晶闸管可控电抗器与电阻组成的 *R-L* 串联电路如图 4-19 所示。

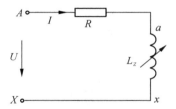

图 4-19 感应式单绕组晶闸管可控电抗器与电阻组成的 *R-L* 串联电路

根据图 4-19 所示的 *R-L* 串联电路可知,当在 *R-L* 串联电路 *A-X* 端施加正弦交流电压 *U* 时,就会在电阻 *R* 和可控电抗器上分别产生压降 U_R 和 $U_L(U_{ax})$,这时总阻抗、总电压满足以下关系:

阻抗向量关系式为:

$$Z = R + jX_{ax} \tag{4-52}$$

阻抗关系式为:

$$Z = \sqrt{R^2 + X_{ax}^2}\angle\varphi_Z \tag{4-53}$$

式中,$\varphi_Z = \arctan\dfrac{X_{ax}}{R}$

电压关系式为:

$$U = \sqrt{U_R^2 + U_{ax}^2} \tag{4-54}$$

电流向量关系式为:

$$I = \frac{U}{Z} = \frac{U}{\sqrt{R^2 + X_{ax}^2}\angle\varphi_Z} \tag{4-55}$$

(1)感应式单绕组晶闸管可控电抗器与电阻的分压关系

感应式晶闸管可控电抗器分压的电压向量关系式为:

$$U_{ax}=jX_{ax}\boldsymbol{I}=jX_{ax}\frac{\boldsymbol{U}}{\sqrt{R^2+X_{ax}^2}\angle\varphi_Z} \qquad (4-56)$$

电阻分压的电压向量关系式为:

$$\boldsymbol{U}_R=R\boldsymbol{I}=\frac{R\boldsymbol{U}}{\sqrt{R^2+X_{ax}^2}\angle\varphi_Z} \qquad (4-57)$$

(2)感应式晶闸管可控电抗器端电压与晶闸管控制角 α 的关系

① 当控制角 α 为零时,导通角为最大值,这时可控电抗器的电抗值最小,端电压有效值也最小。

可控电抗器最小等效阻抗关系式:

$$X_{ax}=\frac{k^2(Z_2Z')}{(Z_2+Z')}=k^2Z_L(\alpha=0) \qquad (4-58)$$

可控电抗器分压电压有效值关系式:

$$U_{ax}=\frac{X_{ax}}{\sqrt{R^2+X_{ax}^2}}U \qquad (4-59)$$

② 当控制角 α 为 π 时,导通角为零,这时感应式晶闸管可控电抗器的电抗值最大,端电压有效值也最大,接近于电源电压。可控电抗器分压的电压有效值为:

$$U_{ax}=\frac{X_{ax}}{\sqrt{R^2+X_{ax}^2}}U\approx U \qquad (4-60)$$

③当控制角 α 在 0 至 π 之间变化时,感应式晶闸管可控电抗器端电压有效值也会在 $\lambda U\sim U(0<\lambda<1)$ 之间变化,即:

$$U_{ax}=\frac{X_{ax}}{\sqrt{R^2+X_{ax}^2}}U\sim U=\lambda U\sim U(0<\lambda<1) \qquad (4-61)$$

(3)电阻端电压与晶闸管控制角 α 的关系

① 当控制角为 0 时,电阻的端电压为最大值;

② 当控制角为 π 时,感应式晶闸管可控电抗器的端电压为最大值并接近电源电压,这时电阻端电压接近于最小值。

③ 当控制角由 0 逐渐增加时,感应式晶闸管可控电抗器的等效阻抗也会增加,可控电抗器的端电压也随之增加,这时电阻端电压逐渐变小。

3. 理想状态单相感应式单绕组晶闸管可控电抗器与电阻的分压波形

单相感应式单绕组晶闸管可控电抗器与电阻的分压波形示意图如图 4-20 所示。由图 4-20 可知,由于单相感应式单绕组晶闸管可控电抗器的阻抗大于电阻值,故其端电压分压值会大于电阻的分压值,而分压波形幅值也会大于电阻的分压波形幅值。

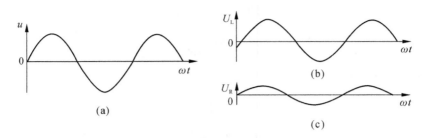

图 4-20　单相感应式单绕组晶闸管可控电抗器与电阻的分压波形示意图

(a)外加电源电压波形；(b)可控电抗器分压波形；(c)电阻分压波形

（1）晶闸管功率变换器完全关断

当晶闸管功率变换器完全关断时，单相感应式单绕组晶闸管可控电抗器与电阻的分压波形示意图如图 4-21 所示。

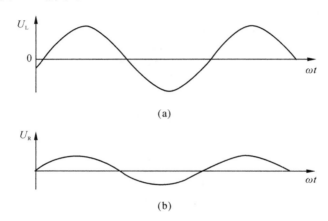

图 4-21　晶闸管功率变换器完全关断时单相感应式单绕组晶闸管可控电抗器与电阻的分压波形示意图

(a)可控电抗器分压波形；(b)电阻分压波形

由图 4-21 可知，当晶闸管功率变换器完全关断时，可控电抗器的二次侧相当于开路，其等效阻抗最大，故可控电抗器的分压值也为最大值，电阻分压值为最小值。

（2）晶闸管功率变换器完全导通

当晶闸管功率变换器完全导通时，单相感应式单绕组晶闸管可控电抗器与电阻的分压波形示意图如图 4-22 所示。

由图 4-22 可知，当晶闸管功率变换器完全导通时，可控电抗器的二次侧相当于短路，其一次侧等效阻抗最小。这时可控电抗器的端电压分压值最小，同时电阻分压值为最大。

（3）晶闸管功率变换器处于调控状态

当晶闸管功率变换器处于调控状态时，单相感应式单绕组晶闸管可控电抗器与电阻的分压波形示意图如图 4-23 所示。

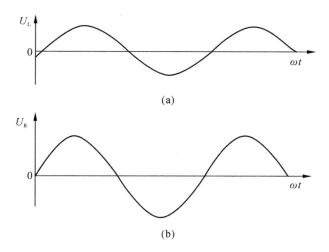

(a)

(b)

图 4-22　晶闸管功率变换器完全导通时单相感应式单绕组晶闸管可控电抗器与电阻分压波形示意图

(a)可控电抗器分压波形;(b)电阻分压波形

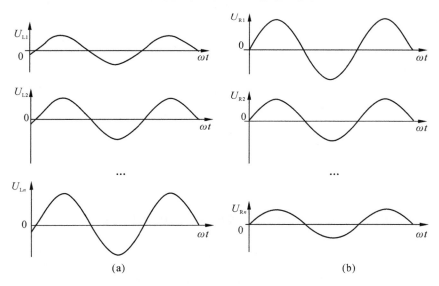

(a)　　　　　　　　　　　　　(b)

**图 4-23　单相感应式单绕组晶闸管可控电抗器与电阻在晶闸管功率变换器
处于调控状态时的分压波形示意图**

(a)可控电抗器连续分压波形(由小到大);(b)电阻连续分压波形(由大到小)

由图 4-23 可知,当晶闸管功率变换器处于调控状态时,单相感应式单绕组晶闸管可控电抗器在短路与开路之间变化;同时,单相感应式单绕组晶闸管可控电抗器的分压幅值会逐渐增大,而电阻分压幅值则会逐渐变小。

实际上,在单相感应式晶闸管可控电抗器和电阻的分压波形中,含有极少量的谐波,该谐波主要是低次谐波,在工程应用中不会造成影响。

算例 4-3　已知单相感应式单绕组晶闸管可控电抗器和电阻组成串联电路,如

图 4-19所示。其中,可控电抗器的电感为 40mH,$R=15\Omega$,电源电压 $U=141\cos(500t)$,试求:①电路中的电流;②单相感应式晶闸管可控电抗器和电阻端电压;③电压有效值;电流电压瞬时值。

解:根据题意可得到电源电压向量表达式为:

$$U=\frac{141}{\sqrt{2}}\angle 0°=100\angle 0°$$

采用向量法,计算电路电抗(阻抗):

$$jX_L=j\omega L=j500\times 40\times 10^{-3}=j20$$
$$Z=R+jX_L=25\angle 53.13°$$

根据电路阻抗求电路的电流向量

$$I=\frac{U}{Z}=\frac{100\angle 0°}{25\angle 53.13°}=4\angle -53.13°$$

单相感应式晶闸管可控电抗器端电压向量关系式为:

$$U_L=80\angle 36.87°$$

电阻端电压向量关系式为:

$$U_R5=60\angle -53.13°$$

电压有效值为:

$$U=\sqrt{U_R^2+U_L^2}=100V$$

电流电压瞬时值关系式为:

$$i=4\sqrt{2}\cos(500t-53.13°)$$
$$u_R=60\sqrt{2}\cos(500t-53.13°)$$
$$u_L=80\sqrt{2}\cos(500t+36.87°)$$

4.3.2 三相感应式单绕组晶闸管可控电抗器调压变流原理

1. 三相感应式单绕组晶闸管可控电抗器端电压调压

三相感应式单绕组晶闸管可控电抗器等效电路如图 4-24 所示。

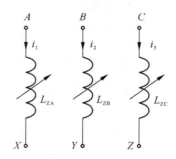

图 4-24　三相感应式单绕组晶闸管可控电抗器等效电路

由图 4-24 可知,三相感应式单绕组晶闸管可控电抗器等效电路相当于一个三相可控电抗器,三相中各相的等效总电感分别为 L_{ZA}、L_{ZB}、L_{ZC},各相的主电感分别为 L_{AX}、L_{BY}、L_{CZ},各相的漏电感分别为 $L_{AX\sigma}$、$L_{BY\sigma}$、$L_{CZ\sigma}$。

(1)三相感应式单绕组晶闸管可控电抗器各相电抗变换关系

各相主电感关系式为:

$$
\left.
\begin{aligned}
L_{AX} &= \frac{k^2\pi Z_{2a}Z'_A}{\omega(Z_{2a}+Z'_A)\sqrt{\sin^2\alpha+(\pi-\alpha)\sin2\alpha+(\pi-\alpha)^2}} = \frac{k^2 Z_{2a}Z'_A}{2f(Z_{2a}+Z'_A)\sqrt{\sin^2\alpha+(\pi-\alpha)\sin2\alpha+(\pi-\alpha)^2}} \\
L_{BY} &= \frac{k^2\pi Z_{2b}Z'_B}{\omega(Z_{2b}+Z'_B)\sqrt{\sin^2\alpha+(\pi-\alpha)\sin2\alpha+(\pi-\alpha)^2}} = \frac{k^2 Z_{2b}Z'_B}{2f(Z_{2b}+Z'_B)\sqrt{\sin^2\alpha+(\pi-\alpha)\sin2\alpha+(\pi-\alpha)^2}} \\
L_{CZ} &= \frac{k^2\pi Z_{2c}Z'_C}{\omega(Z_{2c}+Z'_C)\sqrt{\sin^2\alpha+(\pi-\alpha)\sin2\alpha+(\pi-\alpha)^2}} = \frac{k^2 Z_{2c}Z'_C}{2f(Z_{2c}+Z'_C)\sqrt{\sin^2\alpha+(\pi-\alpha)\sin2\alpha+(\pi-\alpha)^2}}
\end{aligned}
\right\}
$$
$$(4\text{-}62)$$

各相主电抗关系式为:

$$
\left.
\begin{aligned}
X_{AX} &= \frac{k^2\pi Z_{LA}}{\sqrt{\sin^2\alpha+(\pi-\alpha)\sin2\alpha+(\pi-\alpha)^2}} \\
X_{BY} &= \frac{k^2\pi Z_{LB}}{\sqrt{\sin^2\alpha+(\pi-\alpha)\sin2\alpha+(\pi-\alpha)^2}} \\
X_{CZ} &= \frac{k^2\pi Z_{LC}}{\sqrt{\sin^2\alpha+(\pi-\alpha)\sin2\alpha+(\pi-\alpha)^2}}
\end{aligned}
\right\}
$$
$$(4\text{-}63)$$

各相漏电抗关系式为:

$$
\left.
\begin{aligned}
X_{AX\sigma} &= \mu_0\rho_L\frac{A_{AX\sigma}}{h}\left(W_{1A}^2+\frac{W_{2a}^2}{k}\right) \\
X_{BY\sigma} &= \mu_0\rho_L\frac{A_{BY\sigma}}{h}\left(W_{1B}^2+\frac{W_{2b}^2}{k}\right) \\
X_{CZ\sigma} &= \mu_0\rho_L\frac{A_{CZ\sigma}}{h}\left(W_{1C}^2+\frac{W_{2c}^2}{k}\right)
\end{aligned}
\right\}
$$
$$(4\text{-}64)$$

(2)三相感应式单绕组晶闸管可控电抗器各相阻抗向量关系

各相阻抗向量关系式为:

$$
\left.
\begin{aligned}
Z_{AX} &= j(X_{AX}+X_{AX\sigma}) \\
Z_{BY} &= j(X_{BY}+X_{BY\sigma}) \\
Z_{CZ} &= j(X_{CZ}+X_{CZ\sigma})
\end{aligned}
\right\}
$$
$$(4\text{-}65)$$

(3)三相感应式单绕组晶闸管可控电抗器各相电压向量关系

各相电压向量关系式为:

$$
\boldsymbol{U}_{AX} = j(X_{AX}+X_{AX\sigma})\boldsymbol{I}_1 \approx jX_{AX}\boldsymbol{I}_1 = j\frac{k^2\pi Z_{LA}}{\sqrt{\sin^2\alpha+(\pi-\alpha)\sin2\alpha+(\pi-\alpha)^2}}\boldsymbol{I}_1 \quad (4\text{-}66)
$$

$$
\boldsymbol{U}_{BY} = j(X_{BY}+X_{BY\sigma})\boldsymbol{I}_2 \approx jX_{BY}\boldsymbol{I}_2 = j\frac{k^2\pi Z_{LB}}{\sqrt{\sin^2\alpha+(\pi-\alpha)\sin2\alpha+(\pi-\alpha)^2}}\boldsymbol{I}_2 \quad (4\text{-}67)
$$

$$U_{CZ}=j(X_{CZ}+X_{CZ\sigma})I_3 \approx jX_{CZ}I_3 = j\frac{k^2\pi Z_{LC}}{\sqrt{\sin^2\alpha+(\pi-\alpha)\sin2\alpha+(\pi-\alpha)^2}}I_3 \qquad (4\text{-}68)$$

式(4-65)至式(4-68)表明当改变晶闸管控制角 α 的大小时,就可以改变三相感应式单绕组晶闸管可控电抗器的端电压。

2.三相感应式单绕组晶闸管可控电抗器串电阻调压

三相感应式单绕组晶闸管可控电抗器与电阻 R 组成的星形电路如图 4-25 所示。

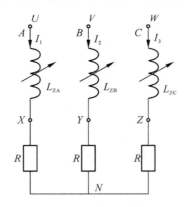

图 4-25　三相感应式单绕组晶闸管可控电抗器与电阻 R 组成的星形电路

当在三相星形电路施加正弦交流电压 U_N、V_N、W_N 时,就会在电阻 R 和感应式单绕组晶闸管可控电抗器上分别产生压降 U_{XN}、U_{YN}、U_{ZN} 和 U_{AX}、U_{BY}、U_{CZ},这时各相的总阻抗、总电压满足以下关系:

(1)三相感应式单绕组晶闸管可控电抗器各相阻抗向量关系

各相阻抗关系式为:

$$\left.\begin{aligned}Z_{AN}&=\sqrt{R^2+X_{AX}^2}\angle\varphi_a\\Z_{BN}&=\sqrt{R^2+X_{BY}^2}\angle\varphi_b\\Z_{CN}&=\sqrt{R^2+X_{CZ}^2}\angle\varphi_c\end{aligned}\right\} \qquad (4\text{-}69)$$

各相电流向量关系式为:

$$\left.\begin{aligned}I_1&=\frac{U_N}{Z_{AN}}=\frac{U_N}{\sqrt{R^2+X_{AX}^2}\angle\varphi_a}\\I_2&=\frac{V_N}{Z_{BN}}=\frac{V_N}{\sqrt{R^2+X_{BY}^2}\angle\varphi_b}\\I_3&=\frac{W_N}{Z_{CN}}=\frac{W_N}{\sqrt{R^2+X_{CZ}^2}\angle\varphi_c}\end{aligned}\right\} \qquad (4\text{-}70)$$

(2)三相感应式单绕组晶闸管可控电抗器与电阻的分压关系

三相感应式单绕组晶闸管可控电抗器端电压向量关系为:

$$\left. \begin{array}{l} \boldsymbol{U}_{AX} = j(X_{AX} + X_{AX\sigma})\boldsymbol{I}_1 \approx jX_{AX}\boldsymbol{I}_1 \\ \boldsymbol{V}_{BY} = j(X_{BY} + X_{BY\sigma})\boldsymbol{I}_2 \approx jX_{BY}\boldsymbol{I}_2 \\ \boldsymbol{W}_{CZ} = j(X_{CZ} + X_{CZ\sigma})\boldsymbol{I}_3 \approx jX_{CZ}\boldsymbol{I}_3 \end{array} \right\} \tag{4-71}$$

三相感应式单绕组晶闸管可控电抗器端电压向量与控制角 α 关系：

$$\left. \begin{array}{l} \boldsymbol{U}_{AX} = jX_{AX}\boldsymbol{I}_1 = j\dfrac{k^2 \pi Z_{LA}}{\sqrt{\sin^2\alpha + (\pi - \alpha)\sin 2\alpha + (\pi - \alpha)^2}}\boldsymbol{I}_1 \\[4mm] \boldsymbol{V}_{BY} = jX_{BY}\boldsymbol{I}_2 = j\dfrac{k^2 \pi Z_{LB}}{\sqrt{\sin^2\alpha + (\pi - \alpha)\sin 2\alpha + (\pi - \alpha)^2}}\boldsymbol{I}_2 \\[4mm] \boldsymbol{W}_{CZ} = jX_{CZ}\boldsymbol{I}_3 = j\dfrac{k^2 \pi Z_{LC}}{\sqrt{\sin^2\alpha + (\pi - \alpha)\sin 2\alpha + (\pi - \alpha)^2}}\boldsymbol{I}_3 \end{array} \right\} \tag{4-72}$$

三相电阻分压电压向量关系式为：

$$\left. \begin{array}{l} \boldsymbol{U}_R = R\boldsymbol{I}_1 = \dfrac{R\boldsymbol{U}_N}{\sqrt{R^2 + X_{AX}^2} \angle \varphi_a} \\[4mm] \boldsymbol{V}_R = R\boldsymbol{I}_2 = \dfrac{R\boldsymbol{V}_N}{\sqrt{R^2 + X_{BY}^2} \angle \varphi_b} \\[4mm] \boldsymbol{W}_R = R\boldsymbol{I}_3 = \dfrac{R\boldsymbol{W}_N}{\sqrt{R^2 + X_{CZ}^2} \angle \varphi_c} \end{array} \right\} \tag{4-73}$$

分析式(4-70)至式(4-73)可得到以下结论：

①当控制角为零时，导通角为最大值，这时三相感应式单绕组晶闸管可控电抗器的电抗和端电压都为最小值；电阻的端电压为最大值。

②当控制角为 π 时，导通角为零，这时三相感应式单绕组晶闸管可控电抗器的电抗和端电压都为最大值，且端电压近似于电源电压；电阻的端电压为最小值。

③当控制角在 $0 \sim \pi$ 之间变化时，三相感应式单绕组晶闸管可控电抗器的端电压会在 $\lambda U \sim U(0 < \lambda < 1)$ 之间变化；电阻的端电压由最大值逐渐变小，相当于电阻电压逐渐转移到感应式晶闸管可控电抗器上。

算例 4-4　某三相晶闸管交流调压电路，输入线电压为 380V，$f = 50\text{Hz}$，带三相电阻性负载，星形连接(带中性线)，$R = 10\Omega$。当控制角 $\alpha = 0$ 和控制角 $\alpha = \dfrac{\pi}{2}$ 时，试求三相中各相负载的电压有效值、电流有效值以及流过晶闸管的电流有效值和功率因数。

解：(1) $\alpha = 0$

各相负载电压有效值为：

$$U_{RA} = \frac{U_{2A}}{\sqrt{3}}\sqrt{\frac{1}{2\pi}\sin 2\alpha + \frac{\pi - \alpha}{\pi}} = \frac{380\text{V}}{\sqrt{3}}\sqrt{\frac{1}{2\pi}\sin 2\alpha + \frac{\pi - \alpha}{\pi}} = 220\text{V}$$

$$U_{RB} = \frac{U_{2B}}{\sqrt{3}}\sqrt{\frac{1}{2\pi}\sin 2\alpha + \frac{\pi - \alpha}{\pi}} = \frac{380\text{V}}{\sqrt{3}}\sqrt{\frac{1}{2\pi}\sin 2\alpha + \frac{\pi - \alpha}{\pi}} = 220\text{V}$$

$$U_{RC} = \frac{U_{2C}}{\sqrt{3}}\sqrt{\frac{1}{2\pi}\sin2\alpha + \frac{\pi-\alpha}{\pi}} = \frac{380\text{V}}{\sqrt{3}}\sqrt{\frac{1}{2\pi}\sin2\alpha + \frac{\pi-\alpha}{\pi}} = 220\text{V}$$

各相负载电流有效值为：

$$I_{LA} = \frac{U_{RA}}{R} = \frac{U_{2A}}{\sqrt{3}R}\sqrt{\frac{1}{2\pi}\sin2\alpha + \frac{\pi-\alpha}{\pi}} = \frac{380\text{V}}{\sqrt{3}\times10\Omega} = 22\text{A}$$

$$I_{LB} = \frac{U_{RB}}{R} = \frac{U_{2B}}{\sqrt{3}R}\sqrt{\frac{1}{2\pi}\sin2\alpha + \frac{\pi-\alpha}{\pi}} = \frac{380\text{V}}{\sqrt{3}\times10\Omega} = 22\text{A}$$

$$I_{LC} = \frac{U_{RC}}{R} = \frac{U_{2C}}{\sqrt{3}R}\sqrt{\frac{1}{2\pi}\sin2\alpha + \frac{\pi-\alpha}{\pi}} = \frac{380\text{V}}{\sqrt{3}\times10\Omega} = 22\text{A}$$

流过晶闸管（共 6 只）的电流有效值为：

$$I_{SCR1-6} = \frac{U_{2A}}{R\sqrt{3}}\sqrt{\frac{1}{2}(1-\frac{\alpha}{\pi}+\frac{\sin2\alpha}{2\pi})} = \frac{U_{2B}}{R\sqrt{3}}\sqrt{\frac{1}{2}(1-\frac{\alpha}{\pi}+\frac{\sin2\alpha}{2\pi})}$$

$$= \frac{U_{2C}}{R\sqrt{3}}\sqrt{\frac{1}{2}(1-\frac{\alpha}{\pi}+\frac{\sin2\alpha}{2\pi})} = 15.56\text{A}$$

功率因数为：

$$\cos\phi = \sqrt{\frac{1}{2\pi}\sin2\alpha + \frac{\pi-\alpha}{\pi}} = 1$$

(2)$\alpha = \frac{\pi}{2}$

各相负载电压有效值为：

$$U_{RA} = U_{RB} = U_{RC} = \frac{U_{2A}}{\sqrt{3}}\sqrt{\frac{1}{2\pi}\sin2\alpha + \frac{\pi-\alpha}{\pi}} = \frac{U_{2B}}{\sqrt{3}}\sqrt{\frac{1}{2\pi}\sin2\alpha + \frac{\pi-\alpha}{\pi}}$$

$$= \frac{U_{2C}}{\sqrt{3}}\sqrt{\frac{1}{2\pi}\sin2\alpha + \frac{\pi-\alpha}{\pi}} = 155\text{V}$$

各相负载电流有效值为：

$$I_{LA} = I_{LB} = I_{LC} = \frac{U_{RA}}{R} = \frac{U_{RB}}{R} = \frac{U_{RC}}{R}$$

$$= \frac{U_{2A}}{R\sqrt{3}}\sqrt{\frac{1}{2\pi}\sin2\alpha + \frac{\pi-\alpha}{\pi}} = \frac{U_{2B}}{R\sqrt{3}}\sqrt{\frac{1}{2\pi}\sin2\alpha + \frac{\pi-\alpha}{\pi}}$$

$$= \frac{U_{2C}}{R\sqrt{3}}\sqrt{\frac{1}{2\pi}\sin2\alpha + \frac{\pi-\alpha}{\pi}} = 15.6\text{A}$$

流过晶闸管的电流有效值为：

$$I_{SCR1-6} = \frac{U_{2A}}{\sqrt{3}R}\sqrt{\frac{1}{2}(1-\frac{\alpha}{\pi}+\frac{\sin2\alpha}{2\pi})} = \frac{U_{2B}}{\sqrt{3}R}\sqrt{\frac{1}{2}(1-\frac{\alpha}{\pi}+\frac{\sin2\alpha}{2\pi})}$$

$$= \frac{U_{2C}}{\sqrt{3}R}\sqrt{\frac{1}{2}(1-\frac{\alpha}{\pi}+\frac{\sin2\alpha}{2\pi})} = 11\text{A}$$

功率因数为：

$$\cos\phi=\sqrt{\frac{1}{2\pi}\sin2\alpha+\frac{\pi-\alpha}{\pi}}=0.71$$

3.三相感应式单绕组晶闸管可控电抗器串交流电动机调压

三相感应式单绕组晶闸管可控电抗器串交流电动机示意图如图 4-26 所示。三相感应式单绕组晶闸管可控电抗器串交流电动机等效电路如图 4-27 所示。

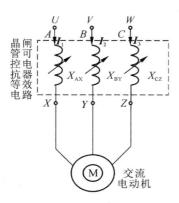
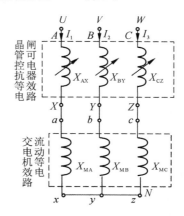

图 4-26 三相感应式单绕组晶闸管可控电抗器串交流电动机示意图　　**图 4-27 三相感应式单绕组晶闸管可控电抗器串交流电动机等效电路**

（1）三相感应式单绕组晶闸管可控电抗器各相阻抗与主电抗

阻抗向量关系式为：

$$Z=j(X_L+X_M)\tag{4-74}$$

主电抗关系式为：

$$X_{AX}=X_{BY}=X_{CZ}=\frac{k^2\pi Z_{LA}}{\sqrt{\sin^2\alpha+(\pi-\alpha)\sin2\alpha+(\pi-\alpha)^2}}$$

$$=\frac{k^2\pi Z_{LB}}{\sqrt{\sin^2\alpha+(\pi-\alpha)\sin2\alpha+(\pi-\alpha)^2}}=\frac{k^2\pi Z_{LC}}{\sqrt{\sin^2\alpha+(\pi-\alpha)\sin2\alpha+(\pi-\alpha)^2}}\tag{4-75}$$

（2）三相交流电动机分压关系

$$\left.\begin{array}{l}\boldsymbol{U}_{ax}=j\dfrac{X_{MA}}{X_{AX}+X_{MA}}\boldsymbol{U}_N=j\dfrac{X_{MA}}{\dfrac{k^2\pi Z_{LA}}{\sqrt{\sin^2\alpha+(\pi-\alpha)\sin2\alpha+(\pi-\alpha)^2}}+X_{MA}}\boldsymbol{U}_N\\[4mm]\boldsymbol{V}_{by}=j\dfrac{X_{MB}}{X_{BY}+X_{MB}}\boldsymbol{V}_N=j\dfrac{X_{MB}}{\dfrac{k^2\pi Z_{LB}}{\sqrt{\sin^2\alpha+(\pi-\alpha)\sin2\alpha+(\pi-\alpha)^2}}+X_{MB}}\boldsymbol{V}_N\\[4mm]\boldsymbol{W}_{cz}=j\dfrac{X_{MC}}{X_{CZ}+X_{MC}}\boldsymbol{W}_N=j\dfrac{X_{MC}}{\dfrac{k^2\pi Z_{LC}}{\sqrt{\sin^2\alpha+(\pi-\alpha)\sin2\alpha+(\pi-\alpha)^2}}+X_{MC}}\boldsymbol{W}_N\end{array}\right\}\tag{4-76}$$

（3）三相感应式单绕组晶闸管可控电抗器分压关系

忽略各相漏电抗,则三相感应式单绕组晶闸管可控电抗器各相电压向量与控制角 α 的关系为:

$$\left.\begin{aligned} \boldsymbol{U}_{AX} &= j\,\frac{X_{AX}}{X_{MA}+X_{AX}}\boldsymbol{U}_N = j\,\frac{\dfrac{k^2\pi Z_{LA}}{\sqrt{\sin^2\alpha+(\pi-\alpha)\sin2\alpha+(\pi-\alpha)^2}}}{\dfrac{k^2\pi Z_{LA}}{\sqrt{\sin^2\alpha+(\pi-\alpha)\sin2\alpha+(\pi-\alpha)^2}}+X_{AX}}\boldsymbol{U}_N \\[2em] \boldsymbol{V}_{BY} &= j\,\frac{X_{BY}}{X_{MB}+X_{BY}}\boldsymbol{V}_N = j\,\frac{\dfrac{k^2\pi Z_{LB}}{\sqrt{\sin^2\alpha+(\pi-\alpha)\sin2\alpha+(\pi-\alpha)^2}}}{\dfrac{k^2\pi Z_{LB}}{\sqrt{\sin^2\alpha+(\pi-\alpha)\sin2\alpha+(\pi-\alpha)^2}}+X_{BY}}\boldsymbol{V}_N \\[2em] \boldsymbol{W}_{CZ} &= j\,\frac{X_{CZ}}{X_{MC}+X_{CZ}}\boldsymbol{W}_N = j\,\frac{\dfrac{k^2\pi Z_{LC}}{\sqrt{\sin^2\alpha+(\pi-\alpha)\sin2\alpha+(\pi-\alpha)^2}}}{\dfrac{k^2\pi Z_{LC}}{\sqrt{\sin^2\alpha+(\pi-\alpha)\sin2\alpha+(\pi-\alpha)^2}}+X_{CZ}}\boldsymbol{W}_N \end{aligned}\right\} \quad (4\text{-}77)$$

分析式(4-74)和式(4-77)可知,一方面,只要改变晶闸管控制角 α ,就可以改变三相感应式单绕组晶闸管可控电抗器的端电压,继而实现交流电动机调压;另一方面,当晶闸管控制角 α 改变时,三相感应式单绕组晶闸管可控电抗器的端电压就会发生转移,从而实现交流电动机的软起动。

① 控制角 $\alpha=0$ 时,三相感应式单绕组晶闸管可控电抗器各相电压关系

$$\left.\begin{aligned} \boldsymbol{U}_{AX} &= j\,\frac{X_{AX}}{X_{MA}+X_{AX}}\boldsymbol{U}_N = j\,\frac{k^2 Z_{LA}}{k^2 Z_{LA}+X_{MA}}\boldsymbol{U}_N = j\lambda_a\,\boldsymbol{U}_N \\[1em] \boldsymbol{V}_{BY} &= j\,\frac{X_{BY}}{X_{MB}+X_{BY}}\boldsymbol{V}_N = j\,\frac{k^2 Z_{LB}}{k^2 Z_{LB}+X_{MB}}\boldsymbol{V}_N = j\lambda_b\,\boldsymbol{V}_N \\[1em] \boldsymbol{W}_{CZ} &= j\,\frac{X_{CZ}}{X_{MC}+X_{CZ}}\boldsymbol{W}_N = j\,\frac{k^2 Z_{LC}}{k^2 Z_{LC}+X_{MC}}\boldsymbol{W}_N = j\lambda_c\,\boldsymbol{W}_N \end{aligned}\right\} \quad (4\text{-}78)$$

式中, $\lambda_a=\lambda_b=\lambda_c=\lambda(0<\lambda<1)$ 。

② 控制角 $\alpha=\pi$ 时,三相感应式单绕组晶闸管可控电抗器各相电压关系

$$\left.\begin{aligned} \boldsymbol{U}_{AX} &= j\,\frac{X_{AX}}{X_{MA}+X_{AX}}\boldsymbol{U}_N \approx \boldsymbol{U}_N \\[1em] \boldsymbol{V}_{BY} &= j\,\frac{X_{BY}}{X_{MB}+X_{BY}}\boldsymbol{V}_N \approx \boldsymbol{V}_N \\[1em] \boldsymbol{W}_{CZ} &= j\,\frac{X_{CZ}}{X_{MC}+X_{CZ}}\boldsymbol{W}_N \approx \boldsymbol{W}_N \end{aligned}\right\} \quad (4\text{-}79)$$

式(4-79)表明,当控制角 $\alpha=\pi$ 时,三相感应式单绕组晶闸管可控电抗器端电压近似于电源电压。

③ 控制角 $\alpha=0\sim\pi$ 时,三相感应式单绕组晶闸管可控电抗器各相电压关系

$$\left.\begin{aligned}
\boldsymbol{U}_{AX} &= \mathrm{j}\lambda_a \boldsymbol{U}_N \sim \boldsymbol{U}_N (\lambda_a \subset 1) \\
\boldsymbol{V}_{BY} &= \mathrm{j}\lambda_b \boldsymbol{V}_N \sim \boldsymbol{V}_N (\lambda_b \subset 1) \\
\boldsymbol{W}_{CZ} &= \mathrm{j}\lambda_c \boldsymbol{W}_N \sim \boldsymbol{W}_N (\lambda_c \subset 1)
\end{aligned}\right\} \tag{4-80}$$

算例 4-5　某三相感应式单绕组晶闸管可控电抗器与三相交流电动机串联组成三相交流调压软起动电路,如图 4-26 所示。已知输入三相交流调压软起动电路的电源线电压有效值为 10kV,交流电动机每相的等效阻抗为 50Ω,三相交流电动机为星形连接。若三相交流电动机至少需要 70％的三相电源相电压分压有效值才能起动,试计算:①三相感应式晶闸管可控电抗器各相的阻抗值应该调到多少才能满足电动机起动要求? ②三相感应式晶闸管可控电抗器的分压有效值和电动机的分压有效值各是多少?

解:根据三相电源线电压有效值,可得到三相电源相电压有效值为:

$$U_{AN} = U_{BN} = U_{CN} = \frac{U_{AB}}{\sqrt{3}} = \frac{U_{BC}}{\sqrt{3}} = \frac{U_{AC}}{\sqrt{3}} = \frac{10\mathrm{kV}}{\sqrt{3}} = 5.774\mathrm{kV}$$

三相交流电动机起动时需要的最小电源相电压有效值为:

$$U_{Aq} = U_{Bq} = U_{Cq} = 0.7U_{AN} = 0.7U_{BN} = 0.7U_{CN} = 0.7 \times \frac{10\mathrm{kV}}{\sqrt{3}} = 4.042\mathrm{kV}$$

设三相交流电动机各相的等效阻抗为 X_m、三相感应式单绕组晶闸管可控电抗器各相的等效阻抗为 X_L。以 A 相为例,可以得到以下关系式:

$$U_{Aq} = \frac{X_m}{X_L + X_m} U_{AN} = \frac{50}{X_L + 50} U_{AN}$$

综上可得到三相感应式单绕组晶闸管可控电抗器各相的等效阻抗应为:

$$X_L = 21.43\Omega$$

根据图 4-27,可得到三相感应式单绕组晶闸管可控电抗器各相分压有效值为:

$$U_{XL} = \frac{X_L}{X_L + X_m} U_{AN} = 1.732\mathrm{kV}$$

三相交流电动机软起动时各相分压有效值为:

$$U_{Xm} = \frac{X_m}{X_L + X_m} U_{AN} = 4.042\mathrm{kV}$$

结论:

①三相感应式晶闸管可控电抗器各相的阻抗值至少要调到小于或等于 21.43Ω,这时;

②三相感应式晶闸管可控电抗器各相的分压有效值为 1.732kV;

③三相交流电动机软起动时,电动机各相的分压有效值为 4.042kV。

4.4　本章小结

本章系统分析了晶闸管交流调压变流、电力电子功率变换器变流和单相(三相)感应式晶闸管可控电抗器调压变流等原理,这些内容对感应式电力电子可控电抗器原理的理解和掌握非常重要。

(1)晶闸管交流调压变流

当改变(单相)三相交流调压电路中反并联的晶闸管控制角时,能很方便地实现(单相)三相交流电路的调压。当晶闸管交流调压电路接感性负载或通过变压器接阻性负载时,必须防止因正负半周波形不对称而造成输出交流电压中出现直流分量,该直流分量会引起设备的过电流或损坏,而采用宽脉冲或脉冲列触发晶闸管就能避免这种情况发生。

(2)电力电子功率变换器变流

当单相晶闸管功率变换器的控制角改变时,晶闸管功率变换器等效阻抗、感应式阻抗变换器的二次侧等效阻抗和感应式晶闸管可控电抗器的一次侧等效阻抗也随之改变,故晶闸管功率变换器相当于一个可控的等效阻抗,而单相感应式晶闸管可控电抗器也是一个阻抗可控的电抗器;三相晶闸管功率变换器工作原理与单相晶闸管功率变换器相同,当三相晶闸管功率变换器的控制角改变时,其功率变换器的等效阻抗、感应式晶闸管可控电抗器二次侧等效阻抗和一次侧等效阻抗也随之改变,且幅值相同,相位互差 120°。三相晶闸管功率变换器相当于一个可控的三相等效阻抗,三相感应式晶闸管可控电抗器也是一个阻抗可控的三相电抗器,感应式晶闸管可控电抗器具有高低压隔离、电抗可控等特征。

(3)感应式晶闸管可控电抗器调压变流

感应式晶闸管可控电抗器的端电压与晶闸管控制角有关。当控制角为零时,导通角最大,这时可控电抗器的电抗值最小,端电压也最低;当控制角 α 为 π 时,导通角为零,这时感应式晶闸管可控电抗器的电抗值最大,端电压接近于电源电压;当控制角在 $0 \sim \pi$ 之间变化时,感应式晶闸管可控电抗器端电压在 $\lambda U \sim U (0 < \lambda < 1)$ 之间变化。

习题四

一、简答题

1.1 三相晶闸管交流调压电路有几种接线方式?

1.2 三相晶闸管星形接法中三相三线接法与三相四线接法有什么不同?

1.3 负载为三角形接法的三相交流调压电路和内三角形接法的三相交流调压电路有何区别?

1.4 在单相晶闸管交流调压电路中,当负载为阻性时,不同控制角下的电流、电压波形如何变化?

1.5 在单相晶闸管交流调压电路中,当负载为感性时,不同控制角下的电流、电压波形如何变化？

1.6　在带感性负载的单相晶闸管交流调压电路中,流过负载的电流包含哪些分量？

1.7　在带感性负载的单相晶闸管交流调压电路中,为什么不能用窄脉冲触发晶闸管？

1.8　采用内三角形接法的三相晶闸管交流调压电路有何优点及不足？

1.9　采用星形接法的三相晶闸管交流调压电路在带感性负载时,能否采用窄脉冲触发？

1.10　基于专用集成芯片和CPLD的触发器各有哪些优点？

二、判断题(对的打√,错的打×)

2.1　三相晶闸管交流调压电路有两种接线方式　　　　　　　　　　　　( )

2.2　三相功率变换器星形接法是将负载与晶闸管串联,并将负载的尾端接在一起

( )

2.3　三相功率变换器带中性线的星形接法是将每一相的晶闸管反并联后,再将三相反并联的晶闸管接在一起　　　　　　　　　　　　　　　　　　( )

2.4　三相功率变换器三角形接法是将每一相的晶闸管反并联后,再将三个单相反并联晶闸管的头尾连在一起　　　　　　　　　　　　　　　　　　( )

2.5　在带感性负载的单相晶闸管交流调压电路中,流过负载的电流只包含自由分量

( )

2.6　在带感性负载的单相晶闸管交流调压电路中,流过负载的电流只包含稳态分量

( )

2.7　采用带中性线星形接法的三相晶闸管交流调压电路在带感性负载时,仍然需要采用窄脉冲触发　　　　　　　　　　　　　　　　　　　　　( )

2.8　三相感应式电力电子可控电抗器与电动机串联可以构成电动机软起动主电路

( )

2.9　三相感应式电力电子可控电抗器与电容器串联可以构成滤波器主电路　( )

2.10　三相感应式电力电子可控电抗器与电容器串联可以构成无功补偿装置主电路

( )

2.11　三相感应式电力电子可控电抗器与变压器串联可以构成短路故障限流装置主电路　　　　　　　　　　　　　　　　　　　　　　　　　( )

三、计算题

3.1　某单相晶闸管交流调压电路,带感性负载。已知输入电压 $u_2 = 220\text{V}$, $L = 0.552\text{mH}$, $R = 0.1\Omega$, 试求：

(1)控制角移相范围；

(2)负载电流最大值；

（3）最大输出功率和功率因数。

3.2 一台单相电炉的额定电压为 220V、额定功率为 12kW，现需要采用晶闸管调压，使其工作功率为 6kW，试求该电路的控制角、工作电流和电源侧功率因数。

3.3 某单相晶闸管反并联交流调功电路，采用过零触发。已知电路的输入电压为 220V，负载电阻为 0.5Ω，在设定的周期内，控制晶闸管导通 0.4s、断开 0.3s，试求输送到电阻上的功率和晶闸管一直导通时输出的功率。

3.4 某单相双向晶闸管交流调压电路接电阻负载，已知输入电压为 220V、负载功率为 10kW，试计算流过双向晶闸管的最大电流。

3.5 某双向晶闸管交流调压电路接三相电阻负载，已知输入线电压为 220V、负载功率为 10kW。试计算流过双向晶闸管的最大电流。若使用普通晶闸管反并联连接代替双向晶闸管，则流过普通晶闸管的最大电流有效值是多少？

3.6 试计算某单相晶闸管功率变换器在导通角为零时晶闸管电流有效值、晶闸管输入侧功率和功率因数。

3.7 试计算某单相晶闸管功率变换器在完全导通时晶闸管电流有效值、晶闸管输入侧功率和功率因数。

3.8 某单相感应式单绕组晶闸管可控电抗器与电阻串联，其中可控电抗器的等效电抗为 15Ω，电阻为 3Ω，输入交流电压为 220V，试计算可控电抗器和电阻的分压值。

5 电磁调压软起动系统原理

感应式电力电子可控电抗器是电磁调压软起动系统的核心,电磁调压软起动系统是交流电动机实现软起动的拖动装置。交流电动机接入电网直接全压空载(带载)起动,会产生很大的冲击电流(5～7倍电动机额定电流),该冲击电流会引起电网电压瞬间跌落,同时还会对电网其他设备的正常运行造成严重影响,甚至会对电动机及其拖动系统造成较大伤害。电动机的拖动功率越大,直接起动的危害就越严重,因此必须避免中大容量交流电动机的直接起动。本章分析电磁调压软起动系统构成与起动原理、电磁调压软起动主电路拓扑结构、晶闸管相控触发器结构及原理和电磁调压软起动控制系统结构及原理。

5.1 电磁调压软起动系统构成与起动原理

5.1.1 电磁调压软起动系统构成

电磁调压软起动系统主要由感应式电力电子(晶闸管)可控电抗器、触发器和软起动控制系统等组成。电磁调压软起动系统构成如图 5-1 所示。

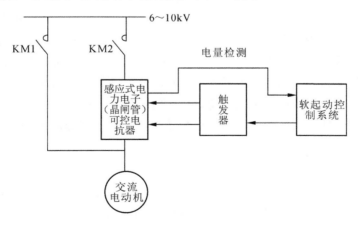

图 5-1 电磁调压软起动系统构成图

在电磁调压软起动系统中,晶闸管不是直接串接在交流电动机的定子回路,感应式晶闸管可控电抗器用于隔离高压和低压,其一次侧电抗绕组串接在交流电动机的定子回路中,二次侧电抗控制绕组和晶闸管功率变换器相连,软起动控制系统和触发器用于控制晶闸管功率变换器以实现电抗变换。电磁调压软起动系统具有高低压隔离、电抗变换、交流调压等功能。

当交流电动机需要起动时，可通过人工或工业控制计算机程序合上高压交流接触器KM2，使由感应式晶闸管可控电抗器构成的电磁调压软起动系统与交流电动机直接形成串联分压调压电路。

当晶闸管截止(关断)时，感应式晶闸管可控电抗器二次侧绕组处于开路状态，这时一次侧绕组电抗最大。由于交流电动机的定子绕组与感应式晶闸管可控电抗器的一次侧绕组串联并组成串联分压电路，这时外加的电源电压大部分被感应式晶闸管可控电抗器的一次侧绕组分压，而交流电动机分压较少，故交流电动机不能起动。

当晶闸管全导通时，感应式晶闸管可控电抗器的二次侧绕组为短路状态，晶闸管可控电抗器一次侧绕组电抗最小。这时外加的电源电压少部分被感应式晶闸管可控电抗器的一次侧绕组分压，而交流电动机分压较多，故交流电动机能很快起动。

当晶闸管处于调控状态时，感应式晶闸管可控电抗器的二次侧绕组为电抗调控状态，这时感应式晶闸管可控电抗器一次侧的等效电抗在最大值与最小值之间变换。由于交流电动机的定子绕组与感应式晶闸管可控电抗器的一次侧绕组串联并形成串联分压电路，所以外接电网电压通过开关逐渐从感应式晶闸管可控电抗器的一次侧绕组转移到电动机的定子绕组上，这时加在交流电动机定子绕组上的电压逐渐增大，电动机从静止状态进入起动状态，最后实现软起动，这个过程称为电磁调压软起动过程。

电磁调压软起动过程是通过软起动控制系统和触发器控制晶闸管的控制角实现的。只要改变晶闸管的控制角就可以改变感应式晶闸管可控电抗器二次侧绕组的电抗值，进而改变感应式晶闸管可控电抗器一次侧绕组的电抗值，从而达到连续改变交流电动机端电压的目的。当交流电动机起动完成后，通过控制断开 KM2、合上 KM1(电源电压直接通过 KM1 加载到电动机定子绕组上)，这时电动机以额定转速运转，起动过程结束。

电磁调压软起动系统采用晶闸管(或 IGBT)作为主回路的功率开关元件，通过软起动控制系统和触发器改变晶闸管的控制角，从而实现交流电动机起动电流的平稳变化。起动电流的大小可根据负载和工况控制，保证交流电动机以最小电流起动可以防止过电流对交流电动机的冲击。由于电磁调压软起动系统具有调压功能，因此也可以作为软停车的控制装置。

电磁调压软起动系统的主要特点如下：

(1)感应式晶闸管可控电抗器采用一次侧绕组与二次侧绕组隔离的结构，电力电子器件的耐压问题得到有效的解决，不受一次侧高电压限制；

(2)可以应用多种控制方式，在保障起动电流较小的状态下，对起动电压进行平滑调节；

(3)电压和电流连续可调，交流电动机无过电压伤害、无转矩冲击，转速缓慢上升，对电网无冲击；

(4)控制灵活、重复精度高、可靠性高；

(5)功耗小,可以连续起动,还可以用一个软起动系统分时控制多台交流电动机(一拖多);

(6)传导到外加电源和电动机上的高次谐波较少;

(7)维护要求不高,设备费用低。

5.1.2 单绕组电磁调压软起动系统拓扑结构及起动原理

单绕组是指感应式电力电子可控电抗器的二次侧电抗控制绕组为单个绕组,单绕组电磁调压软起动系统适用于高压中功率交流电动机的软起动,单绕组电磁调压软起动系统拓扑结构如图 5-2 所示。

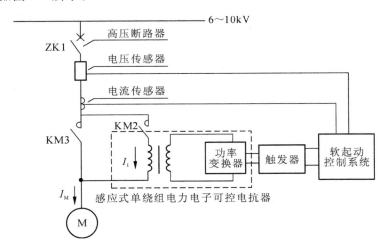

图 5-2 单绕组电磁调压软起动系统拓扑结构

单绕组电磁调压软起动系统拓扑结构由高压断路器、电压传感器、电流传感器、起动接触器、感应式单绕组电力电子可控电抗器、触发器、软起动控制系统和交流电动机等组成。

当需要交流电动机起动时,首先,断开旁路接触器 KM3、合闸高压断路器 ZK1;然后,合闸起动接触器 KM2,这时交流电动机与感应式电力电子可控电抗器组成串联分压电路,6～10kV 电源经高压断路器向串联分压电路供电;同时,软起动控制系统根据电动机起动要求,一方面提供电动机逻辑控制信号以实现逻辑切换控制;另一方面向触发器提供移相(或占空比)控制信号,实现晶闸管(或 IGBT)的相控或 PWM 控制,通过改变感应式电力电子可控电抗器二次侧等效电抗控制感应式电力电子可控电抗器的一次侧等效电抗,最终实现感应式电力电子可控电抗器和交流电动机的分压及交流电动机软起动。当交流电动机达到 90% 及以上的额定转速时,软起动控制系统输出一旁路信号使旁路接触器 KM3 先接通,延时 0.5 秒后断开起动接触器 KM2,这时交流电动机与外接电源直接旁路供电,交流电动机一直加速到额定转速,至此交流电动机起动过程完毕。

5.1.3　多绕组电磁调压软起动系统拓扑结构及起动原理

多绕组是指感应式电力电子可控电抗器的二次侧电抗控制绕组为多个绕组。多绕组电磁调压软起动系统适用于大功率交流电动机的软起动。多绕组（大功率）电磁调压软起动系统拓扑结构如图 5-3 所示。

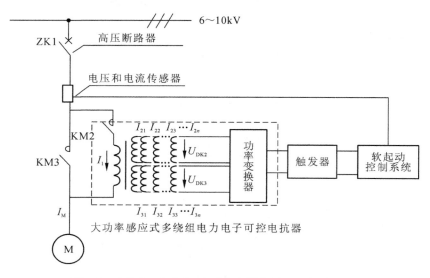

图 5-3　多绕组（大功率）电磁调压软起动系统拓扑结构

多绕组电磁调压软起动系统拓扑结构由高压断路器、电压传感器、电流传感器、起动接触器、感应式多绕组电力电子可控电抗器、触发器、软起动控制系统和交流电动机等构成。多绕组电磁调压软起动系统的拓扑结构，将感应式电力电子可控电抗器的二次侧绕组由一个单绕组改为 N 个单绕组，这样，一方面将总电流（总功率）分由每个单绕组承担，解决了功率分散和散热的难题；另一方面也解决了绕组加工与制造困难，便于工程实现。

当大功率交流电动机需要起动时，首先，合闸高压断路器 ZK1、断开旁路接触器 KM3；然后，合闸起动接触器 KM2，这时电动机与电抗变换器组成串联分压电路，6～10kV 电源经高压断路器向串联电路供电；同时，软起动控制系统根据大功率电动机起动要求，一方面提供电动机逻辑控制信号以实现逻辑切换控制；另一方面向触发器提供移相（或占空比）控制信号，实现晶闸管（或 IGBT）的相控或 PWM 控制。通过改变感应式电力电子可控电抗器二次侧等效阻抗控制感应式电力电子可控电抗器的一次侧等效阻抗，最终实现感应式电力电子可控电抗器和电动机的分压及大功率电动机的软起动。当电动机达到 90% 及以上的额定转速时，软起动控制器输出一旁路信号使旁路接触器 KM3 先接通，延时 0.5 秒后断开接触器 KM2，这时电动机与外接电源直接旁路供电，电动机一直加速到额定转速，至此电动机起动过程完毕。

5.2　电磁调压软起动主电路拓扑结构

5.2.1　单机电磁调压软起动主电路拓扑结构

单机电磁调压软起动是指用一台电磁调压软起动装置实现一台交流电动机软起动。单机电磁调压软起动主电路拓扑结构由电磁调压软起动柜、隔离柜和运行柜等组成,如图 5-4 所示。

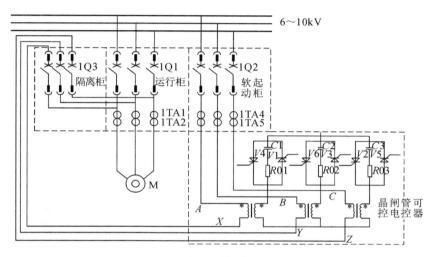

图 5-4　单机电磁调压软起动主电路拓扑结构

起动柜:外加三相交流电源通过高压接触器 1Q2 与感应式晶闸管可控电抗器的一次侧绕组 $A/B/C$ 端相连,一次侧绕组的 $X/Y/Z$ 端与隔离柜的高压接触器 1Q3 上端相连,1Q3 的下端与三相交流电机的定子相接,形成起动回路。

隔离柜:隔离柜的高压接触器 1Q3 和起动柜的高压接触器 1Q2 同时合闸,形成外加三相交流电源→1Q2→感应式晶闸管可控电抗器一次侧绕组→1Q3→电动机的闭合起动回路。

运行柜:当交流电动机软起动过程完成后,外加三相交流电源通过高压接触器 1Q1 与三相异步电机定子绕组相连,形成电动机的旁路。

感应式晶闸管可控电抗器的二次侧电抗控制绕组与晶闸管功率变换器连接,软起动控制系统控制触发器改变晶闸管的控制角,实现感应式晶闸管可控电抗器的交流调压,从而改变感应式晶闸管可控电抗器与交流电动机串联电路的分压值,实现交流电动机软起动。

当电动机起动时,一方面软起动控制系统输出逻辑信号,同时合闸 1Q2、1Q3,使感应式晶闸管可控电抗器与交流电动机定子绕组串联并接入三相交流电源;另一方面软起动控制系统输出模拟信号给触发器,由触发器输出脉冲控制晶闸管功率变换器,使感应式晶闸管可控电抗器实现电抗变换及交流调压,使交流电动机定子绕组电压由小到大变化,交流电动机的转速逐渐上升,当交流电动机转速接近额定转速时,软起动控制系统输出控制信号,先使 1Q1 合闸,延时 0.5 秒后同时断开 1Q2 和 1Q3,软起动过程完毕,交流电动机以额定转速运行。

5.2.2　一拖多机电磁调压软起动主电路拓扑结构

一拖多机电磁调压软起动是指用一台电磁调压软起动装置实现多台交流电动机分时软起动。电磁调压软起动装置功耗小,可以分时起动多台交流电动机,只要被起动的交流电动机单台功率不大于软起动装置功率即可,这里仅讲述一拖二的情况。

一拖二电磁调压软起动主电路拓扑结构如图 5-5 所示。

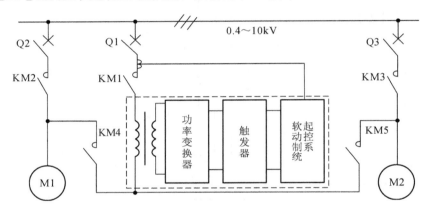

图 5-5　一拖二电磁调压软起动主电路拓扑结构

1. M1 电动机起动

逻辑封锁:第 1 台电动机起动时,KM4 和 KM5 成互锁状态,而此时第 2 台电动机被封锁不能同时起动,即 KM5 始终断开,Q2 和 KM2 断开,Q3 和 KM3 断开。保证 M1 电机起动,M2 电机不能起动。

起动:Q1 合闸、Q2 合闸,按起动按钮,起动接触器 KM1、KM4 接通,则外加三相交流电源通过隔离开关 Q1、接触器 KM1 与感应式晶闸管可控电抗器的一次侧绕组 $A/B/C$ 端相连,一次侧绕组 $X/Y/Z$ 端与接触器 KM4 下端相连,KM4 的上端与 M1 电动机的定子绕组相接,形成起动回路,电动机进入软起动过程。

运行:当电动机软起动过程完成后(电动机的起动速度为额定转速的 90% 及以上)接通 KM2,断开 KM1、KM4,此时外加三相交流电源通过隔离开关 Q2、旁路接触器 KM2 与 M1 电动机定子绕组相连,形成电动机的旁路,电动机起动过程结束并开始运行。

2. M2 电动机起动

逻辑封锁:第 2 台电动机起动时,KM5 和 KM4 成互锁状态,第 1 台电动机被封锁不能同时起动,即 KM4 始终断开,Q2 和 KM2 断开,Q3 和 KM3 断开。保证 M2 电机起动,M1 电机不能起动。

　　起动:Q3 合闸、Q1 合闸,按起动按钮,起动接触器 KM1 接通,则外加三相交流电源通过隔离开关 Q1、接触器 KM1 与感应式晶闸管可控电抗器的一次侧绕组 $A/B/C$ 端相连,一次侧绕组 $X/Y/Z$ 端与接触器 KM5 下端相连,KM5 的上端与 M2 电动机的定子绕组相接,形成起动回路,电动机进入软起动过程。

　　运行:当电动机软起动过程完成后(电动机的起动速度为额定转速的 90% 及以上)接通 KM3,延时 0.5s 断开 KM1。此时外加三相交流电源通过隔离开关 Q3、旁路接触器 KM3 与 M2 电动机定子绕组相连,形成电动机的旁路,电动机起动过程结束并开始运行。

5.3　晶闸管相控触发器结构及原理

5.3.1　晶闸管相控触发器结构

　　晶闸管相控触发器结构如图 5-6 所示。

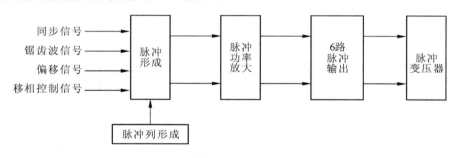

图 5-6　晶闸管相控触发器结构图

　　晶闸管相控触发器既可以用专用集成电路加分离元件等组成,也可以用中央处理器加软件实现。晶闸管相控触发器为功率变换器中的晶闸管提供触发脉冲,并通过控制晶闸管的控制角,实现感应式晶闸管可控电抗器的阻抗变换和交流调压。

　　1.脉冲形成

　　同步信号、锯齿波信号、偏移信号和移相控制信号等共同叠加,由专用集成电路产生初期脉冲。为了获得一定的抗干扰能力和脉冲触发能力,需要对产生的初期脉冲信号进行调制,以获得脉冲列。

　　(1)同步信号。三相同步信号必须与三相主电路电源电压同相位,当三相主电源变压器接法为 Δ/Y－11 接法时,同步变压器的接法也应为 Δ/Y－11 接法,同步信号由三相电源同步变压器的二次绕组输出。

　　(2)锯齿波信号。一般同步信号是正弦波电压,为了便于对同步信号叠加,往往将三相正弦波同步信号转换成锯齿波信号。

　　(3)偏移信号。为了获得一定的移相范围,需要对锯齿波信号进行偏置,即使锯齿波信号向下偏移,以获得新的基准点。

　　(4)移相控制信号。为了实现晶闸管的相控,获得移相控制脉冲角,需要将同步信号、锯齿波信号、偏移信号和移相控制信号等进行叠加,以产生与三相主电源电压同步的控制脉冲角。移相控制信号,可以由手动方式产生(如给定积分器),也可以由自动方式产生(如 PLC)。

2. 脉冲功率放大

为了能够触发大容量(大功率)晶闸管,需要对产生的初期脉冲信号进行功率放大,以获得较大的触发脉冲功率。

3.6 脉冲输出

由于功率变换器采用三相晶闸管双并联接法,每相需要两只晶闸管,三相共需要 6 只晶闸管。6 只晶闸管需要 6 对控制脉冲输出,并且 6 只晶闸管触发间隔 60°。

4. 脉冲变压器

脉冲变压器主要起电气隔离和抗干扰作用,以防止由于晶闸管器件的损坏而将高电压引至脉冲触发器致使触发器元器件损坏。

5.3.2　专用集成电路组成的晶闸管触发器原理

1. 专用集成电路组成的触发器原理

由专用集成电路 KJ04(KC04)、KJ41(KC41)和 KJ42(KC42)等组成的触发器原理图如图 5-7 所示。

(1)三相同步信号

三相同步信号交流电压的有效值为 18V,信号分别由触发器的 TA、TB、TC 端接入,并通过外接电位器、电阻和电容等元件分别输至 KC04-1、KC04-2、KC04-3 等专用集成电路(专用芯片)的 8 号脚。

①TA 端接入的同步信号,经过电位器 4W5、电阻 4R5、电容 4C1、电阻 4R14 等组成的同步滤波电路,从 KC04-1 的 8 号脚输入;

②TB 端接入的同步信号,经过电位器 4W6、电阻 4R6、电容 4C2、电阻 4R18 等组成的同步滤波电路,从 KC04-2 的 8 号脚输入;

③TC 端接入的同步信号,经过电位器 4W7、电阻 4R7、电容 4C3、电阻 4R22 等组成的同步滤波电路,从 KC04-3 的 8 号脚输入。

(2)锯齿波信号

正弦波同步信号通过外接电位器、电阻和电容等元件转换成锯齿波信号,锯齿波信号分别从专用芯片 KC04-1、KC04-2 和 KC04-3 的 4 号脚输入,通过电位器可调节三相锯齿波的幅值及斜率。

①A 相锯齿波信号由外接的电位器、电阻、电容等元件(4W2、4R16、4C4、4R3)经 KC04-1 的 4 号脚输入;

②B 相锯齿波信号由外接的电位器、电阻、电容等元件(4W3、4R19、4C5、4R10)经

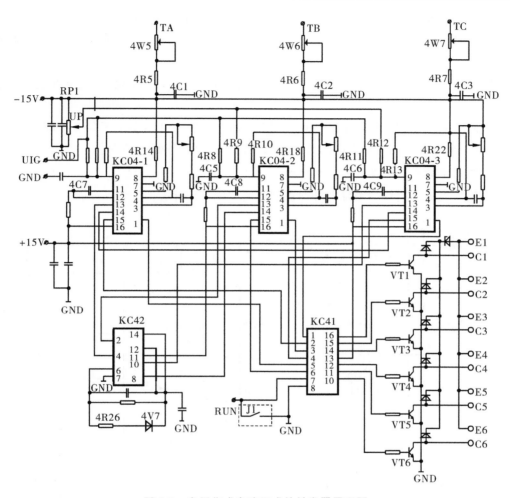

图 5-7 专用集成电路组成的触发器原理图

KC04-2 的 4 号脚输入;

③C 相锯齿波信号由外接的电位器、电阻、电容等元件(4W4、4R24、4C6、4R13)经 KC04-3 的 4 号脚输入。

(3)偏移信号

偏移信号为负值(−15V),经电位器 4W1 分压,分别通过电阻 4R2、4R9、4R12 等输至 KC04-1、KC04-2、KC04-3 的 9 号脚。通过调节分压电位器,可以改变偏移信号幅值。

(4)移相控制信号

移相控制信号为正值,由外部输入,分别经电阻 4R1、4R8、4R11 等输至 KC04-1、KC04-2、KC04-3 的 9 号脚。

为了获得一定的抗干扰能力和脉冲触发能力,需要对产生的初期脉冲信号进行调制,脉冲列调制信号通过 KC04-2 获得;由 KC41 提供 6 路双窄脉冲,每路脉冲相隔 60°,每相输出脉冲相隔 180°,经过脉冲功率放大后输至脉冲变压器,最后触发晶闸管。

偏移信号的大小可通过 RP1 调节;移相控制信号由外部经过 UIG 端输入;RUN 端为脉冲封锁端,当 RUN 为高电平时,封锁并禁止 6 路脉冲输出,当 RUN 为低电平时,解锁并输出 6 路脉冲。

同步电压与主电路电压同相位,如主电源变压器为 $\Delta/Y-11$ 接法,则同步变压器也为 $\Delta/Y-11$ 接法。

晶闸管采用带调制的双窄脉冲触发,其触发顺序为 VT1、VT3 、VT5 、VT4 、VT6 、VT2,在一个电源周期内每个晶闸管被触发两次,每次触发间隔为 60°。

2.专用集成电路触发器的外部接线

专用集成电路组成的触发器外部连接电路如图 5-8 所示。

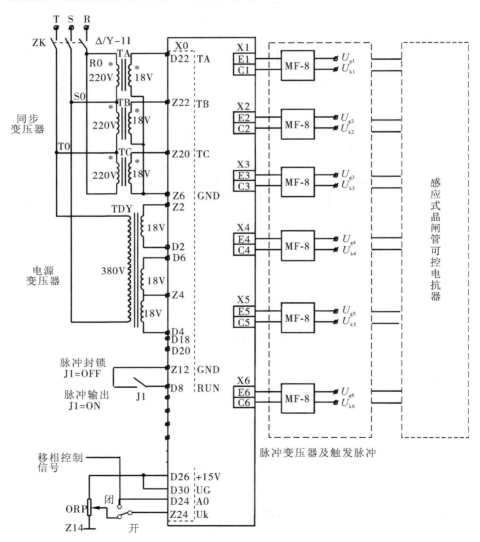

图 5-8 专用集成电路组成的触发器外部连接电路

移相控制信号来自 PLC 或其他控制器等产生的模拟量输出。当控制方式为开环时，移相控制信号由 Z24 端接入；当控制方式为闭环时，移相控制信号由 D24 端接入。

触发板输出 E1-C1、E2-C2、E3-C3、…、E6-C6 共六路脉冲，脉冲峰值电压为＋24V，最大电流为 600mA。

当 D8 为低电位时，触发器输出脉冲，并通过脉冲变压器的磁耦合分配给各晶闸管单元的门极，从而实现触发脉冲的传送和高低电位的隔离；当 D8 为高电位时，触发器封锁脉冲，即无脉冲输出。

3. 脉冲变压器

脉冲变压器主要起隔离作用，即电磁隔离和高低压隔离。由六个相同结构参数的脉冲变压器 MF-8 构成脉冲变压器板，其输入端子与触发器板的输出端子相接，六路触发脉冲分别连接六个晶闸管的阴极（脚标为 k）和门极（脚标为 g），脉冲变压器电路原理示意图如图 5-9 所示。

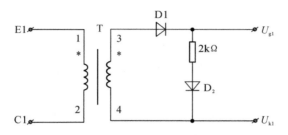

图 5-9　脉冲变压器电路原理示意图

图 5-9 中，二极管 D1 有两个作用：一是将脉冲信号整形为正脉冲去触发晶闸管，二是防止触发器板上的功率放大管场效应管关断时，脉冲变压器的副边感应出的高压加在晶闸管的门极。发光二极管 D2 和电阻（2kΩ）用于发光指示，在脉冲回路正常工作时，该发光二极管点亮；脉冲变压器起电气隔离作用，防止因晶闸管的损坏而将高电压串至脉冲触发器。

4. 专用集成电路触发器、脉冲变压器和晶闸管功率变换器的连接

专用集成电路触发器、脉冲变压器、晶闸管功率变换器等连接示意图如图 5-10 所示。

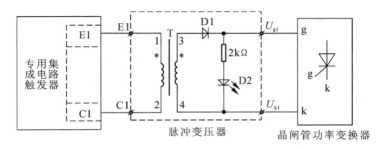

图 5-10　专用集成电路触发器、脉冲变压器、晶闸管功率变换器等连接示意图

　　由图 5-10 可知,触发器的 E1、C1 端与脉冲变压器的输入端 E1 和 C1 相连接,脉冲变压器的输出端 U_{g1}、U_{k1} 与晶闸管门极 g 和阴极 k 相连。该连接方式为电磁触发方式,即把触发器输出的脉冲信号通过脉冲变压器的一次侧传递到脉冲变压器的二次侧,并由二极管 D1 整形为正脉冲去触发晶闸管。

5.3.3　CPLD 组成的晶闸管触发器原理

1. 控制触发器原理

　　由高性能、高密度、大规模逻辑器件 CPLD 组成的三相晶闸管控制触发器,具有很强的逻辑控制能力和状态分析及保护能力,其工作可靠性高、输出触发脉冲的对应性及稳定性好。CPLD 控制触发器由给定积分器、电流调节器、电压调节器、数字触发器和脉冲变压器等组成。

　　基于 CPLD 的控制触发器原理图如图 5-11 所示。

　　(1)给定积分器

　　给定积分器由电流给定积分器和电压给定积分器组成。

　　①电流给定积分器。电流给定积分器主要由积分时间设定电位器 RP2 和运算放大器 U2A、U2B 等组成。当有电流反馈时可由电位器 RP4 设定最大输出电流,电位器顺时针方向旋转时输出电流增大,通常过流保护值为额定输出电流的 1.5 倍。

　　②电压给定积分器。电压给定积分器主要由积分时间设定电位器 RP3 和运算放大器 U5A、U5B 等组成。

　　(2)电流调节器

　　电流调节器由电流给定积分器和电流反馈器等组成,电流反馈器由运算放大器 U1A、U1B、U6A、U3B 和 U3A 等组成,电流给定积分器的输出经 U2B 的 7 脚、R22 接入 U3A 的同相端,电流反馈器经 U1B 的 7 脚、R21 接入 U3A 的反相端。电流给定信号和电流反馈信号叠加后输至 U3A 并进行 PI 调节。

　　(3)电压调节器

　　电压调节器由电压给定积分器和电压反馈器等组成,电压反馈器由运算放大器 U4A、U4B 等组成,电压给定积分器的输出经 U5B 的 7 脚、R57 接入 U4B 的同相端,电压反馈经 U4A 的 7 脚、R41 接入 U4B 的反相端。电压给定信号和电压反馈信号叠加后输至 U4B 并进行 PI 调节,电压调节器的输出与电流调节器的输出分别经 R40 和 R45 合并后经过端子 D24 输给外部组合使用。

　　三相同步信号经同步变压器的二次侧输入,其电压额定值为 3×18V,同步变压器的绕组接法为 Δ/Y−11。三相同步信号 A、B、C(TA、TB、TC)经端子 D22、Z22、Z20 和 Z6(GND)接入,并分别经电阻 R69、R73、R77 输入数字触发器 UC。

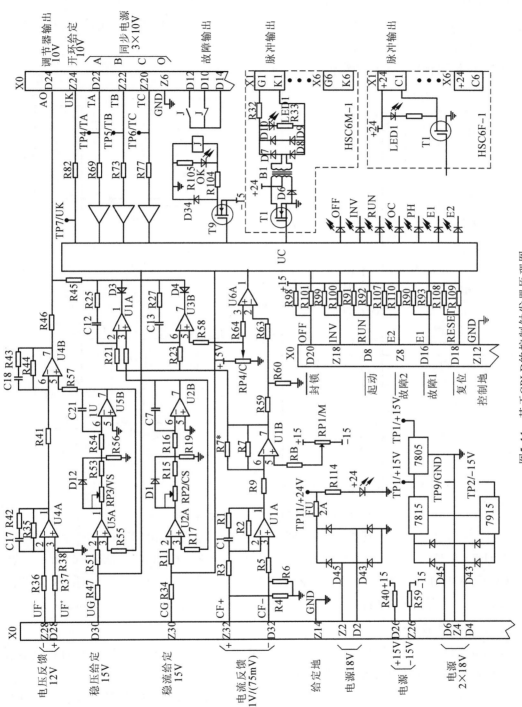

图5-11 基于CPLD的控制触发器原理图

由数字触发器 UC 输出的 6 脉冲信号,分别经场效应管功率放大,并由端子＋E1－C1、＋E2－C2、＋E3－C3、＋E4－C4、＋E5－C5、＋E6－C6 等 6 个引出端引出,该信号分别与 6 个脉冲变压器的一次侧绕组相连接。

CPLD 控制触发器 6 脉冲输出外接线如图 5-12 所示。

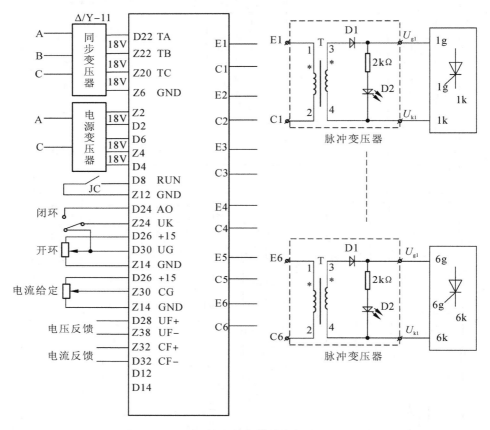

图 5-12　CPLD 控制触发器 6 脉冲输出外接线

由图 5-12 可知,晶闸管控制触发器有 6 组脉冲信号输出,E1-C1、E2-C2、E3-C3、E4-C4、E5-C5、E6-C6 分别与 6 组脉冲变压器的输入端 E1(E2、E3、E4、E5、E6)和 C1(C2、C3、C4、C5、C6)连接,脉冲变压器的输出端 U_{g1}(U_{g2}、U_{g3}、U_{g4}、U_{g5}、U_{g6})、U_{k1}(U_{k2}、U_{k3}、U_{k4}、U_{k5}、U_{k6})与晶闸管的门极 1g(2g、3g、4g、5g、6g)和阴极 1k(2k、3k、4k、5k、6k)相连。

2.控制触发器调试

(1)检查指示灯。将控制板上的电位器(RP1～RP4)旋转至中间位置;闭合控制触发器电源,触发器上的各个发光二极管指示灯应亮。

(2)开环手动调节。将板外 K1 开关旋转至手动位置,逆时针调节给定电位器 RP11 为"0",加上负载,合主回路。顺时针调节给定电位器 RP11 使给定电压逐渐增加,此时主电路直流电压应该由小到大平稳变化,中间不发生跳变。

　　(3)闭环稳压调节。将触发器板外 K1 开关旋转至自动位置,K2 开关旋转至稳压位置,加上适当负载,合主电路,合起动端,则变流装置进入调压工作状态。

　　(4)闭环稳流调节。将触发器板外 K1 旋转至自动位置,K2 开关旋转至稳流位置,加上额定负载,合主电路,合起动端,则整流装置进入稳流工作状态;当给定电流为零时,调节板内调零电位器 RP1/M,使主电路电流为零;调节板内限流电位器 RP4/C,可限制主电路最大输出电流,检查各晶闸管的均流情况。

　　在闭环工作状态下,如果系统发生振荡,可以调整 PI 调节器时间常数,电流环为 R26、C12,电压环为 R43、C18,一般情况下改变比例电阻或积分电容均可使系统稳定工作。

　　当电流反馈信号取自分流器时,电压反馈信号应取自分流器两端,同时,要注意电流和电压反馈信号的极性。

　　当电流反馈信号取自互感器时,电压反馈信号直接取自直流侧,还应该将电压反馈信号负端 Z28 接 Z14 端。

　　为了防止主电路合闸冲击,触发器应该先通电,主电路后通电,主电路通电时或通电后,合触发器起动端。

5.4　电磁调压软起动控制系统结构及原理

5.4.1　基于 PLC 的软起动控制系统结构

基于 PLC 的软起动控制系统结构如图 5-13 所示。

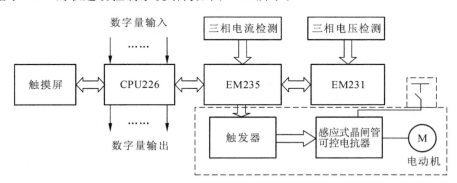

图 5-13　基于 PLC 的软起动控制系统结构

　　由图 5-13 可知,软起动控制系统由电流检测电路、电压检测电路、CPU226、EM235、EM231、触发器和触摸屏等组成。CPU226 是 PLC 软起动控制器的核心,由于交流电动机在软起动中需要有 7 路模拟量输入和一路模拟量输出,故选择 EM231 和 EM235 两个模拟量扩展模块。

5.4.2 基于 PLC 的软起动控制系统原理

1. 三相电流检测电路

三相电流检测电路主要用于检测交流电动机定子电流信号,电动机定子电流检测电路(PCB1 板)如图 5-14 所示。

图 5-14 中,虚线框部分的电流互感器在起动柜内,其余部分在 PCB1 板。1TA4a、1TA4b、1TA4c 为 3 个相同型号的电流互感器,原边串接在三相主电路中,位于起动柜中,变比为 1000/5(或其他规格)。电动机起动电流经互感器(1TA4a、1TA4b、1TA4c)传送至电流信号采集电路板 PCB1,经整流、滤波、分压后,得到三路模拟量 Ia(200)、Ib(202)、Ic(204)信号,每路模拟量信号取值最大范围为 0~10V/DC。

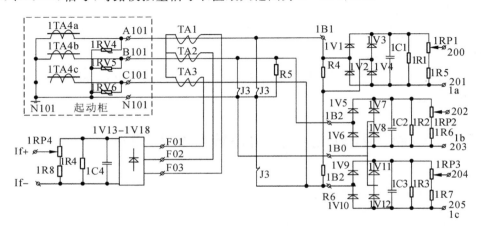

图 5-14　电动机定子电流检测电路

PCB1 板与 EM231 模块的连接示意图如图 5-15 所示。

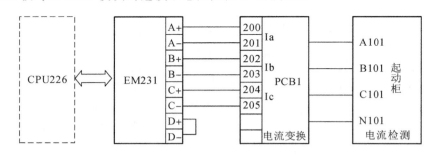

图 5-15　PCB1 板与 EM231 模块的连接示意图

CPU226 模块有 40 个 I/O 点(24 输入、16 输出),其供电电源采用单相 220V 交流电源。

EM231 为模拟量输入模块(4 输入×12 位),该模块采用 24V 直流电源供电,表 5-1 所示为 EM231 选择模拟量输入范围的开关表。

表 5-1 EM231 选择模拟量输入范围的开关表

单极性			满量程输入	分辨率
SW1	SW2	SW3		
ON	OFF	ON	0～10V	2.5mV
	ON	OFF	0～5V	1.25mV
			0～20mA	5μA
双极性			满量程输入	分辨率
SW1	SW2	SW3		
OFF	OFF	ON	±5V	2.5mV
	ON	OFF	±2.5V	1.25mV

开关 1、2 和 3 可选择模拟量输入范围，ON 为接通，OFF 为断开，所有的输入设置为相同的模拟量、单极性输入（范围 0～5V）。

2. 三相电压检测电路

在运行柜内设有电压互感器，电压互感器是一次电气系统与二次电气系统之间联络的设备之一，其能准确反映电气系统的运行状态，使测量仪表、继电器等二次电气系统与一次电气系统实现高电压隔离，保证工作人员和二次设备安全。电压互感器将一次电气系统的高电压变换为统一标准的低电压（100V、100/1.732V、100/3V），以利于仪表和继电器的标准化。其接线方式有单台接线、三台单相三绕组接线、两台单相按 V/V 接线，还有三相五柱三绕组接线等。

电压互感器 PT 采用三相五柱三绕组接线方式时，6kV 三相电压经 PT 后输出五个端子，PT 输出端子示意图如图 5-16 所示。

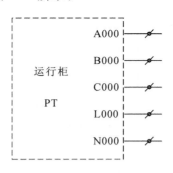

图 5-16 PT 输出端子示意图

图 5-16 中，A000、B000、C000 为三相输出端子，N000 为中性点，L000 为和端子，当高压电网绝缘正常时，由于电网中的三相电压是对称的，其相量和为零，所以和端子上的电压为零。当高压电网发生接地故障时，在和端子上出现零序电压，从而起动接地保护

装置或接地故障信号回路。A000 与 N000 之间,B000 与 N000 之间,C000 与 N000 之间的电压均为 100V。在软起动柜中,只需将 100V 电压信号进一步转换即可,三相电压检测电路如图 5-17 所示。

图 5-17 中,T1～T4 为电压变压器,变比为 100/7。四路电压经变压、整流(整流电路同电流检测电路)、滤波、分压得到四路电压信号(即 Va、Vb、Vc、Vd),其大小与电网电压实时值具有线性的一一对应关系,输出范围为 0～5V。

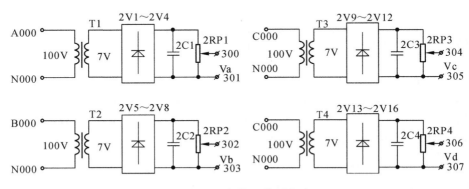

图 5-17 三相电压检测电路

3. PT 与 PCB2、EM235 的连接

PT 与 PCB2、EM235 的连接示意图如图 5-18 所示。

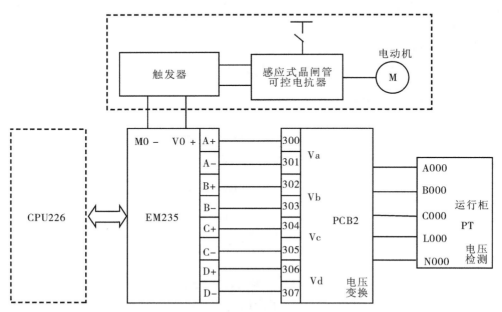

图 5-18 PT 与 PCB2、EM235 的连接示意图

　　EM235 为模拟量输入/输出模块(4 输入/1 输出×12 位),模块采用的是 24V 直流电源供电。DIP 开关设置 EM235 模块的输入范围和分辨率,开关 1 到 6 可选择模拟量输入范围和分辨率。模拟量到数字量的转换时间小于 $250\mu s$。设置单/双极性(开关 6)、增益(开关 4 和 5)和衰减(开关 1、2 和 3),ON 为接通,OFF 为断开。这里,单极性输入模拟信号,取值范围设置 0~10V。通过 CPU 控制算法得到 0~10V 的模拟量,并由 V0+、M0- 端输出模拟信号,该模拟信号通过触发器控制感应式晶闸管可控电抗器的电抗。EM231 与 EM235 模块均自动完成模数转换,在 CPU226 的 AI 映像区中,对应 0~32000 的 11 位分辨率数据,实际的输入量和输出量可以根据模块的输入/输出量程按比例计算得到。EM235 选择模拟量输入范围和分辨率的开关表见表 5-2。

表 5-2　EM235 选择模拟量输入范围和分辨率的开关表

SW1	SW2	SW4	SW5	SW6	满量程输入	分辨率
ON	OFF	ON	OFF	ON	0~50mV	$12.5\mu V$
OFF	ON	ON	OFF	ON	0~100mV	$25\mu V$
ON	OFF	OFF	ON	ON	0~500mV	$125\mu A$
OFF	ON	OFF	ON	ON	0~1V	$250\mu V$
ON	OFF	OFF	ON	ON	0~5V	1.25mV
ON	OFF	OFF	OFF	ON	0~20mA	$5\mu A$
OFF	ON	OFF	OFF	ON	0~10V	2.5mV

　　4.软起动控制系统模块接线

　　软起动控制系统模块接线示意图如图 5-19 所示。

　　由图 5-19 可知,CPU226 与 EM235、EM231 模块之间通过通信线相连,由 PCB1 板输出的三相电流信号 Ia、Ib、Ic,由端子(200~205)输入 EM231 模块,由 PCB2 板输出的电压信号,由端子(300~307)输入 EM235 模块。

　　PLC 产生的控制信号,由 EM235 模块端子(V0+、M0-)输出至控制器,触发器产生的移相控制脉冲直接触发感应式晶闸管可控电抗器的晶闸管功率变换器,改变晶闸管控制角就能控制感应式晶闸管可控电抗器的阻抗(电抗),并改变感应式晶闸管可控电抗器与交流电动机的分压值,实现交流电动机的软起动。

　　5.基于 PLC 的电流调节系统结构及电流调节过程

　　基于 PLC 的电流(电压)调节器是数字调节器,该调节器由 CPU 和 AD-DA 模块组成。根据电动机起动需要可以采用电流闭环或电压闭环控制。

　　(1)基于 PLC 的电流调节系统结构

　　基于 PLC 的电流调节系统结构如图 5-20 所示。

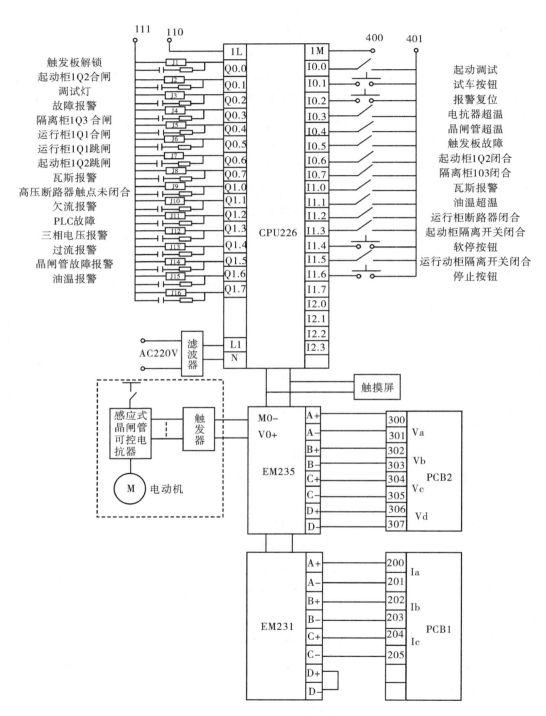

图 5-19　软起动控制系统模块接线示意图

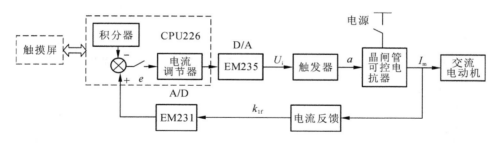

图 5-20 基于 PLC 的电流调节系统结构

通过触摸屏设定并由 CPU 产生数字给定信号,由软件编程形成积分器,积分器按照设定的积分斜率输出积分值,该积分值作为电流调节器的电流给定数字信号;电流给定信号(数字量)与电流反馈信号(由 EM231 将模拟量转换为数字量)经过比较器比较后产生偏差 e,该偏差由电流调节器按 PI 调节规律运算并输出数字触发信号,数字触发信号由 EM235 转换成输出的模拟量并作为触发信号,该触发信号通过触发器产生触发脉冲(控制角 α)。改变晶闸管的控制角就能改变感应式晶闸管可控电抗器的电感量(或阻抗),从而改变感应式晶闸管可控电抗器和交流电动机端电压分压值,最终实现交流电动机的软起动。

(2)电流调节系统调节过程

①电动机软起动初始阶段调节过程

电流给定数字信号与电流反馈数字信号通过求和器相加,产生偏差 e 并作为电流数字调节器的输入。当偏差 e 增大时,电流数字调节器对其按 PI 调节规律运算后的输出数字量(该输出数字量通过 EM235D/A 转换为模拟量)也增大,使触发器的控制角前移并导致晶闸管导通角增加,从而使感应式晶闸管可控电抗器电感(或阻抗)减小、感应式晶闸管可控电抗器端电压下降、电动机端电压上升,电动机进入软起动阶段。

②电动机恒流软起动阶段调节过程

电流给定数字信号与电流反馈数字信号通过求和器相加后产生偏差 e,e 作为电流数字调节器的输入。当电流给定数字信号等于电流反馈数字信号时,偏差 e 为 0。电流数字调节器对 e 进行 PI 调节使输出数字量保持不变,从而使触发器的控制角保持不变、晶闸管导通角保持不变、感应式晶闸管可控电抗器电感(或阻抗)保持不变、流过感应式晶闸管可控电抗器的电流和流过交流电动机的起动电流保持不变,电动机进入恒流软起动阶段。

5.4.3 基于运算放大器的电流/电压调节器原理

基于运算放大器的电流(电压)调节器是模拟量调节器,该模拟量调节器由运算放大器和分离元件组成。根据电动机起动需要可以采用电压闭环或电流闭环控制,也可以采用电流/电压双闭环控制。

1. 电流调节器原理

当交流电动机需要恒流起动时,可采用电流闭环控制,由电流调节器输出恒流起动信号去实现晶闸管触发器的移相控制(或 IGBT 的 PWM 控制)。

(1)电流调节器电路

电流调节器电路如图 5-21 所示。

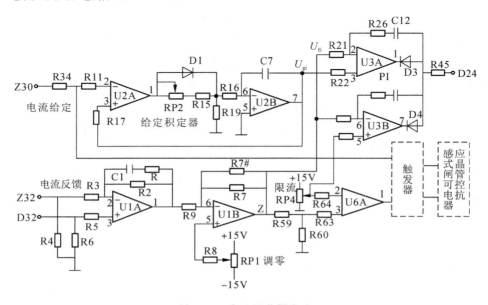

图 5-21　电流调节器电路

(2)电流调节器构成

电流调节器由运算放大器 U3A,电阻 R21、R22、R26 和电容 C12,二极管 D3 等组成。由 U2B 产生的电流给定积分信号,经电阻 R22 接入 U3A 的同相端;由 U1B 产生的电流反馈信号,经电阻 R21 接入 U3A 的反相端,两个信号之差经过 U3A 做 PI 调节,经电阻 R45 输出。

电流给定信号是电流调节器的主信号,当电动机起动时,需要通过斜坡变换或积分变换将斜率固定的电流给定信号变成斜率可变的积分信号,以实现电动机的软起动。

电流反馈信号可以由电流互感器、霍尔元件等传感器获取,电流反馈信号一般用于电流调节器的输入。在负载起动或正常工作时,电流反馈信号能充分反映负载工作电流。

电位器 RP1 的两端分别接有+15V 和−15V 电压,其滑动头通过电阻 R8 接 U1B 的同相端;当给定为零时,调整 RP1 使主电路电流为零。电位器 RP4 为限流电位器,其上端接+15V 电压、下端接地。

（3）电流调节系统结构

电流调节系统由给定积分器、电流调节器、电流反馈单元、触发器、感应式晶闸管可控电抗器和交流电动机等组成，电流调节系统结构如图 5-22 所示。

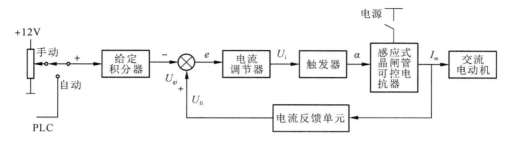

图 5-22 电流调节系统结构

由图 5-22 可知，给定积分器输入信号通过开关切换，开关具有手动和自动两种模式。当开关切至手动模式时，给定信号由手动定位器产生；当开关切至自动模式时，给定信号由 PLC 自动产生。无论是手动模式还是自动模式产生的给定信号，其信号极性都为正。

当在积分器的输入端输入正的给定信号时，积分器按照积分斜率输出负的积分值，该积分值作为电流调节器的电流给定信号；电流给定信号与电流反馈信号比较后产生偏差 e，该偏差由电流调节器进行 PI 调节并输出触发信号 U_i，触发信号通过触发器产生触发脉冲（即控制角 α），改变控制角 α 就能改变感应式晶闸管可控电抗器的电感（或阻抗），从而改变感应式晶闸管可控电抗器和交流电动机端电压，最终实现交流电动机的软起动。

（4）电流调节系统调节过程

①电动机软起动初始阶段调节过程

电流给定信号的极性为负，电流反馈信号的极性为正，电流给定信号与电流反馈信号通过求和器相加。当电流给定信号的绝对值大于电流反馈信号时，偏差 e 的绝对值增大，经过电流调节器 PI 调节输出电压 U_i 增大，U_i 的增大使触发器的控制角前移并导致晶闸管导通角增大，从而使感应式晶闸管可控电抗器电感（或阻抗）减小、感应式晶闸管可控电抗器端电压下降、电动机端电压上升，电动机进入软起动阶段。

②电动机恒流软起动阶段调节过程

电流给定信号的极性为负，电流反馈信号的极性为正，电流给定信号与电流反馈信号通过求和器相加。当电流给定信号的绝对值等于电流反馈信号时，其偏差 e 的绝对值为 0，经过电流调节器 PI 调节输出电压 U_i 保持不变，从而使触发器的控制角保持不变、晶闸管导通角保持不变，感应式晶闸管可控电抗器电感（或阻抗）保持不变、感应式晶闸管可控电抗器端电压保持不变、交流电动机起动电流保持不变，电动机进入恒流软起动阶段。

2. 电压调节器原理

当电动机需要恒压起动时,可采用电压闭环控制,由电压调节器输出恒压起动信号去实现晶闸管触发器的移相控制(或 IGBT 的 PWM 控制)。

(1) 电压调节器电路

电压调节器电路如图 5-23 所示。

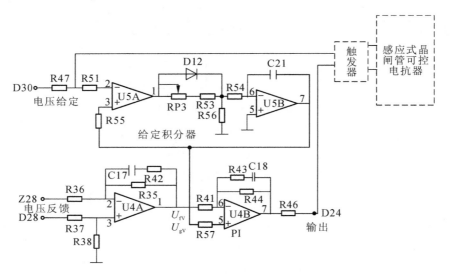

图 5-23　电压调节器电路

(2) 电压调节器构成

电压调节器由运算放大器 U4B,电阻 R41、R43、R44、R57 和电容 C18 等组成。由 U5A、U5B 产生的电压给定积分信号,经电阻 R57 接入 U4B 的同相端;由 U4A 产生的电压反馈信号,经电阻 R41 接入 U4B 的反相端,两信号之差经过 U4B 做 PI 调节,经电阻 R46 输出。

(3) 电压调节系统结构

电压调节系统由给定积分器、电压调节器、电压反馈单元、触发器、感应式晶闸管可控电抗器和交流电动机等组成,电压调节系统结构如图 5-24 所示。

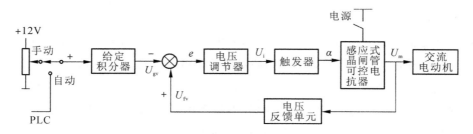

图 5-24　电压调节系统结构

由图 5-24 可知,给定积分器输入信号通过开关切换,开关具有手动和自动两种模式。当开关切至手动模式时,给定信号由手动定位器产生;当开关切至自动模式时,给定信号由 PLC 自动产生。无论是手动模式还是自动模式产生的给定信号,其信号极性都为正。

当在积分器的输入端输入正的给定信号时,积分器按照积分斜率输出负的积分值,该积分值作为电压调节器的电压给定信号;电压给定信号与电压反馈信号比较后产生偏差 e,该偏差由电压调节器进行 PI 调节并输出触发信号 U_i,触发信号通过触发器产生触发脉冲(即控制角 α),改变控制角 α 就能改变感应式晶闸管可控电抗器的电感(或阻抗),从而改变感应式晶闸管可控电抗器和交流电动机端电压,最终实现交流电动机的软起动。

(4)电压调节系统调节过程

① 电动机软起动初始阶段调节过程

电压给定信号的极性为负,电压反馈信号的极性为正,电压给定信号与电压反馈信号通过求和器相加。当电压给定信号的绝对值大于电压反馈信号时,偏差 e 的绝对值增大,经过电压调节器 PI 调节输出电压 U_i 增大,U_i 的增大使触发器的控制角前移并导致晶闸管导通角增大,从而使感应式晶闸管可控电抗器电感(或阻抗)减小、感应式晶闸管可控电抗器端电压下降、电动机输入端电压上升,电动机进入软起动初始阶段。

② 电动机恒压软起动阶段调节过程

电压给定信号的极性为负,电压反馈信号的极性为正,电压给定信号与电压反馈信号通过求和器相加。当电压给定信号的绝对值等于电压反馈信号时,其偏差 e 为 0,经过电压调节器 PI 调节输出电压 U_i 保持不变,从而使触发器的控制角保持不变、晶闸管导通角保持不变、感应式晶闸管可控电抗器电感(或阻抗)保持不变、感应式晶闸管可控电抗器端电压保持不变、交流电动机端电压保持不变,电动机进入恒压软起动阶段。

5.5　本章小结

感应式电力电子可控电抗器的一次侧绕组与交流电动机定子(转子)绕组串联组成交流调压软起动电路。电磁调压软起动控制系统输出数字逻辑信号和模拟量信号,根据交流电动机软起动要求,一方面数字逻辑信号控制起动柜、隔离柜、运行柜等完成逻辑控制及开关切换;另一方面模拟量信号控制触发器输出触发脉冲实现对晶闸管(或 IGBT)的移相(或 PWM)控制。通过改变晶闸管(或 IGBT)的控制角(或占空比)可实现感应式电力电子可控电抗器与交流电动机的分压,实现交流电动机的软起动。

电磁调压软起动装置特点如下:

(1)单机电磁调压软起动主电路拓扑结构由电磁调压软起动装置(软起动柜)、隔离柜和运行柜等组成,用以实现对单台交流电动机软起动。

(2)一拖多电磁调压软起动装置,分时实现对多台交流电动机软起动。电磁调压软起动装置功耗小,可以分时起动多台交流电动机,只要被起动的交流电动机单台功率不大于软起动装置功率即可。

(3)PLC 输出的模拟控制信号,由 EM235 模块端子(V0+、M0-)输出至触发器,触发器产生触发脉冲直接触发感应式晶闸管可控电抗器中的晶闸管功率变换器,改变晶闸管的控制角就能控制感应式晶闸管可控电抗器的电抗并改变其端电压,实现感应式晶闸管可控电抗器与交流电动机分压,实现交流电动机软起动。

(4)当交流电动机需要恒流(恒压)起动时,可采用电流(电压)闭环调节,由电流(电压)调节器输出恒流(恒压)起动信号,该信号由触发器控制晶闸管的导通角。

习题五

一、简答题

1.1　交流电动机直接起动电流是额定电流的多少倍?

1.2　交流电动机直接起动的危害性有哪些?

1.3　电磁调压软起动装置由哪些部分组成?

1.4　电磁调压软起动装置是如何实现交流电动机起动的?

1.5　感应式晶闸管可控电抗器与电动机串联连接是如何实现电动机分压的?

1.6　单机电磁调压软起动系统由哪些部分组成?

1.7　软起动柜、隔离柜和运行柜各起什么作用?

1.8　CPU226 模块有多少个 I/O 点?

1.9　EM231 模块有几路模拟量输入,每路输入的分辨率是多少?

1.10　EM235 模块有几路模拟量数入/输出,每路输入/输出的分辨率是多少?

二、判断题(对的打√,错的打×)

2.1　EM235 模块有一路模拟量输出,不能作为触发器的触发给定信号　　　(　　)

2.2　EM235 模块的模拟量输出可以作为触发器的触发给定信号　　　　　(　　)

2.3　CPU226 模块只有 24 个数字输入/输出点　　　　　　　　　　　　(　　)

2.4　CPU226 模块有 40 个数字输入/输出点　　　　　　　　　　　　　(　　)

2.5　感应式晶闸管可控电抗器至少需要 6 只晶闸管组成晶闸管功率变换器(　　)

2.6　感应式 IGBT 可控电抗器至少需要 12 只 IGBT 管组成 IGBT 功率变换器

　　　　　　　　　　　　　　　　　　　　　　　　　　　　　　　(　　)

2.7　电磁调压软起动装置中的隔离开关起旁路作用　　　　　　　　　　(　　)

2.8　电磁调压软起动系统中的运行柜起旁路作用　　　　　　　（　　）

2.9　电磁调压软起动系统中的起动柜起软起动作用　　　　　　（　　）

2.10　单机电磁调压软起动装置至少需要一台起动柜、一台隔离柜和一台运行柜

　　　　　　　　　　　　　　　　　　　　　　　　　　　　　（　　）

三、计算题

3.1　已知模拟量输入模块 EM231 有 4 输入×12 位，其单极性电压输入范围为 0～5V。试求 EM231 的分辨率。

3.2　已知模拟量输入/输出模块 EM235 有 4 输入/1 输出×12 位，试求：

(1)当模拟量输入范围为 0～10V 时，EM235 的分辨率。

(2)当模拟量输出范围为 0～5V 时，EM235 的分辨率。

3.3　某三相感应式晶闸管可控电抗器与三相交流电动机串联组成三相交流调压软起动电路，已知三相输入线电源电压为 6300V，交流电动机每相的等效阻抗为 50Ω，可控电抗器每相的等效阻抗为 75Ω。试计算三相感应式晶闸管可控电抗器和交流电动机的分压值。

3.4　某三相感应式晶闸管可控电抗器与交流电动机串联组成交流调压软起动电路，参数与题 3.3 相同。若电动机至少需要 70% 的分压才能起动，则三相感应式晶闸管可控电抗器的阻抗值应该调到多少？

6 电磁调压软起动装置控制编程方法

电磁调压软起动装置控制系统采用可编程逻辑控制器（PLC）控制。按照交流电动机软起动要求，由 PLC 完成参数采集和检测、模拟量/数字量输出、逻辑控制、模拟量控制以及操作指令的输出等编程功能。本章论述单机电磁调压软起动装置控制编程方法，主要包括软起动控制功能、初始化子程序、软起动主程序等编程方法，该编程方法可以作为科研项目和工程应用中的编程参考。

6.1 软起动控制系统功能设定

软起动控制系统功能设定包括上电初始化、起动/停止允许信号检测、高压交流电动机起动工作方式、跳闸信号输出、报警信号输出和软停车等；其模数转换由 PLC"EM-231 和 EM-235 内部数模转换关系"设定。

6.1.1 上电初始化

上电初始化逻辑如图 6-1 所示。

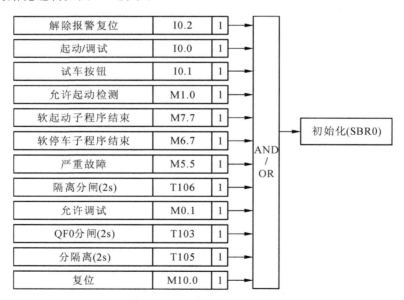

图 6-1 上电初始化逻辑

上电初始化是指在 PLC 上电后，对程序里用到的位存储器（M）进行复位和所需的变量存储器(V)赋值操作。电动机软起动上电初始化允许逻辑包括:解除报警复位、起动/调试、试车按钮、允许起动检测、软起动子程序结束、软停车子程序结束、严重故障、隔离分闸、允许调试、QF0 分闸、分隔离和复位等,当条件满足后,转初始化(SBR0)子程序。

6.1.2　起动/停止允许信号检测

1.调试状态下起动允许条件

调试状态下起动允许逻辑如图 6-2 所示。

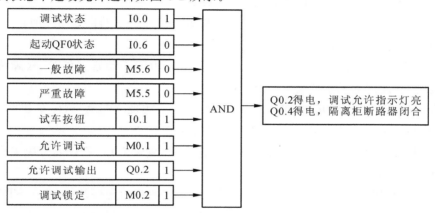

图 6-2　调试状态下起动允许逻辑

调试状态下起动允许逻辑包含调试状态、起动 QF0 状态、一般故障、严重故障、试车按钮、允许调试、允许调试输出和调试锁定等。当调试状态下起动允许逻辑满足后,允许调试输出 Q0.2 得电,此时调试允许指示灯亮;同时,Q0.4 得电,隔离柜断路器闭合。

2.调试状态下停止允许条件

调试状态下停止允许逻辑如图 6-3 所示。

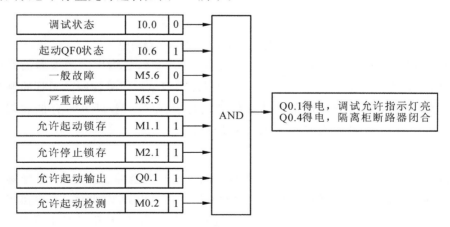

图 6-3　调试状态下停止允许逻辑

调试状态下停止允许逻辑包含调试状态、起动 QF0 状态、一般故障、严重故障、允许起动锁存、允许停止锁存、允许起动输出和允许起动检测等。当调试状态下停止允许逻辑满足后,允许起动输出 Q0.1 得电,此时调试允许指示灯亮;同时,Q0.4 得电,隔离柜断路器闭合。

6.1.3　高压交流电动机起动工作方式

高压交流电动机起动工作方式分为软起动和软停车,其中软起动包括电压斜坡、恒流和脉冲突跳三种方式。电动机可任选其中一种工作方式,为保证控制功能的顺利执行,工作方式的选择应该遵循以下原则:

①工作方式的选择只能在 PLC 第一次上电或复位后且电动机起动之前;

②电动机起动之前可任意选择工作方式;

③电动机依据所选方式运行直至起动完成,或者由于手动紧急停车、故障跳闸等原因中断运行,在此之前无法变更工作方式。

硬件选择功能由选择开关 SW1、SW2 实现。SW1 实现软起动/软停车切换,当 SW1选择软起动时,SW2 可在软起动的三种方式之间切换。

程序用变量 MODE 存储软起动装置的工作方式,变量 MODE 数值对应工作方式有电压斜坡、恒流和脉冲突跳。

程序用状态变量 STATE1 作为修改变量 MODE 数值的先决条件,仅在 STATE1 为"OFF"时,MODE 才允许被更新;在允许起动的条件下,按下起动按钮,STATE1 被置位为"ON"。状态变量 STATE1 的 R-S 逻辑图如图 6-4 所示。

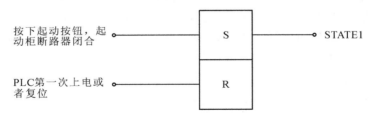

图 6-4　状态变量 STATE1 的 R-S 逻辑图

PLC 依据所选择的工作方式输出控制信号,该控制信号输出到触发器的开环给定端,模拟信号的范围为 0～10V/DC,触发器根据此模拟电压信号控制晶闸管的触发角。

电动机在起动过程中,控制信号的变化方式对应程序变量 MODE 存储软起动装置的工作方式也有三种,即电压斜坡、恒流、脉冲突跳。

1. 电压斜坡方式

电压斜坡起动曲线示意图如图 6-5 所示。图 6-5 的横坐标表示时间,纵坐标表示给定电压。在该方式下,控制器在软起动开始时电压输出可以为零(曲线 1),也可以不为零(曲线 2)。电压输出从起始点开始按照一定斜率逐步上升,其上升斜率和最大值可依据实际要求自主设定,这一过程由软起动控制器完成。将软起动控制器的电压输出值作为触发器的给定信号,触发器按此给定信号控制晶闸管的导通角,通过改变晶闸管的导通角使可控电抗器的阻抗发生变化,并改变可控电抗器与电动机的分压值,从而控制电动机的起动电流。

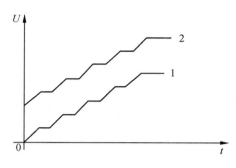

图 6-5 电压斜坡起动曲线示意图

2. 恒流方式

恒流起动曲线示意图如图 6-6 所示。

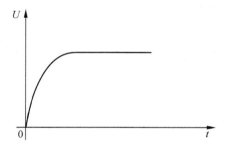

图 6-6 恒流起动曲线示意图

在该方式下,软起动控制器通过闭环控制使电动机起动电流恒定在某一值。由图6-6可知,在电动机软起动的初始阶段,其起动电流逐渐增大,当电动机起动电流达到预先所设定的值后即保持恒定,直至起动完毕。起动过程中,电流变化的速率可以根据电动机负载调整,该起动方式应用最为广泛,特别适用于风机、泵类等负载的起动。为保证拖动系统稳定起动,可以在程序中增加起动方式错误检测功能。

3. 脉冲突跳方式

脉冲突跳起动曲线示意图如图 6-7 所示。

在该方式下,软起动控制器在软起动开始时输出一个脉冲,用于电动机克服堵转力矩,随后软起动控制器的输出下降到某一值,该数值可根据具体情况设定。之后控制器输出按照一定斜率上升,上升斜率和最大值可由用户依据实际情况设定。将控制器的输出值作为触发器的给定信号,触发器按此给定信号控制晶闸管的导通角,从而控制电动机的起动电流。该起动方式,一般应用于重载并需要克服较大静摩擦力的起动场合。

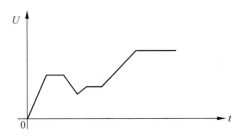

图 6-7　脉冲突跳起动曲线示意图

6.1.4　跳闸信号输出

跳闸信号输出逻辑如图 6-8 所示。

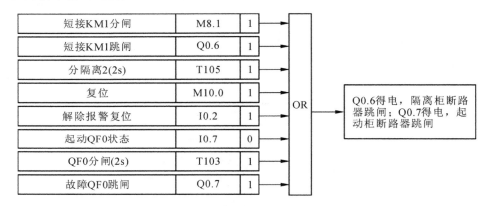

短接KM1分闸	M8.1	1
短接KM1跳闸	Q0.6	1
分隔离2(2s)	T105	1
复位	M10.0	1
解除报警复位	I0.2	1
起动QF0状态	I0.7	0
QF0分闸(2s)	T103	1
故障QF0跳闸	Q0.7	1

OR → Q0.6得电，隔离柜断路器跳闸；Q0.7得电，起动柜断路器跳闸

图 6-8　跳闸信号输出逻辑

本程序块用于在交流电动机起动或停车过程中检测电动机的运行环境,保护电动机的安全运行。电动机的跳闸信号用于控制电动机的紧急跳闸。跳闸信号是保证在紧急故障、正常软起动结束、PLC 模块故障、急停等情况下使隔离柜、起动柜的断路器断开。该输出信号不保持,时间持续 2s。

6.1.5　报警信号输出

报警信号输出逻辑如图 6-9 所示。报警信号输出通道 Q0.3 为蜂鸣器提供信号。蜂鸣器根据报警的级别发出声音和灯光报警。此报警信号为保持信号,即在报警原因消失后,系统依然报警。若要消除报警,可按下控制柜面板上的消音按钮。由于多个报警通道共用一个蜂鸣器,可通过 PLC 的输出通道指示灯判断报警的原因。

6.1.6　软停车

软停车逻辑包括起动 QF0 状态、允许起动检测、软停按钮、短接 KM1 状态、允许起动锁存、允许停止锁存、QF0 分闸、故障 QF0 跳闸等,当软停车功能满足后,实现软停车。

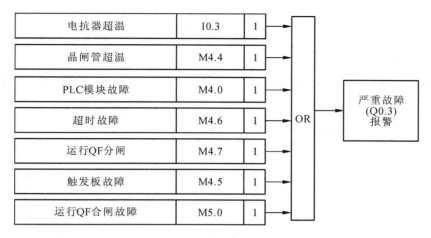

图 6-9　报警信号输出逻辑

软停车逻辑如图 6-10 所示。

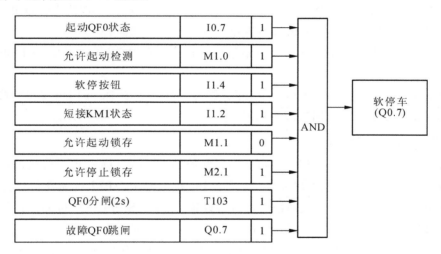

图 6-10　软停车逻辑

6.2　STEP7-Micro/Win32 与 S7-200PLC 通信

S7-200 的通信功能强,有多种通信方式可供用户选择。在运行 Windows 或 Windows XP 操作系统的个人计算机上安装 STEP 7-Micro/Win32 编程软件后,PC 可作为通信主站。

在使用 PC/PPI 电缆实现 PC 与 PLC 之间的通信时,应首先在编程软件中安装通信接口。在 STEP 7-Micro/Win32 的菜单栏中点击"View Component Communications"或者单击左侧的 Communications 图标,就可进入设置对话框。在对话框中双击 PC/PPI 图标,出现"设置 PG/PC 接口(Set PG/PC Interface)"对话框。点击"SELECT"按钮,出现

"安装/删除"窗口,可用来安装和删除通信硬件。对话框的左侧是可供选择的通信硬件,右侧是已经安装的通信硬件。

1. 通信硬件的安装

从选择列表框中选择要安装的硬件型号,窗口下部显示出对选择的硬件的描述。单击"Install(安装)"按钮,选择的硬件将出现在右边的"installed(已安装)"列表框。安装完后单击"Close(关闭)"按钮,回到"设置 PG/PC"对话框。

2. PC/PPI 电缆的参数设置

在"设置 PG/PC"对话框中单击"属性"按钮,就会出现 PC/PPI 电缆的属性窗口。按照下列步骤设置 PPI 参数:

(1)在 PPI 标签的站参数区(Station Parameter)的站地址(Address)框中设置站地址。运行 STEP 7-Micro/Win32 的计算机的默认站地址为 0。网络中第一台可编程序控制器的站地址为 2,网络中的不同的站不能使用同一个站地址。

(2)在超时(Time-out)框中设置通信设备建立联系的最长时间,默认值为 10s。

(3)设置 STEP 7-Micro/Win32 在网络上的通信的传输波特率。

(4)根据网络中的设备数选择最高站地址。这是 STEP 7-Micro/Win32 停止寻找网络中其他主站的地址。

(5)单击本机连接(Local Connection)标签,选择连接 PC/PPI 电缆的计算机的 RS232 通信口,以及是否使用调制解调器。

3. PC 机通信端口设置

设置完毕后点击"OK"按钮。也可点击标签中的"默认值(Default)"按钮进行参数设置。在对 PC/PPI 电缆参数设置完毕后,要在 PC 机上对 PC/PPI 电缆参数里选择的与 PC/PPI 电缆连接的相应 PC 机通信端口进行设置,此端口设置在 PC 机的设备管理器上进行,端口设置的波特率参数必须与 PPI 电缆的波特率一致。

参数设置完毕后,在"设置 PG/PC"对话框中单击"OK"按钮回到 Communications 窗口,在该窗口中双击"Double-Click to Refresh"等待刷新,待出现 PLC 图标、PLC 的 CPU 型号和地址后表示通信已建立,点击"OK"即可。

6.3 初始化子程序(SBR0)编程方法

初始化子程序(SBR0)编程包括功能、变量、初始化子程序结构、流程和编程(梯形图)等内容。

6.3.1 初始化子程序的功能及变量分配与程序结构构建

1. 初始化子程序(SBR0)功能与变量分配

初始化子程序(SBR0)功能与变量分配表如表 6-1 所示。

表 6-1 初始化子程序(SBR0)功能与变量分配表

程序编号	功能	变量
Network1	起动、运行电流和停车时间赋值	起动变送器折算系数(VW404);运行变送器折算系数(VW414);运行互感器原边数值(VW410);起动电流换算系数(VW406);起动电流折算中间值(VW402);起动互感器原边数值(VW400);停车时间(VW306);停车时间输入(VW340);运行电流换算系数(VW416);运行电流折算中间值(VW412)
Network2	复位所有中间变量及输出	触发板解锁(Q0.0);起动计数(C1);起动控制输出(VW276);起停计时寄存(VW306);软起换步计时(T33);软停开始(M6.0);上电2秒延时(M0.0);输出控制电压值(AQW0);输出信号显示(VW108)
Network3	软起动参数赋值	保护电流(VD114);保护电流低位(VW116);额定电流(VW110);额定电流折算(VW112);起动电流换算系数(VW406);起动脉冲输入(VW126);起动脉冲折算(VW128);起动时间设置(VW118);起动时间折算(VW120);起动限流设置(VW122);起动电流折算(VW124)
Network4	斜坡寄存器赋值	斜坡初值(VW260);斜坡终值(VW262);起动实际步数(VW266);斜坡总幅值(VW270);步幅值(VW272)
Network5	软停车所用变量赋值	停止实际步数(VW366);停控制输出(VW376)

表 6-1 中包含 5 个程序段,其主要功能有起动、运行电流和停车时间赋值,复位所有中间变量及输出,软起动参数赋值,斜坡寄存器赋值和软停车所用变量赋值等。

2. 初始化子程序结构

初始化子程序结构如图 6-11 所示。

初始化子程序结构包括 5 个程序段,即起动、运行电流和停车时间赋值,复位所有中间变量和输出,软起动参数赋值,斜坡寄存器赋值,软停车所用变量赋值。

6.3.2 起动、运行电流和停车时间赋值流程结构与编程

1. 起动、运行电流和停车时间赋值流程结构

起动、运行电流和停车时间赋值流程结构如图 6-12 所示。

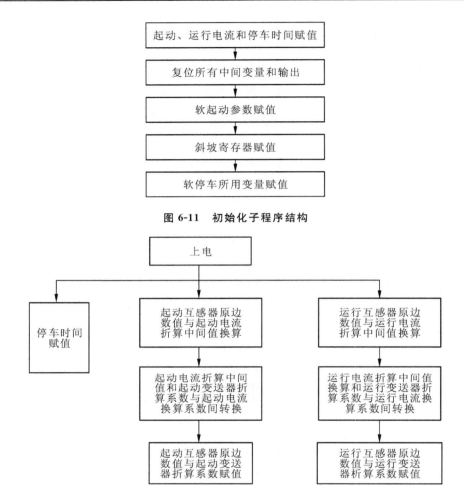

图 6-11　初始化子程序结构

图 6-12　起动、运行电流和停车时间赋值流程结构

起动、运行电流和停车时间赋值流程包括：停车时间赋值、起动互感器原边数值与起动电流折算中间值换算、起动电流折算中间值和起动变送器折算系数与起动电流换算系数间转换、起动互感器原边数值与起动变送器折算系数赋值、运行互感器原边数值与运行电流折算中间值换算、运行电流折算中间值和运行变送器折算系数与运行电流换算系数间转换、运行互感器原边数值与运行变送器折算系数赋值。

2.起动、运行电流和停车时间赋值编程

(1)起动输出功能编程

首先，将起动互感器原边数值(VW400)换算成起动电流折算中间值(VW402)；其次，将起动电流折算中间值(VW402)与起动变送器折算系数(VW404)转换成起动电流换算系数(VW406)；然后，转换起动互感器原边数值(VW400)与起动变送器折算系数(VW404)并输出至 VW408。

（2）运行功能编程

首先,将运行互感器原边数值(VW410)换算成运行电流折算中间值(VW412);其次,将运行电流折算中间值(VW412)与运行变送器折算系数(VW414)转换成运行电流换算系数(VW416);然后,转换运行互感器原边数值(VW410)与运行变送器折算系数(VW414)并输出至 VW418。

（3）停车时间功能编程

将停车时间输入(VW340)转换成停车时间(VW346)。

起动、运行电流和停车时间赋值梯形图编程如图 6-13 所示。

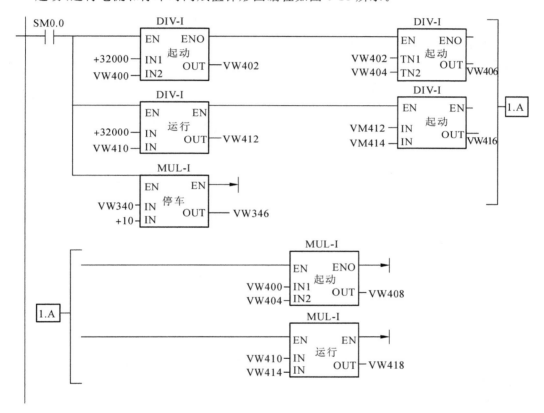

图 6-13　起动、运行电流和停车时间赋值梯形图编程

6.3.3　中间变量和输出量复位流程结构与编程

1. 中间变量和输出量复位流程结构

中间变量和输出量复位流程结构如图 6-14 所示。

中间变量和输出量复位流程包括上电两秒延时、软停开始、触发板解锁、起动计数、软起换步计时、输出控制电压值、输出信号显示、起动控制输出、起停计时寄存等。

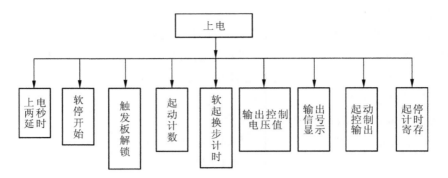

图 6-14　中间变量和输出量复位流程结构

2.中间变量和输出量复位编程

(1)中间变量复位编程

中间变量复位梯形图编程如图 6-15 所示。

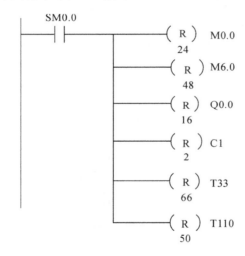

图 6-15　中间变量复位梯形图编程

(2)输出量复位编程

输出量复位梯形图编程如图 6-16 所示。

6.3.4　软起动参数赋值流程结构与编程

1.软起动参数赋值流程结构

软起动参数赋值流程结构如图 6-17 所示。

软起动参数赋值流程包括额定电流与起动电流换算值转换成额定电流折算值、额定电流折算值转换成保护电流值、保护电流低位赋值、起动时间设置与起动时间折算、起动电流设置与起动电流换算系数转换成起动电流折算值、起动脉冲输入与起动脉冲折算。

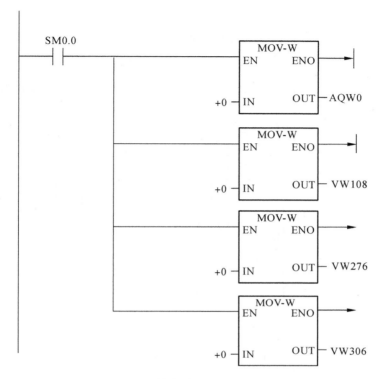

图 6-16 输出量复位梯形图编程

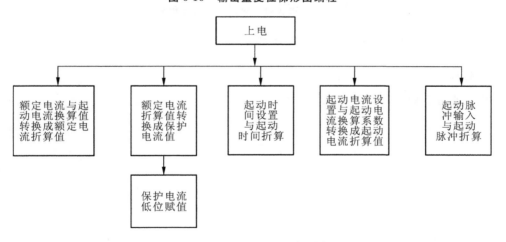

图 6-17 软起动参数赋值流程结构

2.软起动参数赋值编程

软起动参数赋值梯形图编程如图 6-18 所示。

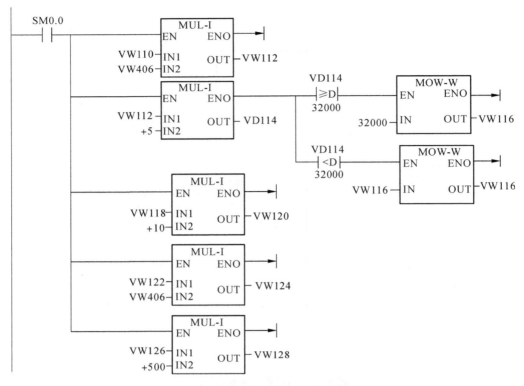

图 6-18　软起动参数赋值梯形图编程

6.3.5　斜坡寄存器赋值流程结构与编程

1. 斜坡寄存器赋值流程结构

斜坡寄存器赋值流程结构如图 6-19 所示。

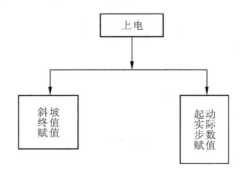

图 6-19　斜坡寄存器赋值流程结构

斜坡寄存器赋值流程包括斜坡终值赋值和起动实际步数赋值。

2. 斜坡寄存器赋值程序

斜坡寄存器赋值梯形图编程如图 6-20 所示。

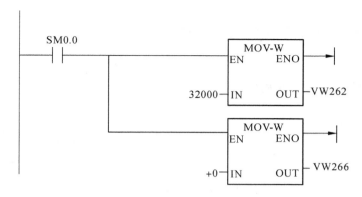

图 6-20 斜坡寄存器赋值梯形图编程

6.3.6 软停车所用变量赋值流程结构与编程

1. 软停车所用变量赋值流程结构

软停车所用变量赋值流程结构如图 6-21 所示。

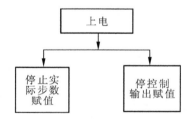

图 6-21 软停车所用变量赋值流程结构

软停车所用变量赋值流程包括停止实际步数赋值和停控制输出赋值。

2. 软停车所用变量赋值编程

软停车所用变量赋值梯形图编程如图 6-22 所示。

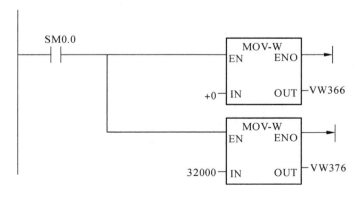

图 6-22 软停车所用变量赋值梯形图编程

6.4　软起动主程序(OB1)编程方法

6.4.1　软起动总流程结构构建

软起动总流程结构如图 6-23 所示。

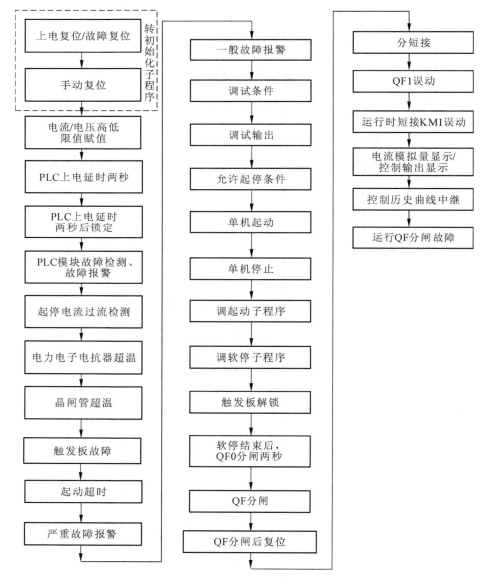

图 6-23　软起动总流程结构

软起动总流程包括 30 个程序段,其功能包括上电复位/故障复位;手动复位;电流/

电压高低限值赋值;PLC 上电延时两秒;PLC 上电延时两秒后锁定;PLC 模块故障检测、故障报警;起停电流过流检测;电力电子电抗器超温;晶闸管超温;触发板故障;起动超时;严重故障报警;一般故障报警;调试条件;调试输出;允许起停条件;单机起动;单机停止;调起动子程序;调软停子程序;触发板解锁;软停结束后,QF0 分闸两秒;QF 分闸;QF 分闸后复位;分短接;QF1 误动;运行时短接 KM1 误动;电流模拟量显示/控制输出显示;控制历史曲线中继和运行 QF 分闸故障等。

6.4.2 软起动主程序流程结构构建

软起动主程序流程结构如图 6-24 所示。

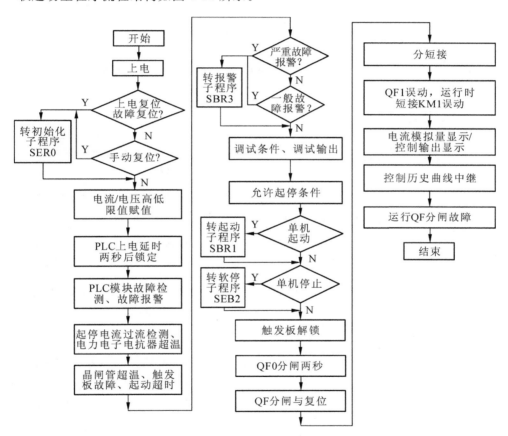

图 6-24 软起动主程序流程结构

软起动主要程序包括主程序 0B1、初始化子程序 SBR0、起动子程序 SBR1、软停子程序 SBR2 和报警子程序 SBR3。

6.4.3 软起动主程序功能与变量分配

软起动主程序(0B1)功能与变量分配见表 6-2。

表 6-2　软起动主程序(OB1)功能与变量分配表

程序编号	功能	变量
Network1	上电复位/故障复位	允许起动检测(M1.0);允许调试(M0.1);严重故障(M5.5);试车按钮(I0.1);软停子程序(M6.7);软起子程序(M7.7);起动/调试:(I0.0);解除报警复位:(I0.2);隔离柜分闸两秒(T106);分隔离柜两秒设定(T105);QF0分闸两秒(T103)
Network2	手动复位	解除警报复位(I0.2);复位(M10.0);上电两秒延时(M0.0)
Network3	电流/电压高低限值赋值	允许起动锁存(M1.1);起动电流报警(VW80);电压下限(VW84);电压上限(VW86);保护电流低位(VW116)
Network4	PLC上电延时两秒	上电两秒延时(M0.0);上电延时两秒设定(T100)
Network5	PLC 上电延时两秒后锁定	上电两秒延时(M0.0);上电延时两秒设定(T100)
Network6	PLC 模块故障检测、报警	PLC 模块故障(M4.0)
Network7	起停电流过流检测	过流报警延时时间设定(T42);起动电流输入(VW0);起动过流中继(M4.2);允许起动锁存(M1.1)
Network8	电抗器超温	上电两秒延时(M0.0);电抗器超温输入(I0.3);电抗器超温时间设定和报警(T43);电抗器超温中继(M4.3)
Network9	晶闸管超温	上电两秒延时(M0.0);晶闸管超温输入(I0.4);晶闸管超温时间设定(T44);晶闸管超温报警(T44);晶闸管超温中继(M4.4)
Network10	触发板故障	上电两秒延时(M0.0);触发板故障输入(I0.5);触发板故障时间设定(T45);触发板故障报警中继(M4.5)
Network11	起动超时	起动超时(T114);超时故障(M4.6)
Network12	严重故障报警	PLC 模块故障(M4.0);报警振荡计1(VW390);报警振荡计2(VW392);超时故障(M4.6);严重故障(M5.5);输出控制电压(AQW0);运行QF分闸故障(M4.7);运行QF合闸故障(M5.0)
Network13	一般故障	起动过流(M4.2);一般故障(M5.6);短接KM误动(M5.2);转子程序和电抗器超温中继(M4.3);起动QF误动(M5.1);报警振荡计1(VW390);报警振荡计2(VW392)
Network14	调试条件	起动/调试(I0.0);起动QS0状态(I0.6);严重故障(M5.5);一般故障(M5.6);允许调试(M0.1);允许调试输出(Q0.2)
Network15	调试输出	允许调试(M0.1);试车按钮(I0.1);调试锁定(M0.2)

程序编号	功能	变量
Network16	允许起停条件	调试锁定（M0.2）；起动/调试（I0.0）；起动 QS0 状态（I0.6）；允许起动锁存（M1.1）；允许停止锁存（M2.1）；严重故障（M5.5）；一般故障（M5.6）；允许起动检测（M1.0）；允许起动输出（Q0.1）
Network17	单机起动	允许起动检测（M1.0）；起动 QF0 状态（I0.7）；起动自保（M10.1）；短接 KM1 状态（I1.2）；允许停止锁存设定（M2.1）；允许起动锁存设定（M1.1）
Network18	单机停止	起动 QF0 状态（I0.7）；允许起动检测（M1.0）；停止自保（M11.1）；软停按钮（I1.4）；短接 KM1 状态（I1.2）；允许起动锁存设定（M1.1）；允许停止锁存设定（M2.1）
Network19	调起动子程序	允许起动锁存设定（M1.1）；调试锁定（M0.1）；软起动子程序结束（M7.7）；严重故障（M5.5）；调起动子程序（SBR1）
Network20	调软停子程序	允许停止锁存设定（M2.1）；软停子程序结束（M6.7）；严重故障（M5.5）；调软停子程序（SBR2）
Network21	触发板解锁	软起开始（M7.0）；软停开始（M6.0）；严重故障（M5.5）；触发板解锁（Q0.0）
Network22	软停结束后 QF0 分闸两秒	软停子程序结束（M6.7）；严重故障（M5.5）；QF0 分闸两秒（T103）
Network23	QF 分闸	QF0 分闸两秒（T103）；故障 QF0 跳闸（Q0.7）
Network24	QF 分闸后复位	起动 QF0 状态（I0.7）；分隔离柜一秒延时（T104）；分隔离柜两秒设定（T105）
Network25	分短接	分隔离柜两秒设定（T105）；报警解除复位（I0.2）；复位（M10.2）；短接 KM1 分闸（M8.1）；起动 QF0 状态（I0.7）；短接 KM1 跳闸（Q0.6）
Network26	QF1 误动	起动 QF0 状态（I0.7）；起动/调试（I0.0）；软停止开始（M6.0）；软起动开始（M7.0）；隔离柜分闸两秒设定（T106）；起动 QF 误动 M5.1
Network27	运行时短接 KM1 误动	起动 QF0 状态（I0.7）；短接 KM1 状态（I1.2）；软起动开始（M7.0）；软停止开始（M6.0）；运行 QF 分闸故障（M4.7）；短接 KM1 误动延时两秒（T107）

续表 6-1

程序编号	功能	变量
Network28	电流模拟量显示/控制输出显示	起动电流输入口（AIW0）；起动电流输入（VW0）；起动电流换算系数（VW406）；起动电流输入折算（VW2）；起动电流显示（VW4）；运行电流输入口（AIW2）；运行电流换算系数（VW416）；运行电流输入折算（VW12）；运行电流显示（VW14）；起动控制输出（VW276）；停控制输出（VW376）；输出信号显示（VW108）
Network29	控制历史曲线中继	软停止开始（M6.0）；软起动开始（M7.0）；严重故障（M5.5）；趋势图暂停中继（M2.5）
Network30	运行 QF 分闸故障	起动 QF0 状态（I0.7）；短接 KM1 状态（I1.2）；运行 QF 分闸故障（M4.7）

6.4.4 上电复位、故障复位流程结构与编程

1. 上电复位、故障复位流程结构

上电复位、故障复位流程结构如图 6-25 所示。

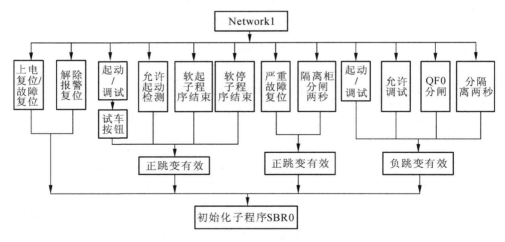

图 6-25 上电复位、故障复位流程结构

2. 上电复位、故障复位编程

上电复位、故障复位梯形图编程如图 6-26 所示。

编程思路如下：

一是当 SM0 常开点闭合、解除报警复位 I0.2 常开点闭合，且逻辑条件满足时，调初始化子程序（SBR0）；

二是当起动/调试 I0.0 常开点闭合、试车按钮 I0.1 常开点闭合、允许起动检测 M1.0

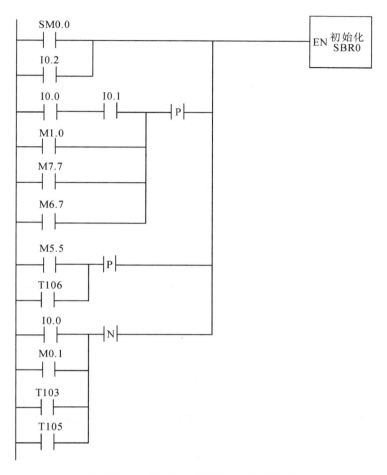

图 6-26　上电复位、故障复位梯形图编程

常开点闭合、软起子程序结束 M7.7 常开点闭合、软停子程序结束 M6.7 常开点闭合,且逻辑条件满足时,调初始化子程序(SBR0);

三是当严重故障 M5.5 常开点闭合、隔离柜分闸两秒 T106 常开点闭合,且逻辑条件满足时,调初始化子程序(SBR0);

四是当起动/调试 I0.0 常开点闭合或允许调试 M0.1 常开点闭合、QF0 分闸两秒 T103 常开点闭合、分隔离柜两秒 T105 常开点闭合,且逻辑条件满足时,调初始化子程序(SBR0)。

6.4.5　手动复位流程结构与编程

1.手动复位流程结构

手动复位流程结构如图 6-27 所示。

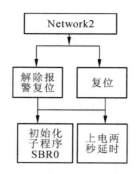

图 6-27　手动复位流程结构

2.手动复位编程

手动复位梯形图编程如图 6-28 所示。

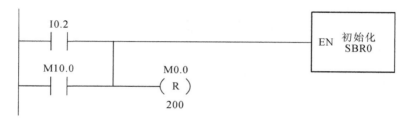

图 6-28　手动复位梯形图编程

梯形图编程思路:当解除警报复位 I0.2 常开点闭合、复位 M10.0 常开点闭合,且逻辑条件满足时,完成两项任务。一是调初始化子程序(SBR0);二是上电两秒延时(M0.0)设定。

6.4.6　电流/电压高低限值赋值流程结构与编程

1.电流/电压高低限值赋值流程结构

电流/电压高低限值赋值流程结构如图 6-29 所示。

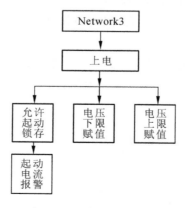

图 6-29　电流/电压高低限值赋值流程结构

2.电流/电压高低限值赋值编程

电流/电压高低限值赋值梯形图编程如图 6-30 所示。

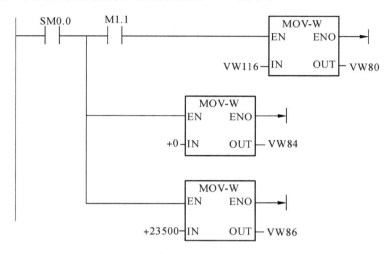

图 6-30　电流/电压高低限值赋值梯形图编程

梯形图编程思路：当上电 SM0.0 常开点闭合，完成两项任务：一是电压下限输出，二是电压上限输出。当允许起动锁存 M1.1 常开点闭合，完成起动电流报警输出。

6.4.7　PLC上电延时两秒流程结构与编程

1.PLC 上电延时两秒流程结构

PLC 上电延时两秒流程结构如图 6-31 所示。

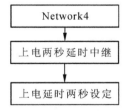

图 6-31　PLC上电延时两秒流程结构

2.PLC 上电延时两秒编程

PLC 上电延时两秒梯形图编程如图 6-32 所示。

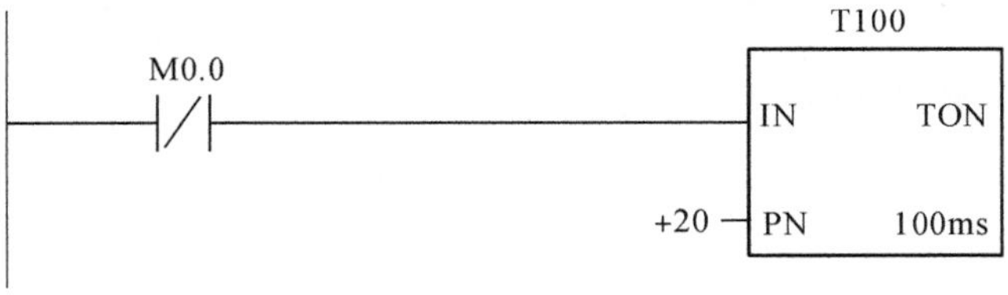

图 6-32　PLC上电延时两秒梯形图编程

梯形图编程思路:当上电两秒延时 M0.0 常闭点保持闭合,则完成上电延时两秒设定(T100)。

6.4.8 PLC 上电延时两秒后锁定流程结构与编程

1. PLC 上电延时两秒后锁定流程结构

PLC 上电延时两秒后锁定流程结构如图 6-33 所示。

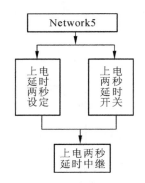

图 6-33 PLC 上电延时两秒后锁定流程结构

2. PLC 上电延时两秒后锁定编程

PLC 上电延时两秒后锁定梯形图编程如图 6-34 所示。

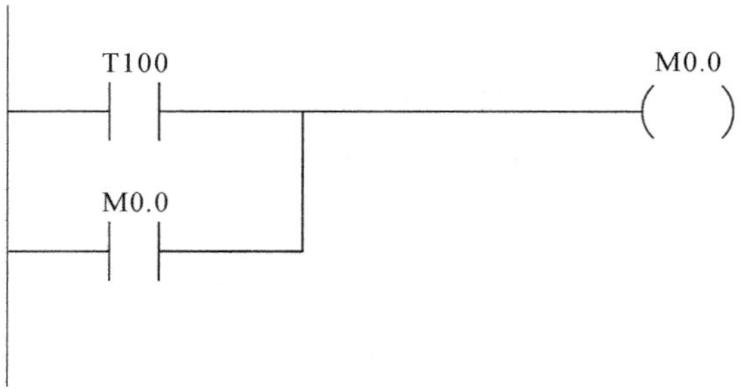

图 6-34 PLC 上电延时两秒后锁定梯形图编程

梯形图编程思路:当上电两秒延时 M0.0 常开点闭合,则完成 PLC 上电延时两秒后锁定。

6.4.9 PLC 模块检测、故障报警流程结构与编程

1. PLC 模块检测、故障报警流程结构

PLC 模块检测、故障报警流程结构如图 6-35 所示。

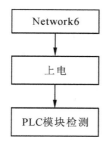

图 6-35　PLC 模块检测、故障报警流程结构

2.PLC 模块检测、故障报警编程

PLC 模块检测、故障报警梯形图编程如图 6-36 所示。

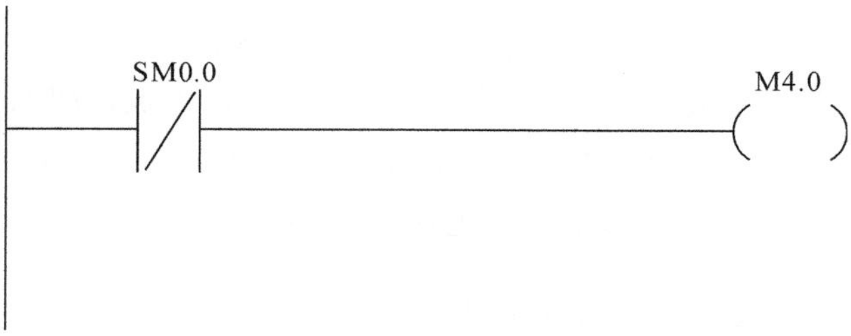

```
        SM0.0                                M4.0
    ─────┤/├─────────────────────────────────( )
```

图 6-36　PLC 模块检测、故障报警梯形图编程

梯形图编程思路：当 SM0.0 常闭点保持闭合，PLC 模块故障 M4.0 得电，则完成 PLC 模块检测、故障报警。

6.4.10　电抗器超温流程结构与编程

1.电抗器超温流程结构

电抗器超温流程结构如图 6-37 所示。

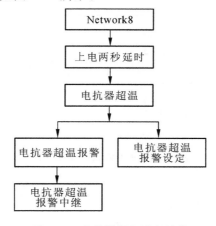

图 6-37　电抗器超温流程结构

2.电抗器超温编程

电抗器超温梯形图编程如图 6-38 所示。

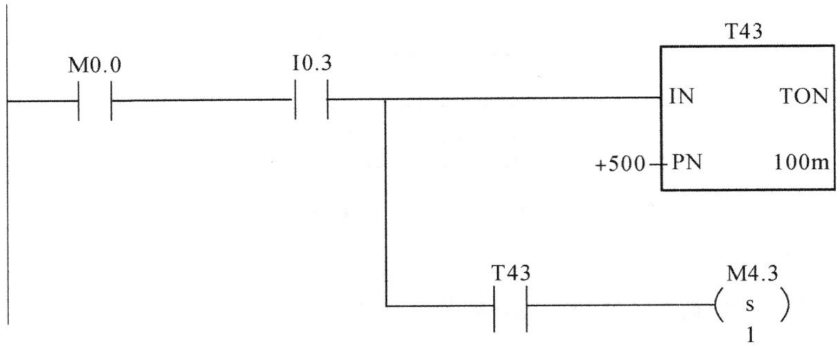

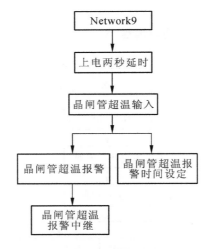

图 6-38   电抗器超温梯形图编程

梯形图编程思路:当上电两秒延时 M0.0 常开点闭合、电抗器超温输入 I0.3 闭合,是逻辑条件满足时,则完成两项子功能:一是电抗器超温时间设定(T43);二是电抗器超温中继 M4.3 接通,执行电抗器超温报警及跳闸。

6.4.11   晶闸管超温流程结构与编程

1.晶闸管超温流程结构

晶闸管超温流程结构如图 6-39 所示。

```
┌─────────────┐
│  Network9   │
└─────────────┘
       │
┌─────────────┐
│  上电两秒延时  │
└─────────────┘
       │
┌─────────────┐
│ 晶闸管超温输入  │
└─────────────┘
    │      │
┌────────┐ ┌──────────┐
│晶闸管超温报警│ │晶闸管超温报 │
│        │ │警时间设定  │
└────────┘ └──────────┘
    │
┌────────┐
│晶闸管超温 │
│报警中继  │
└────────┘
```

图 6-39   晶闸管超温流程结构

2.晶闸管超温编程

晶闸管超温梯形图编程如图 6-40 所示。

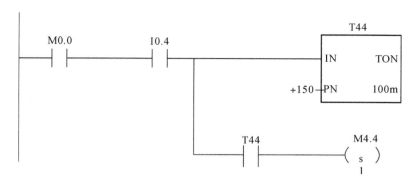

图 6-40 晶闸管超温梯形图编程

梯形图编程思路：当上电两秒延时 M0.0 常开点闭合、晶闸管超温输入 I0.4 闭合，且逻辑条件满足时，则完成两项子功能：一是晶闸管超温报警时间设定；二是晶闸管超温中继 M4.4 接通，执行晶闸管超温报警。

6.4.12　起停电流过流检测流程结构与编程

1.起停电流过流检测流程结构

起停电流过流检测流程结构如图 6-41 所示。

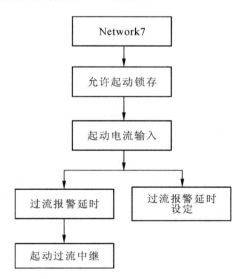

图 6-41 起停电流过流检测流程结构

2.起停电流过流检测编程

起停电流过流检测梯形图编程如图 6-42 所示。

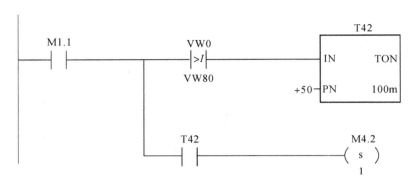

图 6-42　起停电流过流检测梯形图编程

梯形图编程思路:当允许起动锁存 M1.1 常开点闭合、起动电流输入 VW0 常开点闭合,则过流报警延时设定 T42 开始延时计时;当过流报警延时完毕,则起动过流中继 M4.2接通,执行起动过流跳闸及报警。

6.4.13　触发板故障流程结构与编程

1. 触发板故障流程结构

触发板故障流程结构如图 6-43 所示。

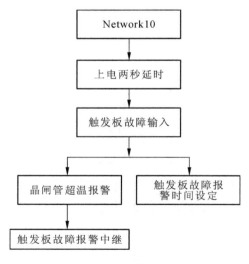

图 6-43　触发板故障流程结构

2. 触发器板故障编程

触发器板故障梯形图编程如图 6-44 所示。

梯形图编程思路:当上电两秒延时 M0.0 常开点闭合、触发板故障输入 I0.5 闭合,且逻辑条件满足时,完成两项子功能:一是触发板故障时间设定;二是触发板故障报警中继 M4.5接通,执行触发板故障报警。

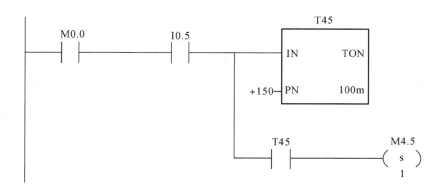

图 6-44 触发器板故障梯形图编程

6.4.14 起动超时流程结构与编程

1. 起动超时流程结构

起动超时流程结构如图 6-45 所示。

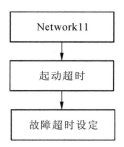

图 6-45 起动超时流程结构

2. 起动超时编程

起动超时梯形图编程如图 6-46 所示。

图 6-46 起动超时梯形图编程

梯形图编程思路:当起动超时 T114 常开点闭合,则超时故障设定 M4.6 接通,执行起动超时。

6.4.15 严重故障报警流程结构与编程

1. 严重故障报警流程结构

严重故障报警流程结构如图 6-47 所示。

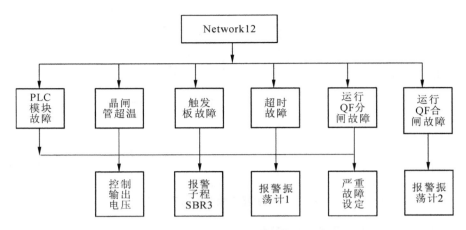

图 6-47 严重故障报警流程结构

2.严重故障报警编程

严重故障报警梯形图编程如图 6-48 所示。

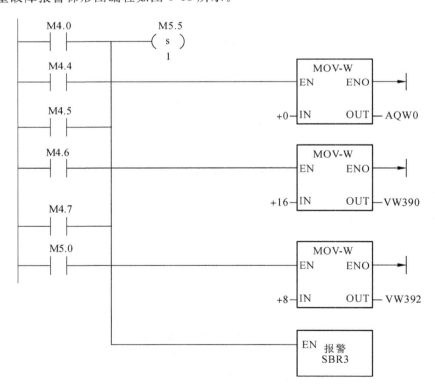

图 6-48 严重故障报警梯形图编程

梯形图编程思路:当 PLC 模块故障 M4.0 常开点闭合、触发板故障 M4.5 常开点闭合、运行 QF 分闸故障 M4.7 常开点闭合,且逻辑条件满足时,完成两项子功能:一是严重故障 M5.5 继电器接通;二是调报警子程序(SBR3)。当晶闸管超温 M4.4 常开点闭合,则输出控制电压值 AQW0 为 0；当超时故障设定 M4.6 常开点闭合,则报警振荡器 1 开始计数并输出(VW390);当运行 QF 合闸故障 M5.0 常开点闭合,则报警振荡器 2 开始计数并输出(VW392)。

6.4.16 一般故障报警流程结构与编程

1．一般故障报警流程结构

一般故障报警流程结构如图 6-49 所示。

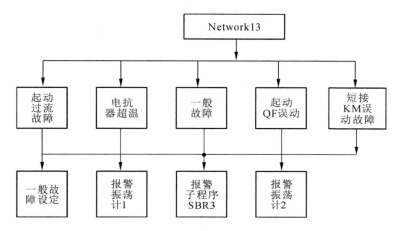

图 6-49 一般故障报警流程结构

2．一般故障报警编程

一般故障报警梯形图编程如图 6-50 所示。

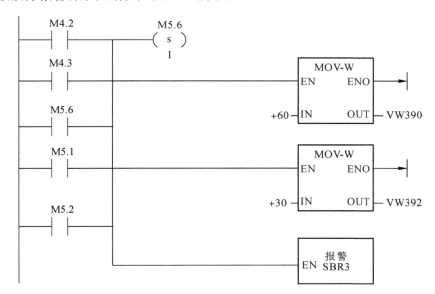

图 6-50 一般故障报警梯形图编程

梯形图编程思路:当起动过流 M4.2 常开点闭合,则完成两项子功能:一是一般故障继电器 M5.6 接通并做一般故障报警处理;二是调报警子程序(SBR3)。当电抗器超温 M4.3 常开点闭合,则报警振荡器 1 开始计数并输出(VW390);当起动 QF 误动 M5.1 常开点闭合,则报警振荡器 1 开始计数并输出(VW390)。

6.4.17 调试条件流程结构与编程

1.调试条件流程结构

调试条件流程结构如图 6-51 所示。

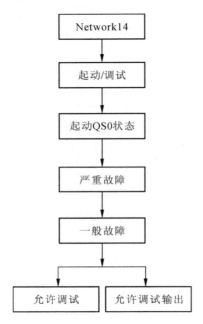

图 6-51 调试条件流程结构

2.调试条件编程

调试条件梯形图编程如图 6-52 所示。

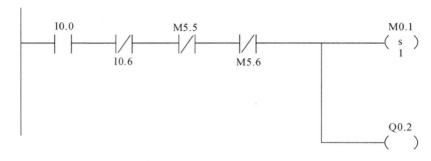

图 6-52 调试条件梯形图编程

梯形图编程思路:当起动/调试 I0.0 常开点闭合、起动 QS0 状态 I0.6 常闭点保持闭合、严重故障 M5.5 常闭点保持闭合、一般故障 M5.6 常闭点保持闭合,且逻辑条件满足时,完成两项子功能:一是使允许调试 M0.1 继电器接通;二是使允许调试输出 Q0.2 接通,执行调试任务。

6.4.18　调试输出流程结构与编程

1.调试输出流程结构

调试输出流程结构如图 6-53 所示。

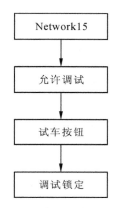

图 6-53　调试输出流程结构

2.调试输出编程

调试输出梯形图编程如图 6-54 所示。

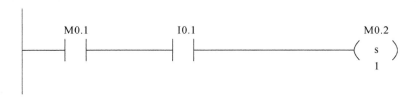

图 6-54　调试输出梯形图编程

梯形图编程思路:当允许调试 M0.1 常开点闭合并保持允许调试状态、试车按钮 I0.1 常开点闭合并保持试车状态,且逻辑条件满足时,则程序完成调试锁定。

6.4.19　允许起停条件流程结构与编程

1.允许起停条件流程结构

允许起停条件流程结构如 6-55 所示。

2.允许起停条件编程

允许起停条件梯形图编程如图 6-56 所示。

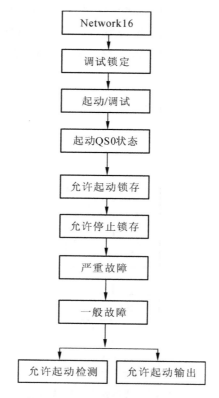

图 6-55　允许起停条件流程结构

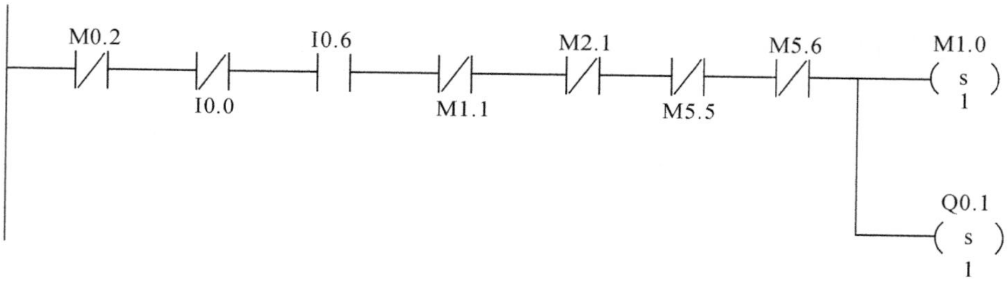

图 6-56　允许起停条件梯形图编程

梯形图编程思路:执行调试锁定的 M0.2 常闭点保持常闭状态,并解除锁定,执行起动/调试的 I0.0 常闭点保持常闭,并保持起动或调试功能;执行起动 QS0 的 I0.6 常闭点保持常闭,并处于起动合闸状态;执行允许起动锁存的 M1.1 常闭点保持常闭状态,并允许起动;执行允许起停锁存的 M2.1 常闭点保持常闭,并处于解锁状态;执行严重故障的 M5.5 常闭点保持常闭,并处于无故障状态;执行一般故障 M5.6 常闭点保持常闭状态,并处于无故障状态。当以上逻辑关系满足条件后,完成两项任务:一是允许起动检测,并由 M1.0 设定检测功能;二是允许起动输出,并由 Q0.1 设定起动输出功能。

6.4.20 单机起动流程结构与编程

1. 单机起动流程结构

单机起动流程结构如图 6-57 所示。

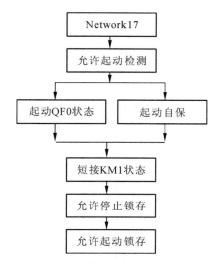

6-57 单机起动流程结构

2. 单机起动编程

单机起动梯形图编程如图 6-58 所示。

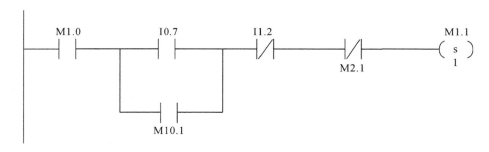

图 6-58 单机起动梯形图编程

梯形图编程思路：当允许起动检测的 M1.0 常开点闭合并处于检测状态、起动 QF0 的 I0.7 常开点闭合并处于起动合闸状态或者起动自保 M10.1 常开点处于闭合状态、短接 KM1 的 I1.2 常闭点保持闭合状态、允许停止锁存的 M2.1 常闭点保持闭合状态，且逻辑条件满足时，该程序完成允许起动锁存 M1.1 的设定及输出。

6.4.21 单机停止流程结构与编程

1. 单机停止流程结构

单机停止流程结构如图 6-59 所示。

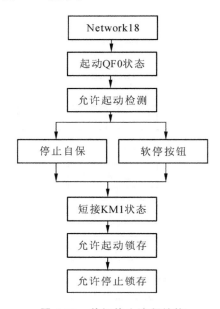

图 6-59　单机停止流程结构

2. 单机停止编程

单机停止梯形图编程如图 6-60 所示。

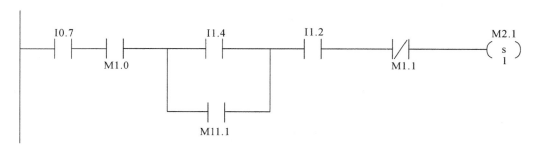

图 6-60　单机停止梯形图编程

梯形图编程思路：当起动 QF0 状态的 I0.7 常开点处于闭合即起动合闸状态、允许起动检测的 M1.0 常开点处于闭合检测状态、停止自保 M11.1 常开点处于闭合状态或软停按钮 I1.4 常开点处于闭合状态、短接 KM1 的 I1.2 常开点处于闭合状态、允许起动锁存的 M1.1 常闭点保持闭合状态,且逻辑条件满足时,则该程序完成允许停止锁存 M2.1 的设定及输出。

6.4.22 调起动子程序流程结构与编程

1.调起动子程序流程结构

调起动子程序流程结构如图 6-61 所示。

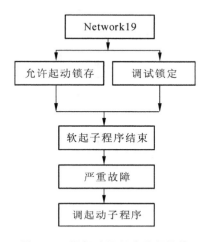

图 6-61 调起动子程序流程结构

2.调起动子程序编程

调起动子程序梯形图编程如图 6-62 所示。

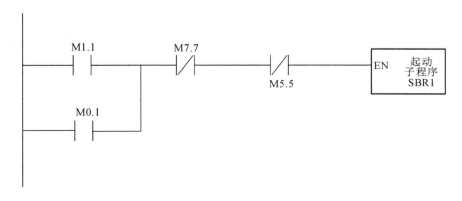

图 6-62 调起动子程序梯形图编程

梯形图编程思路:当允许起动锁存设定的 M1.1 的常开点保持闭合或者调试锁定 M0.1 常开点保持闭合、软起动子程序结束的 M7.7 常闭点保持闭合、严重故障 M5.5 的常闭点保持闭合,且逻辑条件满足时,该程序执行调起动子程序 SBR1。

6.4.23 调软停子程序流程结构与编程

1.调软停子程序流程结构

调软停子程序流程结构如图 6-63 所示。

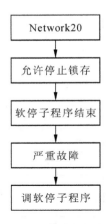

图 6-63　调起动子程序流程结构

2. 调软停子程序编程

调软停子程序梯形图编程如图 6-64 所示。

图 6-64　调软停子程序梯形图编程

梯形图编程思路:当允许停止锁存设定的 M2.1 的常开点保持闭合、软停子程序结束的 M6.7 常闭点保持闭合、严重故障 M5.5 的常闭点保持闭合,且逻辑条件满足后,则程序执行调软停子程序 SBR2。

6.4.24　触发板解锁流程结构与编程

1. 触发板解锁流程结构

触发板解锁流程结构如图 6-65 所示。

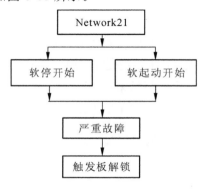

图 6-65　触发板解锁流程结构

2.触发板解锁编程

触发板解锁梯形图编程如图 6-66 所示。

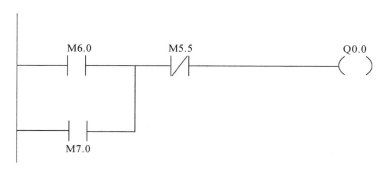

图 6-66　触发板解锁梯形图编程

梯形图编程思路:当软停开始 M6.0 常开点处于闭合状态或软起动开始 M7.0 常开点处于闭合状态、严重故障 M5.5 常闭点保持闭合,且逻辑条件满足后,则该程序执行触发板解锁 Q0.0 输出。

6.4.25　软停结束后 QF0 分闸两秒流程结构与编程

1.软停结束后 QF0 两秒分闸流程结构

软停结束后 QF0 分闸两秒流程结构如图 6-67 所示。

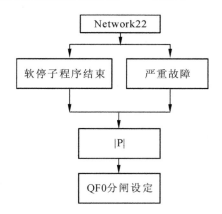

图 6-67　触发板解锁流程结构

2.软停结束后 QF0 分闸两秒编程

软停结束后 QF0 分闸两秒梯形图编程如图 6-68 所示。

梯形图编程思路:当软停子程序结束 M6.7 常开点处于闭合状态或严重故障 M5.5 常开点保持闭合,且逻辑条件满足后的接通上升沿有效,则该程序完成 QF0 分闸两秒设定。

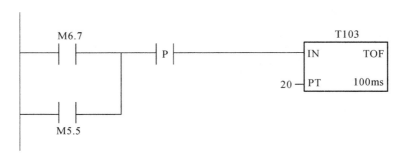

图 6-68　软停结束后 QF0 分闸两秒梯形图编程

6.4.26　QF 分闸流程结构与编程

1. QF 分闸流程结构

QF 分闸流程结构如图 6-69 所示。

图 6-69　QF 分闸流程结构

2. QF 分闸编程

梯形图编程思路：当 QF0 分闸两秒完毕，则该程序完成故障 QF0 跳闸 Q0.7 的输出。

QF 分闸梯形图编程如图 6-70 所示。

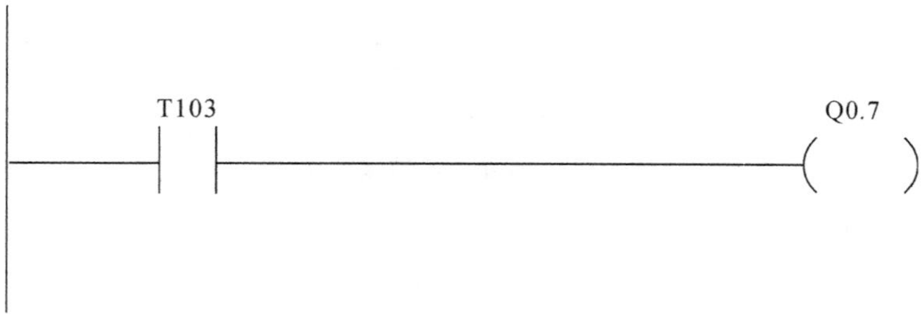

图 6-70　QF 分闸梯形图编程

6.4.27　QF 分闸后复位流程结构与编程

1. QF 分闸后复位流程结构

QF 断路器分闸后复位流程结构如图 6-71 所示。

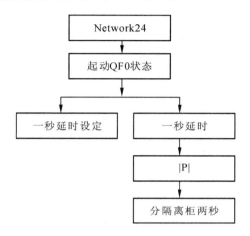

图 6-71　QF 分闸流程结构

2. QF 分闸后复位编程

QF 分闸后复位梯形图编程如图 6-72 所示。

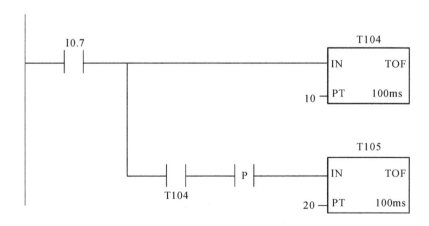

图 6-72　QF 分闸后复位梯形图编程

梯形图编程思路：当起动 QF0 状态 I0.7 常开点闭合时，完成两项子功能：一是一秒延时设定；二是当一秒延时到其常开点闭合的上升沿，执行分隔离柜两秒设定。

6.4.28　分短接流程结构与编程

1. 分短接流程结构

分短接流程结构如图 6-73 所示。

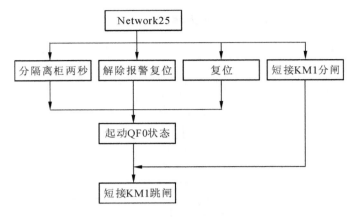

图 6-73　分短接流程结构

2. 分短接编程

梯形图编程思路:当分隔离柜两秒 T105 常开点闭合或报警解除复位 I0.2 常开点闭合或复位 M10.2 常开点闭合,且起动 QF0 状态 I0.7 常闭点保持闭合时,则完成短接 KM1 跳闸 Q0.6 输出;当短接 KM1 分闸 M8.1 常开点闭合,同样完成短接 KM1 跳闸 Q0.6 输出。

分短接梯形图编程如图 6-74 所示。

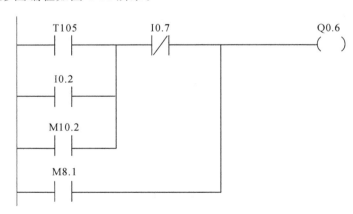

图 6-74　分短接梯形图编程

6.4.29　QF1 误动流程结构与编程

1. QF1 误动流程结构

QF1 误动流程结构如图 6-75 所示。

2. QF1 误动编程

QF1 误动梯形图编程如图 6-76 所示。

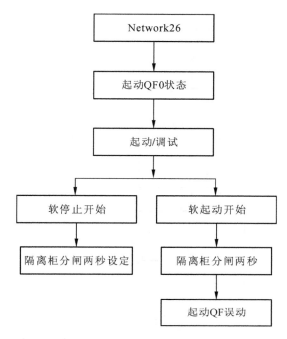

图 6-75　QF1 误动流程结构

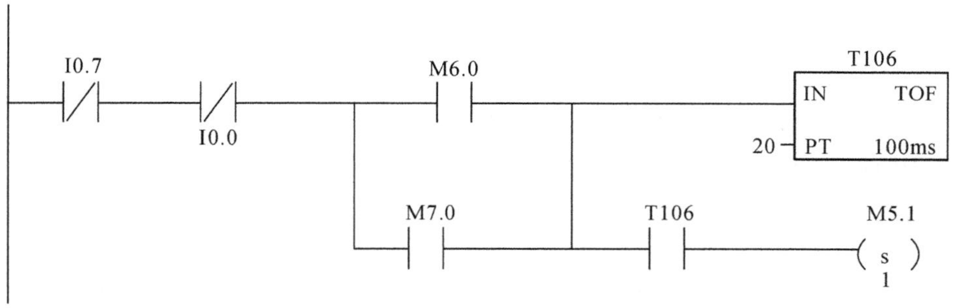

图 6-76　QF1 误动梯形图编程

梯形图编程思路:当起动 QF0 状态 I0.7 常闭点保持闭合,起动/调试 I0.0 常闭点保持闭合,软停止开始 M6.0 常开点闭合,则完成隔离柜分闸两秒 T106 延时时间设定,当隔离柜分闸两秒 T106 延时时间到,则将起动 QF 误动 M5.1 置 1;当起动 QF0 状态 I0.7 常闭点保持闭合,起动/调试 I0.0 常闭点保持闭合,软起动开始 M7.0 常开点闭合时,则完成隔离柜分闸两秒 T106 延时时间设定,当隔离柜分闸两秒延时时间到,则将起动 QF 误动 M5.1 置 1。

6.4.30　运行时短接 KM1 误动流程结构与编程

1.运行时短接 KM1 误动流程结构

运行时短接 KM1 误动流程结构如图 6-77 所示。

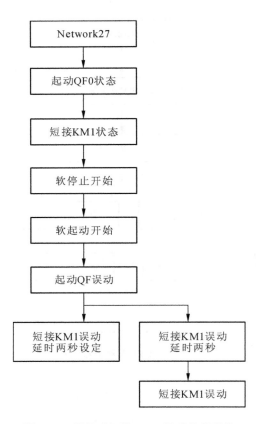

图 6-77　运行时短接 KM1 误动流程结构

2. QF 误动编程

QF 误动梯形图编程如图 6-78 所示。

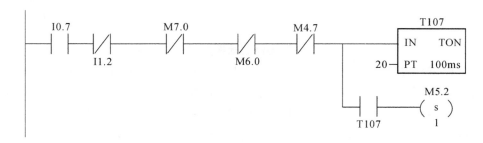

图 6-78　QF 误动梯形图编程

梯形图编程思路：当起动 QF0 状态 I0.7 常开点闭合、短接 KM1 状态 I1.2 常闭点保持闭合、软起动开始 M7.0 常闭点保持闭合、软停止开始 M6.0 常闭点保持闭合、运行 QF 分闸故障 M4.7 常闭点保持闭合时，完成短接 KM1 误动 T107 延时两秒设定；短接 KM1 误动 T107 延时两秒到，将短接 KM1 误动 M5.2 置 1。

6.4.31　电流模拟量显示/控制输出显示流程结构与编程

1.电流模拟量显示/控制输出显示流程结构

电流模拟量显示/控制输出显示流程结构如图 6-79 所示。

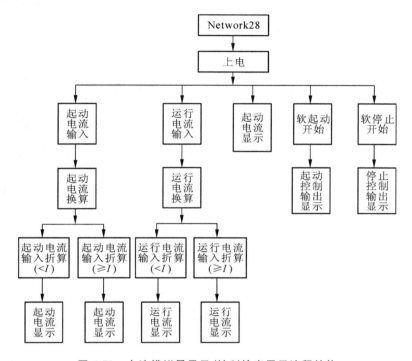

图 6-79　电流模拟量显示/控制输出显示流程结构

2.电流模拟量显示/控制输出显示编程

电流模拟量显示/控制输出显示梯形图编程如图 6-80 所示。

梯形图编程思路:起动电流从 AIW0 输入至 1MOV-W 的 IN 端并经变换输出至 VW0,再输入至 1DIV-I 的 IN1 端,起动电流换算值 VW406 输入至 1DIV-I 的 IN2 端并经 1DIV-I 运算后由 ENO 口输出,当折算值小于起动电流时,由 1MOV-W 做起动电流显示,当折算值大于等于起动电流时,由 VW4 做起动电流显示。运行电流从 AIW2 输入至 2MOV-W 的 IN 端并经变换输出至 VW10,再输入至 2DIV-I 的 IN1 端,运行电流换算值 VW416 输入至 2DIV-I 的 IN2 端并经 2DIV-I 运算后由 ENO 口输出,将输出值与运行电流输入折算值做比较,分别完成运行电流显示。

起动电流输入 VW0 转换成起动电流显示 VW106;软起动开始 M7.0 常开点闭合,起动控制输出 VW276 输入至 4MOV-W 的 IN 端,并由 4MOV-W 的 OUT 口输出信号;软停止开始 M6.0 常开点闭合,停止控制输出 VW376 输入至 5MOV-W 的 IN 端,并由 5MOV-W 的 OUT 口输出信号。

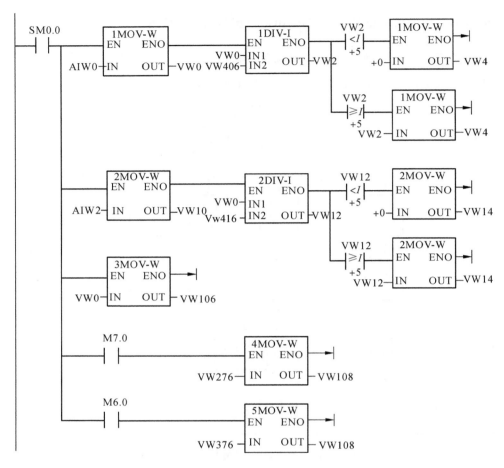

图 6-80　电流模拟量显示/控制输出显示梯形图编程

6.4.32　控制历史曲线中继流程结构与编程

1.控制历史曲线中继流程结构

控制历史曲线中继流程结构如图 6-81 所示。

2.控制历史曲线中继编程

梯形图编程思路:当软停止开始 M6.0 的常闭点保持闭合、软起动开始 M7.0 的常闭点保持闭合时,则趋势图暂停中继 M2.5 得电;当严重故障 M5.5 的常开点闭合时,则趋势图暂停中继 M2.5 得电。

控制历史曲线中继梯形图编程如图 6-82 所示。

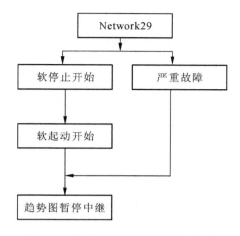

图 6-81 控制历史曲线中继流程结构

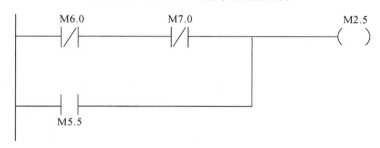

图 6-82 控制历史曲线中继梯形图编程

6.4.33 运行 QF 分闸故障流程结构与编程

1. 运行 QF 分闸故障流程结构

运行 QF 分闸故障流程结构如图 6-83 所示。

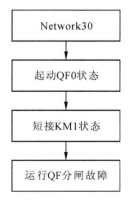

图 6-83 运行 QF 分闸故障流程结构

2. 控制历史曲线中继编程

运行 QF 分闸故障梯形图编程如图 6-84 所示。

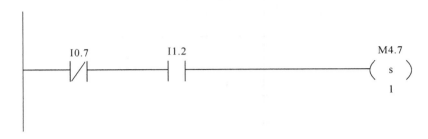

图 6-84 运行 QF 分闸故障梯形图编程

梯形图编程思路：当起动 QF0 状态 I0.7 的常闭点保持闭合、短接 KM1 状态 I1.2 的常开点闭合时，则完成运行 QF 分闸故障 M4.7 的置位。

6.5 本章小结

本章根据交流电动机起动要求，对于电磁调压软起动装置控制系统编程方法进行了描述。电磁调压软起动控制系统编程主要包括软起动控制功能、初始化子程序、软起动主程序等内容。为了便于读者理解编程思路及方法，书中以软起动控制功能、初始化子程序和软起动主程序等编程方法为案例展开描述，以达到举一反三的效果，每段程序的编程过程中都附有流程结构图、梯形图和编程思路。

7 感应式电力电子可控电抗器应用

"高压大功率交流电动机的软起动和低压大电流电力谐波滤波"一直是科研工作者研究的难题,作者带领课题组经过长期的理论和应用研究,将感应式电力电子可控电抗器理论应用于高压大功率交流电动机软起动,成功研制出高压大中功率电磁调压软起动装置,将感应式电力电子可控电抗器理论应用于低压大电流电力谐波滤波,成功研制出动态调谐滤波器,并实现了成果转化及产业化。

感应式电力电子可控电抗器与交流电动机串联可以构成高压大中功率电动机软起动装置;感应式电力电子可控电抗器与电容器串联可以构成电力谐波动态调谐滤波器;感应式电力电子可控电抗器与变压器串联可以构成故障短路限流装置;感应式电力电子可控电抗器与电容器并联可以构成无功动态补偿装置。

本章以钢铁厂制氧鼓风机、排灌站水泵,以及水泥厂回转窑和纺织厂纺织机等为应用场景,通过案例描述了电磁调压软起动装置在高压大中功率交流电动机软起动中的应用,以及动态调谐滤波器在低压大电流电力谐波滤波中的应用。

7.1 感应式电力电子可控电抗器在鼓风机软起动中的应用

随着冶金工业的快速发展,钢铁厂广泛使用的鼓风机功率越来越大,其容量从几千千瓦至几万千瓦,而配套的交流电动机电压通常采用高压(6~10kV)。

作者及课题组根据感应式电力电子可控电抗器原理研发的电磁调压软起动装置,在河北省某钢铁有限公司成功对 19000kW/10kV 交流电动机及鼓风机拖动系统进行了软起动。高压大功率电动机的参数为额定电压 $U_e = 10$kV、额定电流 $I_e = 1253$A、额定功率 $P_e = 19000$kW。

由于该交流电动机功率大、电压高,在生产制造电磁调压软起动装置时,电磁调压软起动装置(起动柜)中的感应式电抗变换器采用多绕组结构(油浸式冷却)以及一体化油箱,感应式晶闸管可控电抗器主电路和软起动控制系统采用一体化柜体结构,电磁调压软起动装置如图 7-1 所示。

鼓风机电力拖动系统物理模型如图 7-2 所示。

鼓风机电力拖动系统由高压大功率交流电动机、齿轮箱和鼓风机等组成。鼓风机起动分为电动机空载起动和电动机带鼓风机负载起动,电动机空载起动是指高压电动机在起动时只含有高压电动机本体,有时也称光轴起动;电动机带载起动是指高压电动机在起动时,除了光轴外还连接有齿轮箱和鼓风机等负载。

图 7-1　电磁调压软起动装置　　　　　图 7-2　鼓风机电力拖动系统物理模型

高压大功率电动机起动过程中软起动参数设置界面如图 7-3 所示。

高压大功率电动机软起动参数设置：电动机额定电流 1253A、电动机起动电流 2389A、电动机起动初值 53％、触发脉冲增量 1％、起动过程时间 39s、停车过程时间 30s 等，根据起动现场实际需要，起动参数可随时修改。

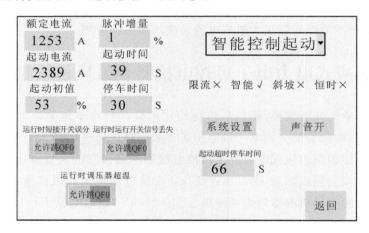

图 7-3　软起动参数设置界面

1. 高压电动机空载起动（光轴起动）

高压电动机空载起动数据及起动结果如表 7-1 所示。

表 7-1　19000kW/10kV 交流电动机空载起动数据及起动结果

起动序号	起动时间/s	电动机起动电流/A	电网冲击电流/A	电动机额定电流/A	是否跳闸
1	9	2550	2400	1253	跳闸，报微机超温
2	15	2400	2300	1253	强制旁路跳闸

起动序号	起动时间/s	电动机起动电流/A	电网冲击电流/A	电动机额定电流/A	是否跳闸
3	23	2200	2150	1253	跳闸,报微机超温
4	14	2350	2120	1253	起动成功
5	14	2350	2120	1253	起动成功(连续)

分析表 7-1 可知:

(1)第一次空载起动

高压交流电动机空载起动时,电动机起动电流设定为 2550A,电动机起动对电网冲击电流为 2400A,当时间 9s 时跳闸,空载起动失败。

(2)第二次空载起动

高压交流电动机空载起动时,电动机起动电流设定为 2400A,电动机起动对电网冲击电流为 2300A,当时间 15s 时,强制旁路跳闸,空载起动失败。

(3)第三次空载起动

高压交流电动机空载起动时,电动机起动电流设定为 2200A,电动机起动对电网冲击电流为 2150A,当时间 23s 时,跳闸,空载起动失败。

(4)第四、五次空载起动

高压电动机空载起动时,高压电动机的起动电流设定为 2350A,电动机空载起动对电网的冲击电流为 2120A,时间为 14s,电动机起动成功。电网供电电压从 10kV 降至 9.64kV,电压下降率为 3.6%;电网电压下降率在 5% 以内,满足起动要求。

电动机空载起动电流曲线经历了上升、恒定不变以及下降三个阶段。电动机对电网的冲击电流为电动机额定电流的 1.7 倍,电动机起动电流被限制在电动机额定电流的 1.9 倍以下。

2.高压电动机带鼓风机负载起动

高压电动机带鼓风机负载起动时,其软起动过程数据及起动结果如表 7-2 所示。

表 7-2 高压电动机带鼓风机负载起动数据及起动结果

起动序号	起动时间/s	电动机起动电流/A	电动机额定电流/A	是否跳闸
1	34	2550		电动机起动电流大、起动时间设定过短,跳闸
2	43	2400		强制旁路速断跳闸
3	58	2450	1235A	起动成功
4	53	2450		起动成功
5	53	2450		起动成功(连续)

电动机带鼓风机负载起动过程分析:

(1)第一次带载起动

电动机起动参数设定:高压电动机额定电流设定 1253A、起动电流设定 2550A、起动初始值设定 46%、触发脉冲增量设定 1%、起动过程时间设定 39s。由表 7-2 可知,第一次起动失败。其原因在于电动机拖动鼓风机负载过大,起动电流过大且超过额定电流设定值,电动机刚起动 34s 时,隔离柜的隔离开关过热造成跳闸。

(2)第二次带载起动

电动机起动参数修改:起动初始值设定 49%、触发脉冲增量设定 1%、起动过程时间设定 39s。起动时隔离柜侧最大电流值为 2400A,电动机起动 43s,运行柜旁路合闸时,隔离柜跳闸。分析原因是在软起动程序中,起动过程超 39s 后,延时 5s 会引起运行柜旁路强制合闸,这时电动机起动电流还没有降下来,故运行柜旁路合闸会有二次冲击电流,导致隔离柜跳闸。

(3)第三次带载起动

电动机起动参数修改:起动初始值设定 53%、脉冲触发增量设定 1%、起动过程时间设定 60s。起动时隔离柜侧最大电流为 2450A,电动机起动 58s,运行柜旁路合闸,起动成功。

(4)第四次带载起动

为了减少电动机起动过程时间,修改控制程序中的控制参数并对其隔离柜微保参数进行增大,电动机起动过程时间比第三次起动少了 5s 左右,时间为 53s,起动成功。

(5)第五次带载起动

第五次带载起动仍保持第四次起动设定参数,连续起动成功。

电动机带载起动电流曲线分为上升、恒定不变和下降三个阶段,电动机起动电流被限制在电动机额定电流的 2 倍以下,电动机对电网的冲击电流为电动机额定电流的 1.8 倍。

7.2　感应式电力电子可控电抗器在水泵软起动中的应用

大中型排灌站使用的水泵的功率一般为几百千瓦至几千千瓦,而拖动水泵的交流电动机通常采用高压电动机(6~10kV)。

作者及课题组根据感应式电力电子可控电抗器原理研发的电磁调压驱动装置,在孝感市某排灌站成功对 6 台 630kW/6.3kV 交流高压绕线电动机及水泵拖动系统进行了软起动。该交流高压绕线电动机参数为额定电压 $U_e=6.3$kV、额定电流 $I_e=76$A、额定功率 $P_e=630$kW。

交流高压绕线电动机及水泵拖动系统示意图如图 7-4 所示。

该水泵使用的交流高压绕线电动机属于高压中功率电动机,工厂在生产制造电磁调

图 7-4　交流高压绕线电动机及水泵拖动系统示意图

压软起动装置时,起动柜中的感应式电抗变换器采用单绕组绕制(油浸式冷却)以及一体化油箱结构,感应式晶闸管可控电抗器主电路和软起动控制系统采用一体化柜体。

为了验证电磁调压软起动装置对高压中功率电动机拖动水泵的软起动效果,课题组分别对该绕线电动机进行了空载全压直接起动(光轴起动)和电压斜坡软起动试验。

1. 交流高压电动机空载全压直接起动

交流高压电动机空载全压直接起动数据及起动结果如表 7-3 所示。

表 7-3　交流高压电动机空载全压直接起动数据及起动结果

起动过程时间/s	电动机起动电流/A	电网冲击电流/A	电动机额定电流/A	备注
0.5	463.6	463.6(涌流)	76	起动成功
0.6～5.8	387.4			
5.9～7.1	16.6			

分析表 7-3 可知:

(1)当交流电动机全压直接起动时,0.5s 时的电动机起动电流达到 463.6A,为电动机额定电流的 6.1 倍;

(2)在 0.6～5.8s 时起动电流降至 387.4A,为额定电流的 5.1 倍;

(3)在 5.9～7.1s 时起动电流降至 16.6A。电动机整个起动过程时间为 7.1s。

2. 高压电动机空载(光轴)软起动

采用电磁调压软起动装置使电动机进行空载软起动,其起动数据及起动结果如表 7-4 所示。

分析表 7-4 可知:

(1)当软起动开始时,起动电流几乎为零,约 6s 时起动电流达到 12.6 A,之后逐渐增加到 24.8A、61.4A、114.2A;

(2)再经过约 9s,起动电流达到 144.3A,之后电流减小至电动机的空载电流 16.7A;

(3)起动全过程约为33s,出现的最大起动电流为电动机额定电流的1.9倍。

通过对表7-3和表7-4的分析可以得出:相比高压电动机空载全压直接起动方式,电磁调压软起动装置能够有效减小电动机的起动电流,从而达到保护电动机、拖动设备和减小电网冲击的目的。

表7-4　高压电动机空载软起动数据及起动结果

起动过程时间/s	电动机起动电流/A	最大冲击电流/A	电动机额定电流/A	备注
6	12.6			
9	24.8			
13	61.4	144.3	76	起动成功
18	114.2			
27	144.3			
33	16.7			

3.高压电动机带水泵软起动

电磁调压软起动装置驱动电动机带水泵软起动,其起动数据及起动结果如表7-5所示。

表7-5　高压电动机带水泵软起动数据及起动结果

起动过程时间/s	电动机起动电流/A	电网冲击电流/A	电动机额定电流/A	备注
7.5	16.7			
11	34.2			
15	75.3	167.3	76A	起动成功
21	133.4			
29.5	167.3			
38	21.7			

分析表7-5可知:

(1)当软起动开始时起动电流几乎为零,约7.5s时起动电流达到16.7A,之后逐渐增加到34.2A、75.3A、133.4A;

(2)再经过8.5s左右,起动电流达到167.3A,之后电流减小至电动机的空载电流21.7A;

(3)起动全过程约为38s,出现的最大起动电流为电动机额定电流的2.2倍。

相比空载全压直接起动,电磁调压软起动装置有效地减少了电动机带水泵的起动电流,效果显著。在电动机起动过程,起动电流中含有一定的高次谐波,电压中只有很小的高次谐波,不会对系统造成有害的影响。

应用电磁调压软起动装置起动交流电动机,大大地减少了电动机起动时对配电网的冲击,具有性能稳定、精度高、节能等优点,提高了企业的劳动生产率、减少了维修费用,其经济效益和社会效益明显。

电磁调压软起动装置已成功应用于钢铁行业、水泥行业和水利行业,它对于单谐波源滤波具有非常好的综合性能,节省了投资,降低了能耗,改善了设备的运行效率,受到用户的好评。

7.3 感应式电力电子可控电抗器在回转窑直流传动滤波中的应用

水泥回转窑直流传动系统由单台电力变压器供电,经检测发现在回转窑直流传动系统的交流侧母排上仅第5次谐波电流就占整个谐波含量的70%,该次谐波电流对窑尾配电系统的危害性极大。

作者及课题组根据感应式电力电子可控电抗器原理研发了动态调谐滤波器,在某水泥厂5000t/d生产线的二线水泥回转窑直流传动系统(直流电动机参数为800kW/690V)中以5次谐波电流为滤波对象,采用就地滤波方式,成功进行了滤波工程应用。

水泥回转窑直流传动系统动态调谐滤波器安装示意图如图7-5所示。

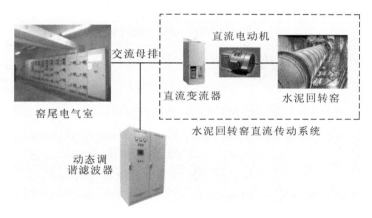

图 7-5 水泥回转窑直流传动系统动态调谐滤波器安装示意图

变压器二次侧低压交流母排 A 相测得的电力谐波棒图如图7-6所示。

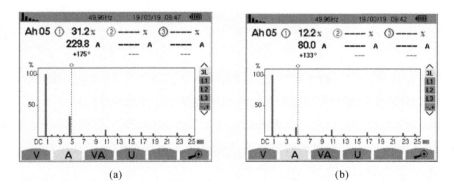

图 7-6 A 相测得的电力谐波棒图

(a)动态调谐滤波器投入前;(b)动态调谐滤波器投入后

在该电力变压器二次侧低压交流母排测得的功率因数如图 7-7 所示。

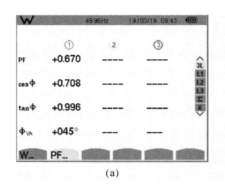
(a)

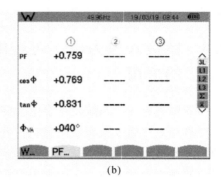
(b)

图 7-7　低压进线侧功率因数

(a)动态调谐滤波器投入前;(b)动态调谐滤波器投入后

动态调谐滤波器投入前后的电流有效值与谐波电流测量数据如表 7-6 所示。

表 7-6　电流有效值与谐波电流测量数据

名称	投入动态调谐滤波器前	投入动态调谐滤波器后	增加值
电流有效值/A	693.9	651.7	-42.2
5 次谐波电流/A	229.8	80.0	-149.8
电流畸变率(%)	31.2	12.2	-19.0
功率因数	0.708	0.769	0.061

由表 7-6 可得:动态调谐滤波器投入前电流有效值为 693.9A,5 次谐波电流为 229.8A,功率因数为 0.708;动态调谐滤波器投入后电流有效值为 651.7A,5 次谐波电流为 80.0A,功率因数为 0.769。

对比分析以上数据可知:

(1)5 次谐波电流从动态调谐滤波器投入前的 229.8A 降低为 80.0A,吸收率为 65.2%;

(2)电流有效值从动态调谐滤波器投入前的 693.9A 降低为 651.7A,下降率为 6.1%;

(3)功率因数从动态调谐滤波器投入前的 0.708 提高为 0.769,提高率为 8.6%;

(4)电流畸变率在动态调谐滤波器投入后下降了 61.0%。

动态调谐滤波器已成功应用于水泥行业中的窑头(篦冷机)、窑中(回转窑直流传动)和窑尾余热发电等场合。水泥回转窑直流传动系统具有典型的单谐波源特征,动态调谐滤波器对于单谐波源滤波的综合性能非常优良,受到用户好评。

动态调谐滤波器在某水泥集团部分水泥厂直流传动谐波滤波中的应用如表 7-7 所示。

表7-7 动态调谐滤波器在某水泥集团部分水泥厂直流传动谐波滤波中的应用

应用地区	动态调谐滤波器接入位置	测量参数	动态调谐滤波器投入前	动态调谐滤波器投入后	增加值
封开	一线窑尾电气室变压器低压侧交流母线与直流传动柜间	电流有效值/A	591.8	549.3	−42.5
		5次谐波电流/A	200.3	70.9	−129.4
		功率因数	0.723	0.796	0.064
封开	二线窑尾电气室变压器低压侧交流母线与直流传动柜间	电流有效值/A	693.9	651.7	−42.2
		5次谐波电流/A	229.8	180	−149.8
		功率因数	0.708	0.796	0.088
昌江	二线窑中直流传动系统低压进线柜间	电流有效值/A	594.7	490.6	−104.1
		5次谐波电流/A	163.8	66.0	−97.8
		功率因数	0.768	0.857	0.089
南宁	一线窑中直流传动装置低压进线侧	电流有效值/A	708.7	661.1	−47.6
		5次谐波电流/A	234.4	107.4	−127
		功率因数	0.635	0.698	0.063
南宁	三线窑中直流传动装置低压进线侧	电流有效值/A	562.1	514.5	−47.6
		5次谐波电流/A	165.8	67.6	−98.2
		功率因数	0.832	0.880	0.048

综合分析表7-7可知：

(1)动态调谐滤波器投入后，变压器二次侧进线柜的电流表上显示电流有效值下降率在6.1%～17.5%；

(2)变压器二次侧交流母排处的主次谐波电流下降率在54%～65.2%；

(3)变压器二次侧交流母排处的功率因数提高率在5.8%～12.4%。

总体来讲，动态调谐滤波器在水泥行业的应用效果十分明显。

7.4 感应式电力电子可控电抗器在篦冷机风机变频器组滤波中的应用

作者及课题组根据感应式电力电子可控电抗器原理研发了动态调谐滤波器，在某水泥厂2500t/d生产线窑头篦冷机风机变频器组（电动机容量为542kW）中以5次谐波电流为滤波对象，采用集中滤波方式，成功进行了滤波工程应用。

窑头篦冷机风机变频器组动态调谐滤波器安装示意图如图7-8所示。

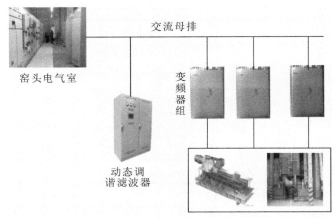

图 7-8　窑头篦冷机风机变频器组动态调谐滤波器滤波安装示意图

变压器二次侧低压交流母排测得的三相电力谐波棒图如图 7-9 所示。

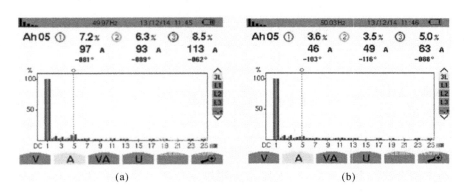

图 7-9　变压器二次侧低压交流母排测得的 A 相电力谐波棒图

(a)动态调谐滤波器投入前；(b)动态调谐滤波器投入后

动态调谐滤波器投入前后的电流有效值与谐波电流测量数据如表 7-8 所示。

表 7-8　电流有效值与谐波电流测量数据

名称	投入动态调谐滤波器前(三相)	投入动态调谐滤波器后(三相)	增加值(三相)
电流有效值/A	1372/1494/1358	1303/1401/1261	-5.02/-6.22/-7.14
5 次谐波电流/A	97/93/113	46/49/63	-52.58/-47.31/-44.25
电流畸变率(%)	7.2/6.3/8.5	3.6/3.5/5.0	-50/-44.44/-41.18

由表 7-8 分析得：

(1)5 次谐波电流从动态调谐滤波器投入前的 97A/95A/113A 降低至 46A/49A/63A，吸收率为 52.58%/47.31%/44.25%；

(2)电流有效值下降率为 5.02%/6.2%/7.14%;

(3)电流畸变率在动态调谐滤波器投入后下降了 50%/44.44%/41.18%。

动态调谐滤波器在某水泥集团部分水泥厂篦冷机风机变频器谐波滤波中的应用如表 7-9 所示。

表 7-9　动态调谐滤波器在某水泥集团部分水泥厂篦冷机风机变频器谐波滤波中的应用

应用地区	动态调谐滤波器接入位置	测量参数	动态调谐滤波器投入前	动态调谐滤波器投入后	增加值
长兴	6#窑头变频器组篦冷机风机	电流有效值/A	1494	1401	−93
		5 次谐波电流/A	193	87	−106
		功率因数	0.95	0.96	0.01
封开	1#窑头变频器篦冷机风机	电流有效值/A	591.8	549.3	−42.5
		5 次谐波电流/A	200.3	70.9	−129.4
		功率因数	0.723	0.796	0.073
曲阳	窑头变频器篦冷机风机	电流有效值/A	1224	1133	−91
		5 次谐波电流/A	231	103	−128
		功率因数	0.94	0.95	0.01
南宁	1#窑头变频器篦冷机风机	电流有效值/A	691.8	629.3	−62.5
		5 次谐波电流/A	260.3	120.6	−139.4
		功率因数	0.713	0.786	0.073

综合分析表 7-9 可知:

(1)动态调谐滤波器投入后,电流有效值下降率在 6.2%～9.03%;

(2)5 次谐波电流下降率在 53.6%～64.6%;

(3)功率因数提高率在 10.1%～10.64%。

动态调谐滤波器已成功应用于水泥厂的窑头篦冷机风机、窑中(回转窑直流传动)和窑尾余热发电等场合。

7.5　感应式电力电子可控电抗器在纺织厂变频器组滤波中的应用

南阳某纺织厂细纱车间为了实现自动化,采用多台变频器控制织机进行工艺调速。为了改善供电环境、保证安全生产和提高产品质量,该厂在 2-3# 配电室 1250kV·A 电力变压器二次侧低压交流母排上接入由作者及课题组研发的动态调谐滤波器,成功进行了集中滤波。

纺织厂变频器组动态调谐滤波器安装示意图如图 7-10 所示。

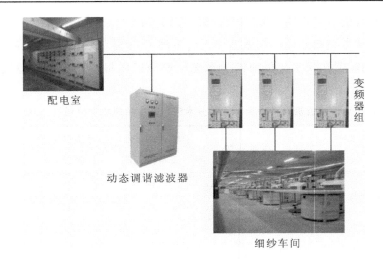

图 7-10　纺织厂变频器组动态调谐滤波器安装示意图

电力变压器二次侧低压交流母排 A 相主次谐波测试棒图如图 7-11 所示。

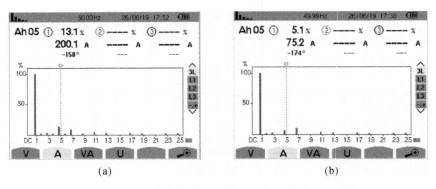

图 7-11　动态调谐滤波器投入前后 A 相主次谐波测试棒图

(a)动态调谐滤波器投入前；(b)动态调谐滤波器投入后

电力变压器二次侧低压交流母排上测得的功率因数如图 7-12 所示。

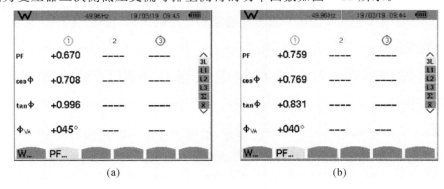

图 7-12　低压进线侧功率因数

(a)动态调谐滤波器投入前；(b)动态调谐滤波器投入后

采用谐波测试仪获得的电流有效值与谐波电流测量数据如表 7-10 所示。

表 7-10　电流有效值与谐波电流测量数据

名称	动态调谐滤波器投入前	动态调谐滤波器投入后	增加值
电流有效值/A	1543	1477	−66
5 次谐波电流/A	200.1	75.2	−124.9
电流畸变率(%)	22.7	9.3	−13.4
功率因数	0.708	0.769	0.044

由表 7-10 可知：动态调谐滤波器投入前电流有效值为 1543A、5 次谐波电流为 200.1A、功率因数为 0.708；动态调谐滤波器投入后电流有效值为 1477A、5 次谐波电流为 75.2A、功率因数为 0.769。

分析表 7-10 可得到如下结论：

(1)5 次谐波电流从动态调谐滤波器投入前的 200.1A 降低为 75.2A,吸收率为 62.4%；

(2)电流有效值从动态调谐滤波器投入前的 1543A 降低为 1477A,下降率为 4.3%；

(3)功率因数从动态调谐滤波器投入前的 0.708 提高为 0.769,提高率为 8.9%；

(4)电流畸变率下降率为 59%。

动态调谐滤波器已成功应用于纺织行业,纺织行业具有典型的多谐波源特征,动态调谐滤波器对于多谐波源滤波有非常好的滤波效果,应用同样受到用户好评。

7.6　本章小结

作者及课题组将感应式电力电子可控电抗器理论应用于大中功率交流电动机软起动,成功研发了电磁调压软起动装置;将感应式电力电子可控电抗器理论应用于电力谐波滤波,成功研发了动态调谐滤波器;作者与相关企业进行产学研合作,实现了电磁调压软起动装置和动态调谐滤波器的成果转化及产业化。

本章的应用涉及钢铁、水利、建材和纺织等行业领域,以制氧用鼓风机、排灌站抽水泵、水泥厂回转窑直流传动、篦冷机风机变频器组和纺织厂变频器组等为应用场景,通过案例描述了电磁调压软起动装置在高压大中功率交流电动机起动中的实际应用,以及动态调谐滤波器在低压电力谐波滤波中的实际应用。

实际上交流电动机软起动和电力系统滤波等应用环境比较复杂,受交、直流拖动系统及机械设备和谐波源的影响,需要根据感应式电力电子可控电抗器理论并结合应用实际对电磁调压软起动装置和动态调谐滤波器进行参数优化,不断提高应用效果。

参 考 文 献

一、作者及课题组主要研究成果

1. 学术论文

[1] HUANG W C,CHANG Y F,YUAN Y X,et al. Complementary configuration and optimal energy flow of CCHP-ORC systems using a matrix modeling approach[J]. Complexity,2019,9(1):1-15.

[2] HUANG W C, YUAN Y X, CHANG Y F. A novel soft start method based on auto-transformer and magnetic control [C]//IEEE. 2016 IEEE International Conference on Industrial Technology (ICIT),New York:IEEE,2016.

[3] WANG Y F,YUAN Y X,CHEN J. Study of harmonic suppression of ship electric propulsion systems[J]. Journal of Power Electronics,2019, 19(5): 1303-1314.

[4] WANG Y F,YIN K Y,YUAN Y X,et al. Current-limiting soft starting method for a high-voltage and high-power motor[J]. Energies,2019, 12(16): 3068-3080.

[5] WANG Y F, YUAN Y X. Inertia provision and small signal stability analysis of wind-power generation system using phase-locked synchronized equation[J]. Sustainability,2019,11(5):1050-1071.

[6] 王一飞,袁佑新,周义德,等.纺织厂电力谐波的危害及治理[J].棉纺织技术,2019,47(5):70-75.

[7] 黄文聪,常雨芳,袁佑新,等.基于电力电子电抗器的软启动器等效电路模型[J].电气传动,2019,49(10):9-12.

[8] 常雨芳,谢昊,黄文聪,等.基于电力电子电抗器的起动补偿一体化装置[J].电力电子技术,2019,53(1):138-140.

[9] 常雨芳,高翔,黄文聪,等.基于恒定电流策略的电动机软启动系统研究[J].电气传动,2019,50(4):85-88.

[10] WANG Y F,CHEN Y,YUAN Y X,et al. Dynamic Harmonic Filters Based Distributed Control System[J]. Advances in Engineering Research,2018,179(7):676-679.

[11] WANG Y F,YUAN Y X,CHEN J,et al. A novel electromagnetic coupled reactor based passive power filter with dynamic tunable function[J]. Energies,2018,11(7): 1647-1665.

[12] WANG Y F,YUAN Y X. A dynamic reactive power compensation method for high-power and high-voltage electronic motors based on self-adaptive fuzzy PID control[C]//IEEE. 2016 IEEE Chinese Guidance, Navigation and Control Conference,New York:IEEE,2016.

[13] WANG Y F,YUAN Y X,MAO J M,ET AL. Analysis of filtering effect and energy saving mechanism of dynamic harmonic filter[C]//ICRET. 4th International Conference on Renewable Energy and Environmental Technology,Bangkok:ICRET, 2016.

[14] CHANG Y F,YUAN Y X,WANG S,et al. Soft starter of high-voltage asynchronous motor based on power electronic reactor [J]. Journal of Computation Information System, 2013, 9 (4):

1339-1347.

[15] CHANG Y F,YUAN Y X,HUANG W C. Research on reactive power compensation issues in process of motor soft start[J]. International Journal of Digital Content Technology and its Applications,2013,7(7):136-144.

[16] XIAO Y P. Research on system of combining soft start and doubly-fed speed regulation[J]. Advances in Information Sciences and Service Sciences,2012,4(18):181-188.

[17] 常雨芳,袁佑新,徐艳,等.电力电子电抗器拓扑结构与阻抗变换分析[J].电力电子技术,2011,46(2):22-24.

[18] 常雨芳,袁佑新,黄文聪,等.电力电子电抗器阻抗变换研究[J].武汉理工大学学报,2011,33(10):127-130.

[19] XIAO Y P,YUAN Y X. An integrated system of wound rator induction motor soft starting and doubly-fed speed governing[C]//IEEE. 2010 International Conference on Electrical and Control Engineering,Wuhan:IEEE Computer Society,2010.

[20] 肖义平,袁佑新,陈静,等.高压绕线电机软起动与双馈调速一体化系统[J].电气传动,2011,41(1):14-17.

[21] 陈静,彭友亮,袁佑新.基于PLC200的磁控软起动装置的研制[J].武汉理工大学学报,2010,32(23):93-94.

[22] 袁佑新.基于可变电抗的静止无功补偿器拓扑结构研究[J].武汉理工大学学报,2009,31(12):120-122.

[23] 袁佑新.基于功率变换的可变电抗器研究[J].武汉理工大学学报.2008,30(3):136-138.

[24] 袁佑新.基于可变电抗的高压软起动器研究[J].电力自动化设备,2007,11(27):38-40.

[25] 袁佑新.基于单神经元的可变电抗式固态软起动器研究[J].电力电子技术,2007,41(11):83-85.

[26] 袁佑新.可变电抗器的阻抗变换机理研究[J].武汉理工大学学报,2008,30(3):133-135.

[27] 袁佑新.基于可变电抗的高压软起动器研究[J].电力自动化设备,2007,27(11):38-41.

[28] 袁佑新.基于模糊控制的交流电机软起动器研究[J].电气传动,2006,3(5):13-15.

2. 发明专利

[1] 袁佑新,王一飞等.高压大功率电动机电磁耦合软起动方法:ZL201510002661.2[P].

[2] 袁佑新,王一飞等.移动式电源的稳压稳频UPS与智能充电一体化方法:ZL201310744299.7[P].

[3] 陈静,袁佑新等.电动机分级变频重载软起动与谐波滤波一体化方法:ZL201310284561.4[P].

[4] 陈静,袁佑新等.动态谐波滤波器分布式控制方法:ZL201510238066.9[P].

[5] 袁佑新,陈静,杨小勇,等.基于可变电抗的无功补偿软起动装置:ZL201020253241.9[P].

[6] 袁佑新,陈静,蒋学军,等.中高压磁控软起动控制器:ZL200920229165.0[P].

[7] 陈静,袁佑新,杨小勇,等.动态谐波滤波器电抗控制装置:ZL201020590423.0[P].

[8] 谭思云,陈静,袁佑新,等.谐波电能计量装置:ZL201020590394.8[P].

[9] 肖纯,陈静,袁佑新,等.基于绝缘栅双极晶体管的动态谐波滤波器:ZL201020590405.2[P].

[10] 常雨芳,黄文聪,徐操,等.一种绕线转子感应电动机的软起动方法:ZL201510912476.7[P].

[11] 常雨芳,武明虎,黄文聪,等.一种电动机软起动控制方法:ZL201210569604.9[P].

3.学位论文

[1] 黄文聪.电力电子磁控电抗器及其合闸涌流抑制研究[D].武汉:武汉理工大学,2020.

[2] 王一飞.电力谐波动态调谐滤波方法研究与优化设计[D].武汉:武汉理工大学,2020.

[3] 常雨芳.高压大功率电动机自耦磁控软起动方法及其关键技术研究[D].武汉:武汉理工大学,2013.

[4] 肖义平.绕线电动机软起动方法研究[D].武汉:武汉理工大学,2011.

[5] 闪鑫.磁控电抗器研究[D].武汉:武汉理工大学,2016.

[6] 王梓玮.基于电磁耦合软起动器的电动机起动限流及起动时间研究[D].武汉:武汉理工大学,2016.

[7] 王小星.大功率电磁调压器拓扑结构研究及谐波分析[D].武汉:武汉理工大学,2012.

[8] 谢娜.基于可变电抗器的静止无功补偿器拓扑结构研究[D].武汉:武汉理工大学,2010.

[9] 彭万权.电机软起动智能控制器的研究[D].武汉:武汉理工大学,2008

[10] 袁培刚.智能固态软起动器研究[D].武汉:武汉理工大学,2007.

[11] 赵燕威.基于可变电抗器技术的智能型固态软启动器研究[D].武汉:武汉理工大学,2006.

二、其他参考文献

[1] 陈乔夫,李湘生.互感器电抗器的理论与计算[M].武汉:华中科技大学出版社,1992.

[2] 罗隆福,陈跃辉,周冠东,等.谐波和负序治理理论与新技术应用[M].北京:中国电力出版社,2017.

[3] 吕枢.电机学[M].北京:高等教育出版社,2014.

[4] 王兆安,刘进军.电力电子技术[M].北京:机械工业出版社,2009.

[5] 莫正康.半导体变流技术[M].北京:机械工业出版社,1992.

[6] 李树棠.变压器基础知识[M].西安:陕西科学技术出版社,1980.